U0161808

新时代我国海洋强国建设方略研究

XINSHIDAI
WOGUO HAIYANG QIANGGUO
JIANSHE FANGLÜE YANJIU

刘曙光 等著

中国财经出版传媒集团

经济科学出版社
Economic Science Press

·北 京·

图书在版编目（CIP）数据

新时代我国海洋强国建设方略研究/刘曙光等著
. -- 北京：经济科学出版社，2024.2
ISBN 978 - 7 - 5218 - 4106 - 0

Ⅰ.①新…　Ⅱ.①刘…　Ⅲ.①海洋战略 - 研究 - 中国
Ⅳ.①P74

中国版本图书馆 CIP 数据核字（2022）第 189923 号

责任编辑：周国强
责任校对：王肖楠
责任印制：张佳裕

新时代我国海洋强国建设方略研究
XINSHIDAI WOGUO HAIYANG QIANGGUO JIANSHE FANGLÜE YANJIU
刘曙光　等著
经济科学出版社出版、发行　新华书店经销
社址：北京市海淀区阜成路甲 28 号　邮编：100142
总编部电话：010 - 88191217　发行部电话：010 - 88191522
网址：www. esp. com. cn
电子邮箱：esp@ esp. com. cn
天猫网店：经济科学出版社旗舰店
网址：http://jjkxcbs. tmall. com
固安华明印业有限公司印装
710×1000　16 开　20 印张　340000 字
2024 年 2 月第 1 版　2024 年 2 月第 1 次印刷
ISBN 978 - 7 - 5218 - 4106 - 0　定价：126.00 元
（图书出现印装问题，本社负责调换。电话：010 - 88191545）
（版权所有　侵权必究　打击盗版　举报热线：010 - 88191661
QQ：2242791300　营销中心电话：010 - 88191537
电子邮箱：dbts@ esp. com. cn）

前　言

　　本书是研究阐释党的十九大精神国家社科基金专项课题"新时代中国特色社会主义思想指引下的海洋强国建设方略研究"（18VSJ067）结项成果，以习近平新时代中国特色社会主义思想为指导，通过经济、政治、文化、社会、环境等多学科理论协同及方法集成，开展海洋强国与强国整体建设的关系研究，梳理和定位海洋经济、海洋治理、海洋文化、海洋社会、海洋生态文明与海洋强国整体建设的系统关系，理解和诠释我国新时代海洋强国建设的内涵和行动策略，为我国海洋强国建设提供政策建议和决策支持。本书由三篇共十四章组成，具体内容概括如下。

　　奠定海洋强国建设理论与方法研究基础。海洋强国建设问题研究符合马克思主义唯物论与辩证法基本原理，需要从马克思主义哲学本体论、认识论和实践论视角予以透视，建立以富强、民主、文明、和谐、美丽的社会主义现代化强国目标为参照，以新时期社会系统主要矛盾与新发展理念为机理研究切入，寻求海洋强国系统机制和运行发展脉络，以新时代经济、政治、社会、文化、生态文明建设"五位一体"总体布局为海洋强国子系统构建对照，以人类命运共同体理念为海洋强国外部关系建设导引，确立马克思主义哲学范式，搭建现代系统科学分析框架，明确经济、政治、文化、社会、生态分支学科视角，铺陈多尺度时间和空间维度分析坐标，形成新时代海洋强国建设方略复合型研究框架。海洋强国建设研究的多维协同系统分析评价，需要融合经济学、政治学、文化学、社会学、生态学理论与方法论，将新发展理念转换为创新、协调、适应、开放、共享五大系统分析评价状态参量，建立海洋经济、海洋治理、海洋文化、海洋社会和海洋生态子系统评价模型，为海洋强国整体建设及战略布局研究提供基础分析支持。

强化海洋强国建设五大系统支撑。"五位一体"战略布局和新发展理念思维指引下的海洋强国建设评价以海洋经济、海洋治理、海洋文化、海洋社会和海洋生态为系统维度，以创新、协调、适应、开放和共享为影响因子，推动海洋强国建设是协调海洋经济、海洋治理、海洋文化、海洋社会和海洋生态五大子系统的发展过程，也是协调创新、协调、适应、开放和共享五大状态参量的协调过程。通过对海洋强国建设影响因子的分析表明，我国海洋强国建设需要在协调性与适应性方面进一步提升，通过对海洋强国建设的五大子系统发展水平分析表明，我国海洋强国建设的省域层面五大子系统发展水平各不相同，存在显著的区域差异，海洋经济、海洋治理、海洋文化、海洋社会和海洋生态发展仍需进一步突破发展。

提出我国海洋强国建设整体方略。明确海洋强国建设总体思路，以习近平中国特色社会主义思想为总体指导，以新发展理念为总体原则和动力机制，将海洋发展事业融入国家"五位一体"总体布局和"四个全面"战略布局整体格局，协同推进海洋经济创新发展、海洋治理协调有序、海洋文化繁荣开放、海洋社会安全保障和海洋生态文明提升，重点推进海洋经济发展与科技自主创新，构建海洋治理与协调整体和谐秩序，促进海洋文化多元发展与开放繁荣，健全海洋社会共享与安全保障体系，构筑环境适应型导向海洋生态文明，全力推进世界海洋命运共同体建设。

明确海洋强国建设立体空间布局。构建与海洋强国发展需求相适应的国家"海–陆–空–网"空间立体协同和相互支撑，建设具有强大陆域强国建设依靠、现代空天强国建设呼应、安全智慧网络强国支持的多维协同海洋强国布局体系。推进国家沿海省（区、市）陆海统筹空间规划，优化我国珠江、长江、黄河等大流域与对应海域统筹治理，以渤海为试点推进国家海域与沿海综合空间规划，关注沿海省（区、市）在海洋经济转型、海洋治理协同、海洋文化交流、海洋安全保障、海洋生态文明建设协同。注重我国主张管辖海域与周边近邻国家（地区）海洋事务协调，跟踪并管控涉海敏感事件，推进东亚海洋命运共同体建设。积极响应联合国在全球大洋与极地海域的海洋发展与保护系列行动计划，增强我国与各国在安全保障，在生态文明建设方面加强海洋国际合作。

目　录

第一篇
海洋强国建设研究理论与方法探讨

第一章

海洋强国建设方略研究背景与意义

习近平总书记于 2017 年 10 月 18 日在中共十九大报告中指出："坚持陆海统筹，加快建设海洋强国"①。新时代海洋强国建设是我国以习近平同志为核心的党中央在统筹考虑国内国际双重背景下提出的经略海洋总体方略，是中共十九大精神指导下的新时代中国特色社会主义事业的重要组成部分，具有重大理论价值和现实意义。

第一节　研究背景

一、国际背景

（一）海洋开发保护成为全球重要话题

第二次世界大战之后，美国、苏联代表的两大阵营对峙格局长期存在，

---

① 习近平. 决胜全面建成小康社会　夺取新时代中国特色社会主义伟大胜利［N］. 人民日报，2017 - 10 - 28 （1）.

但海洋强国和海洋大国之间没有发生过大规模战争，和平、发展与合作依然是世界主流，海洋霸权国家和一般海洋强国竞争与合作并存，整个世界却仍然迎来了全球性的发展机遇期（胡波，2017）。经济全球化与区域一体化的并行不悖使得国家间的相互依赖逐渐加深，合作共赢开始成为国际关系中的重要路径，海上贸易与运输的作用日趋凸显，海洋的战略价值再也无法被某个国家独自占有，这也使得全球海洋迎来了新的和平时代与开放时代（杨震，2013）。联合国于1982年颁布旨在重塑海洋规则、限制海洋霸权的《联合国海洋法公约》，试图在海洋领域发挥自身的引导性作用，海洋关系显示出复合相互依赖特征。21世纪初期以来的全球人地关系矛盾加剧，尤其是海洋资源枯竭和全球气候变化，促使世界已有和新兴大国纷纷更新海洋强国战略，争取新一轮全球海洋治理秩序的话语权，先发国家和后起之秀在海上武装力量发展、海洋资源开发利用、海上通道控制与利用、海洋科学技术研发与利用等领域展开激烈竞争，世界经济增长乏力、恐怖主义、网络安全、气候变化等非传统安全威胁持续蔓延（徐胜，2013），2017年联合国第72届大会通过决议，宣布2021~2030年为"海洋科技学促进可持续发展十年"，并授权联合国教科文组织牵头制订实施计划，该计划已经于2021年1月正式启动，包括中国等在内的全球主要国家和地区积极响应（王凯、王立彬，2021），海洋可持续发展问题应对与气候变化应对、新冠疫情应对等成为全球关注的重大热点问题。

（二）科技创新提升经略海洋整体能力

海洋可持续发展、气候变化乃至新冠疫情冲击促使全球科技活动出现战略性调整，环境与生命大健康、人工智能等领域科技创新出现加速变革趋势。对于国家与海洋关系而言，科学技术的颠覆性发展一方面削弱了海洋的载体性价值，另一方面强化了海洋资源开发能力。科学技术也促进了海洋资源开发的激烈竞争乃至环境破坏，新一轮科技革命使得诸多非国家行为体拥有了更强大的治理能力，新科技手段将成为全球海洋治理的倍增器，有助于壮大参与全球海洋治理的力量，实现多层次、多维度治理（郑海琦、胡波, 2018)。

（三）全球变局深刻改变国际海洋事务

尽管全球传统"文明的冲突"依旧存在（Huntington, 1996），但是海洋高度联通下的全球生产网络和贸易网络促进了相互依赖性，促使文明体之间的跨海冲突对抗演变为相互竞争与彼此合作，海洋事务合作建设逐步成为国际涉海关系交往的常态，共同应对海洋生态环境保护和可持续利用问题成为国际共识。2008 年全球金融危机后，以美国、英国为代表的传统海洋大国出现全球责任"退圈"和"降温"，区域民族主义和地区冲突增温，中国倡导的"一带一路""全球共同治理"理念得到国际社会普遍认可，但也受到个别传统海洋大国排挤甚至干扰，如何处理国内海洋事业发展与全球海洋事务参与的关系，使得新时代中国海洋强国建设研究具有重要的时代意义和国际关系实践价值（刘曙光、尹鹏, 2018）。

二、国内背景

（一）国家海洋事业发展实力稳步提升

中国是一个陆海兼备的国家，大陆海岸线长 1.8 万多千米，岛屿岸线长 1.4 万多千米，500 平方米以上岛屿有 6500 多个。[①] 根据《联合国海洋法公约》，中国可管辖的海域面积近 300 万平方千米，其中享有完全主权的内水和领海面积为 38 万平方千米，享有部分主权权益的海域面积 260 万平方千米，包括毗连区、专属经济区、大陆架等，中国还有数百个优良海港，特别是辽阔的大陆架蕴藏着难以估量的天然资源（贾宇, 2018）。中华民族曾创造过辉煌的海洋业绩，形成并发展了"海上丝绸之路"，造船技术和航海技术长期

---

① 中华人民共和国国务院新闻办公室. 中国武装力量的多样化运用 ［EB/OL］. http://www.gov.cn/zhengce/2013-04/16/content_2618550.htm, 2013 – 04 – 16.

领先世界，为经略海洋积累了宝贵的历史经验。改革开放以来，中国经济发展取得积极成就，综合国力的不断增强为海洋强国建设奠定了坚实基础，提供了有力支撑。近年来，中国海洋综合管理能力和海洋维权执法能力逐步提升，海洋科技创新能力明显增强，参与和处理国际海洋事务的能力不断提高，海上力量日益壮大（金永明，2013）。中国积极拓展国际海域的资源开发，在太平洋、印度洋拥有了四块专属勘探矿区。截至2021年底，中国已经在南北两极地区建立了长城、中山、昆仑、泰山和黄河5个科学考察站，罗斯海新站也即将建成，中国的海洋资源环境条件持续向好。

（二）国家富强建设亟待海洋事业进步

中国经略海洋呈现大进大出、两头在海的外向型发展格局，高度依赖海上战略通道，中国可持续发展需"以海撑陆""以洋补海"，海洋对中国发展的重要性日益突出。习近平总书记在第八次中央政治局集体学习会议上强调，"海洋在国家经济发展格局和对外开放中的作用更加重要，在维护国家主权、安全、发展利益中的地位更加突出，在国家生态文明建设中的角色更加显著，在国际政治、经济、军事、科技竞争中的战略地位也明显上升"①，"向海而兴"已成为我国重要的国家战略。中国参与全球海洋治理的意愿和声音渐强，作为负责任的世界大国和崛起中的海洋强国，中国理应加入引领海洋治理时代的排头兵行列，为治理体系的演进贡献中国智慧、提供中国方案。海洋越来越多地涉及中国的战略利益，牵动着中国的经济命脉，影响着中国的安全和社会稳定。依海富国，以海强国，加快建设海洋强国，对于全面建成社会主义现代化强国具有重要意义，在实现中华民族伟大复兴的关键时刻，补强短板、经略海洋的重要性更加凸显。

（三）海洋强国建设整体形势依然严峻

当今中国的海洋发展事业面临纷繁复杂的国内外挑战，国内海洋经济发

---

① 新华社．习近平：要进一步关心海洋、认识海洋、经略海洋［EB/OL］．http：//www.gov.cn/ldhd/2013-07/31/content_2459009. htm.

展水平有待提升，海洋资源与生态环境约束加剧，海洋科技创新对海洋经济支撑能力不足，海洋管理体制机制需要进一步改进和完善，海洋法治建设虽取得长足进步，但是"海洋基本法"尚未出台，中国特色社会主义海洋法律体系有待建立健全。丰富的海洋资源使我国面临复杂的海洋争端，围绕渔业、油气开采、海上航道等领域的国际海洋竞争日趋加剧（杜俊华，2022）。海洋强国能力建设相对滞后，客观上导致个别海上邻国在涉及中国领土主权和海洋权益问题上采取挑衅性举动，在非法"占据"的中方岛礁上加强军事存在，一些域外国家也极力插手南海事务。① 在全球海洋"公地"领域，中国在参与国际涉海开发与保护规则制定方面仍需加大参与力度，在国际法律事务中的话语权和影响力仍相对有限。

（四）党建理论创新指引海洋强国建设

作为新时代党的思想理论体系建设里程碑的中共十九大报告，系统提出习近平新时代中国特色社会主义思想体系，是对马克思列宁主义、毛泽东思想的坚持和发展，是马克思主义历史唯物主义与辩证唯物主义中国化和现代化的具体体现，成为解读新时代海洋强国建设的整体思想指南。其中，新时代中国特色社会主义事业建设总目标定位是建设富强、民主、文明、和谐、美丽的现代化强国，为海洋强国建设目标定位提供了战略指导；关于新时期社会发展主要矛盾的阐述为海洋强国建设的全方面充分发展和时空协同发展提供了结构分析依据；经济建设、政治建设、文化建设、社会建设、生态文明建设"五位一体"总体布局，为海洋强国建设事业的整体系统发展及总体布局研究提供了分析框架；创新、协调、绿色、开放、共享的新发展理念为海洋强国建设研究中的动力机制、空间均衡、人地和谐、内外联动、公平正义等重大问题提供了分析准则；明确中国特色大国外交旨在推动建设人类命运共同体，倡议国际社会从伙伴关系（政治）、安全格局（社会）、经济发展

① 中华人民共和国国务院新闻办公室. 中国的军事战略 ［EB/OL］. http：//www.scio.gov.cn/zfbps/ndhf/2015/Document/1435161/1435161. htm，2015－05－26.

（经济）、文明交流（文化）、生态建设（生态）五个方面做出努力，为新时代海洋强国建设的全球海洋事务参与及关系分析指明了研究方向；新时代坚持和发展中国特色社会主义的"十四个坚持"基本方略更是为海洋强国建设方略提供了基本思路和行动指南；"坚持陆海统筹，加快建设海洋强国"的具体要求为海洋强国建设研究及方略拟定过程的时-空维度及多重关系维度解析思路提供了战略指导。

第二节　重大意义

一、理论创新价值

（一）理论范式创新

以马克思主义历史唯物主义和辩证唯物主义为思想渊源，以马克思主义理论中国化为理论创新指引，在中共十九大提出习近平新时代中国特色社会主义思想框架下，尝试突破已有的单一维度或并行多维度解读我国海洋强国建设的范式，以马克思主义辩证发展和全球普遍分工联系视角以及现代复杂系统科学透视工具看待我国与世界的多维度竞合关系，在我国强国建设历史发展宏伟进程和参与全球战略关系治理宏大格局相互影响视域下，建立我国海洋经济、政治、文化、社会、生态文明"五位一体"多维度相互作用与支撑的新时代海洋强国战略内涵。

（二）理论体系探索

尝试以历史发展维度、空间尺度维度和人海关系维度（张耀光，2008），建立多维度间相互作用与影响的一体化海洋强国理论建设体系，突破现有以单纯历史过程周期和趋势外推、全球海洋强国状态指标横向对比、分领域海洋强国指标建设研究的现实格局，将新时代强国建设目标定位、总体矛盾定位、"五位一体"总体布局定位、建设人类命运共同体的国际关系发展定位，与海洋强国建设的战略目标、动力机制、总体布局、外部关系建设相结合，将国家海洋强国建设与整体强国建设研究范式对接、融入，形成历史发展过程与全球空间格局互相对应下的海洋强国"五位一体"建设理论体系。

二、重大现实意义

（一）海洋经济强国有助于促进中国经济高质量发展

海洋经济是海洋强国建设的基础，海洋经济活动在资源开发方面具有巨大外部性吸引力和科技能力超高要求，在环境认知和适应方面具有严峻挑战性，海洋经济交往高度开放互通性考验国家经济对外竞争合作能力，海洋经济活动陆海兼备属性客观检验国家经济空间和产业协调布局水平，海洋经济"公共池塘效应"（common pool resource）效应体现国家对海洋资源配置或协同治理能力（张克中，2008）。因此，海洋经济强国建设方略研究有助于提升国家整体经济创新、协调、绿色、开放和共享的高质量发展。

（二）海洋治理强国有助于提高国土治理统筹协调度

根据《联合国海洋法公约》规定和我国海域管辖主张，我国拥有大约300万平方千米的广义"海洋国土"空间，包括38万平方千米内水和领海（刘容子，1999）。国家珠江、长江、黄河等主要流域与近海形成陆海资源环境大循环体系，加之国家沿海区域港口群形成内外陆海一体化交通运输及客货流网络，促使我国国土空间开发布局融入资源环境及社会经济整体巨系统之中，陆海统筹背景下的海洋综合协调治理将成为国家整体国土空间统筹协调规划和治理的至关重要组成部分。

（三）海洋文化强国有助于提振海洋意识与文化自信

尽管我国数千年来沧海桑田变迁和沿海内陆文明交流贯穿华夏文明历史，但是我国海洋意识和海洋文化自信依然有待提升（汪品先，2013）。从先秦以来的传统社会秉承着陆地纵横捭阖思想与实践，虽然唐宋元及明初时期我国东南沿海的对外开放与海外交流深入，沿海社会文化有一定程度发展，但是难以撼动整体国家陆域发展的文化价值观念。新时代海洋文化强国战略建设将从国家、社会和公民维度推进现代海洋意识和海洋文化自信，为中国特色社会主义核心价值观建设及中国文化国际交流提供强大支撑。

（四）海洋社会强国有助于提升国家共享与保障水平

国内社会共享保障和国际社会安全保障是国家发展在社会领域的基本内容，海洋社会群体及其社区一般近邻海洋环境或处于海洋环境包围之中，更容易受到海洋环境条件制约与环境灾害袭扰，加之海洋资源及其开发活动的离散与流动性，海洋活动成果的社会再分配保障程度及其均衡性可能更加困难。同时，海洋社群及其居所往往处于国家外围海域空间，其受到国际传统安全和非传统安全的概率远大于内陆区，生存与发展安全保障能力建设往往关乎国家核心战略利益（方力、赵可金，2021）。因此，研究强化沿海、海上及海岛等海洋社会群体及其生存发展环境，对于国家整体社会内部共享与对外安全防御有着至关重要的意义。

（五）海洋生态强国有助于优化国家生态系统承载力

中共十九大报告高度重视生态文明建设，将统筹山水林田湖草系统治理融入人与自然和谐发展强国建设重大方略。国家"十四五"规划进一步明确海域、沿海与内陆流域综合治理体系建设。我国国土生态系统深受海陆水汽循环影响，海陆相互作用导致的气候变化对国家整体生态系统产生深刻扰动甚至巨大改变，海陆系统协同适应与应对尤为重要。碳达峰、碳中和的目标已经得到陆域、海域和空域的立体多维度协同响应。习近平总书记提出的"海洋命运共同体"理念，更是在更高层次阐释了海洋生态文明建设的重要性。因此，海洋生态强国建设不仅有利于提升国家生态系统承载能力，而且具有深远的全球协同环境治理的战略意义。

第三节　本　章　小　结

海洋强国建设是中共十九大以来以习近平同志为核心的党中央统筹把握国内、国际两个格局的发展变化提出的海洋领域发展的新战略方向，有着海洋发展成为全球焦点、科技创新提供强大支撑、全球变局影响海洋事业发展等国际背景，以及我国经略海洋能力大幅提升、强国建设切实需求、海洋发展面临多重困局等国内因素。中共十九大报告全面阐述新时代中国特色社会主义思想体系，为我国海洋强国建设提供强大理论思想导引和方法论支持，海洋强国建设方略研究不仅具有推进马克思主义哲学中国化和现代化探索价值，以及现代系统科学理论体系和多学科交互方法论体系建构价值，而且具有促进经济高质量发展、优化国土空间开发布局、提升国家社会公众文化自信、提升国家安全保障水平、优化国家生态承载能力等重大现实意义。

第二章
海洋强国建设方略的基本概念解读

中共十九大报告提出的系列强国富民目标是建成海洋强国战略定位的基本参照，我国的海洋强国建设方略具有深厚历史积淀，新中国历代领导人对不同时期海洋强国建设不断提出重要指示，习近平新时代中国特色社会主义思想为新时代海洋强国建设概念提供了全新的深刻内涵。

第一节　我国强国建设概念体系

中共十九大报告提出到 21 世纪中叶"把我国建成富强民主文明和谐美丽的社会主义现代化强国"的重大历史任务。[①] 表明社会主义现代化强国不是单一的经济指标，而是"五位一体"全面发展的综合指标体系。[②]

新时代强国建设是一项功能齐备的系统化工程，其不仅强调强国建设的总体目标，也关注强国建设内容的协调统一，具有结构完整、体系开放的特征（任保平、付雅梅，2018），明确了强国建设的主线是发展和完善中国特色

[①] 习近平. 决胜全面建成小康社会 夺取新时代中国特色社会主义伟大胜利：在中国共产党第十九次全国代表大会上的报告［EB/OL］. http：//www. gov. cn/zhuanti/2017-10/27/content_5234876. htm，2017 – 10 –27.

[②] 戚义明. 习近平的强国愿景［EB/OL］. 新华社客户端，https：//baijiahao. baidu. com/s?id =1682209061288601745&wfr = spider&for = pc，2020 – 11 –02.

社会主义目标是以强国建设实现中华民族的伟大复兴，在战略布局上确定了"五位一体"的总体布局和"四个全面"的战略要求。"五位一体"总体布局构成了强国建设的完整系统，政治、经济、社会、文化和生态五大强国子系统相互连接、相互支撑、相互依存、相互促进，进而形成强国建设的方向指引和总体部署（陈理，2018）。"五位一体"总体布局之下，以经济发展为基本点，以政治民主为制高点，以社会保障为民心点，以文化繁荣为凝聚点，以生态文明为支撑点，深刻体现了党治国理政方略的整体性思维（赵国营、张荣华，2019）。

中共十八大报告和十九大报告中提出的"强国"论述构成了新时代强国建设的现实目标（见图2-1）。

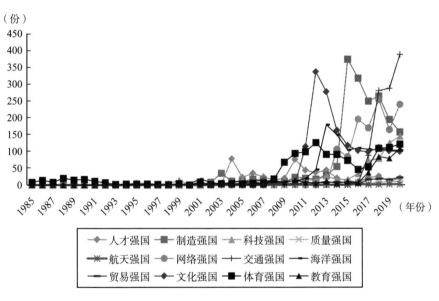

图2-1 强国建设研究文献变化态势

资料来源：中国知网。

人才强国、科技强国、教育强国、体育强国、交通强国为强国整体目标的实现提供人才、科技、设施等基础保障，海洋强国、航天强国、网络强国构成强国建设的空间维度，文化强国、制造强国、质量强国、贸易强国反映出"五位一体"强国建设成果的现实表现。"五位一体"的总体布局与具体强国目标呈现辩证统一、一般与特殊的哲学关系，政治、经济、文化、社会和生态现代化建设是推进强国目标建设的着眼点，实现强国目标，必须以增进政治、经济、文化、社会和生态现代化建设为依托，强国目标是政治、经济、文化、社会和生态现代化建设的具体路径，政治、经济、文化、社会和生态现代化建设还需落脚于强国目标指引下的具体领域。

第二节　海洋强国建设内涵演进

一、海洋强国建设思想的历史积淀

我国远古时代就有"宿沙煮海"的传说，东夷文化及良渚文化发掘证明我国丰厚的海洋资源开发历史实践（刘桂春、韩增林，2005；吴立、朱诚、郑朝贵等，2012）。古代"官山海"思想（万海峰、肖燕，2007），印证了我国对于海洋资源治理的高度重视。秦朝视东海碣石为中国北方疆界，初步形成了以海为界、依海而治的海疆治理思想。汉朝以"楼军"开拓海疆并在沿海地区设郡，明确将海疆治理划入国家行政管理范畴。唐朝开辟通往自东南亚至北非的"广州通海夷道"，拓展了发端于先秦时期的海上丝绸之路通达边界。宋朝设置市舶司主管沿海及海上贸易，构建起政府主导与民间参与相统筹的海洋经济体系。元朝推行自由贸易整合海上及沿海港口资源，配合近海航行漕运货物密切了南北经济的交流往来（宋濂、赵埙、王祎，1976）。明朝组建全球最为强盛的海上船队并派遣郑和经略西洋吸引海外诸番万邦来朝，成为具有划时代意义的全球海洋治理伟大实践（郑明、郑元福，1998）。

二、新中国海洋强国建设思想发展

20 世纪 50 年代，以毛泽东同志为主要代表的共产党人重视海军防御力量建设，强调"有计划地逐步地建设一支强大的海军"①，初步形成"近海防御"为核心的海洋强国战略。80 年代，以邓小平同志为主要代表的共产党人提出"把主权问题搁置起来，共同开发"的海洋争端消解策略。② 到 90 年代，以江泽民同志为主要代表的共产党人强调"从战略的高度认识海洋，增强全民族的海洋观念"，"加快海军现代化建设步伐"，③"实施海洋开发，搞好国土资源综合整治"④，进一步丰富了中国海洋强国建设内涵。21 世纪初期以来，以胡锦涛同志为主要代表的共产党人指出中国是海洋大国，强调"推动建设和谐海洋，……积极参与国际海上安全合作"⑤，"提高海洋资源开发能力，坚决维护国家海洋权益，建设海洋强国"⑥，提升了我国海洋强国建设的国际化内涵。21 世纪 10 年代以来，以习近平同志为主要代表的共产党人指出"建设海洋强国是中国特色社会主义事业的重要组成部分"⑦，"是实现中华民族伟大复兴的重大战略任务"⑧，要"坚持陆海统筹，坚持走依海富

---

① 毛泽东文集：第 6 卷 [M]. 北京：人民出版社，1999：341.

② 邓小平. 在中央顾问委员会第三次全体会议上的讲话 [N]. 人民日报，1985 - 01 - 01（1）.

③ 新华社，中央人民广播电台，解放军报. 春风鼓浪好扬帆：江泽民主席关心人民海军现代化建设纪事 [N]. 人民日报，1999 - 05 - 28（1）.

④ 江泽民. 全面建设小康社会，开创中国特色社会主义事业新局面：在中国共产党第十六次全国代表大会上的报告 [EB/OL]. http://www.cntheory.com/tbzt/sjjlzqh/ljddhgb/202110/t20211029_37374.html，2002 - 11 - 08.

⑤ 新华社. 胡锦涛会见参加中国人民解放军海军成立 60 周年庆典活动的 29 国海军代表团团长 [N]. 人民日报，2009 - 04 - 24.

⑥ 胡锦涛. 坚定不移沿着中国特色社会主义道路前进 为全面建成小康社会而奋斗：在中国共产党第十八次全国代表大会上的报告 [EB/OL]. https://www.12371.cn/2012/11/17/ARTI1353154601465336.shtml，2012 - 11 - 08.

⑦ 新华网. 习近平：进一步关心海洋认识海洋经略海洋 推动海洋强国建设不断取得新成就 [EB/OL]. http://www.xinhuanet.com//politics/2013-07/31/c_116762285.htm，2013 - 07 - 31.

⑧ 新华网. 习近平在海南考察 [EB/OL]. http://www.xinhuanet.com/politics/leaders/2022-04/13/c_1128557657_5.htm，2022 - 04 - 13.

15

国、以海强国、人海和谐、合作共赢的发展道路，通过和平、发展、合作、共赢方式，扎实推进海洋强国建设"①，为新时代多维度海洋强国建设指明了方向。

三、当代海洋强国概念的学者诠释

我国知名海洋战略专家杨金森（2007）认为，凡是能够利用海洋获得比大多数国家更多的海洋利益，从而使他们成为比其他国家更发达的国家，都可以称为海洋强国。建设海洋强国不仅是维护海洋权益的根本需求，更是国家大战略有机组成部分，是中国顺应时代潮流的必然选择（张海文、王芳，2013；胡德坤，2013）。海洋强国需要更好地处理与周边邻海国家的涉海领土争端（李加林，2022），维护国家安全和海洋权益（张尔升、裴广一、陈羽逸等，2014），全方位巩固海洋战略地位（王历荣，2017），繁荣海洋文化（王山，2010），推动人海和谐和建设（同春芬、严煜，2016），主动参与全球海洋治理（王琪，2022）。中国海洋强国建设需要处理与美国等已有海洋强国的关系（张琪悦，2022），参与维持与协调亚太地区海域多边格局均衡（凌胜利，2015），避免全球层次海洋秩序失衡（段克，2021）。

四、新时代海洋强国建设内涵更新

新时代海洋强国建设以辩证唯物主义和历史唯物主义为哲学范式，以系统科学整体动态思维为框架，以新发展理念为建设原则及机理，立足中国海洋发展战略需求，强调海洋经济、海洋治理、海洋文化、海洋社会和海洋生态建设"五位一体"有机统一，统筹海陆空网多维空间关系和历史—现实—

---

① 新华网. 习近平：进一步关心海洋认识海洋经略海洋 推动海洋强国建设不断取得新成就 [EB/OL]. http：//www. xinhuanet. com//politics/2013-07/31/c_116762285. htm, 2013 – 07 – 31.

未来过程逻辑，打通国内国际海洋事业发展视野，实现海洋强国与海洋命运共同体建设对接。

第三节　本 章 小 结

新时代海洋强国建设属于国家强国战略体系重要组成部分，遵从"五位一体"强国建设总体布局，与陆域、空天及网络等多维度强国建设相互支撑，是国家强国建设战略在海洋维度的空间投射，是新中国历代领导集体对海洋发展探索中海洋战略思维的持续提升，新时代海洋强国建设明确以马克思主义哲学范式为基础，以现代系统科学方法体系为框架，以新发展理念为机制，以海洋经济、海洋治理、海洋文化、海洋社会、海洋生态为支撑体系，融入国家整体富民强国目标，推动全球海洋命运共同体建设。

第三章
新时代海洋强国建设方略研究框架分析

习近平新时代中国特色社会主义思想系统回答了新时代坚持和发展中国特色社会主义的目标指向、任务要求、布局方法、指导理念、内外条件等重大问题，是"坚持陆海统筹，加快建设海洋强国"战略的整体思想依据，新时代海洋强国建设方略需运用马克思主义哲学和系统科学予以诠释和理解，以"五位一体"总体布局为方法指向，以新发展理念为指导思想，建构"陆－海－空－网"四维一体的研究框架。

第一节　明确马克思主义研究范式

一、辩证唯物主义思维范式

（一）以唯物主义奠定整体思想基础

习近平新时代中国特色社会主义思想是马克思主义中国化最新成果，是党和人民实践经验和集体智慧的结晶，是中国特色社会主义理论体系的重要组成部分①,"八个明确""十四个坚持",既提出了认识世界与分析问题的根本观点,又提供了解决问题与指导实践的科学方法,体现了世界观与方法论的贯通②,是全党全国人民为实现中华民族伟大复兴而奋斗的行动指南,必须长期坚持并不断发展③。

"坚持陆海统筹,加快建设海洋强国"是中共十九大报告中"实施区域协调发展战略"的重要内容,是中国特色社会主义事业的重要组成部分。④体现了我国作为陆海兼备大国的现实国情,更体现出我国对于海洋强国建设的重大而迫切的现实需求,贯穿着马克思主义的立场、观点、方法,是新时代发展海洋事业、建设海洋强国的思想罗盘和行动指南。⑤

(二)以普遍联系观点贯穿发展全局

习近平新时代中国特色社会主义思想具有系统性战略性特质⑥,是系统全面、逻辑严密、内涵丰富、内在统一、不断发展的科学理论体系⑦,创新提出世界各国人民相互联系、相互作用的人类命运共同体理念,强调积极构建符合世界人民发展要求的新型国际关系,丰富和发展了中国特色社会主义理论体系的同时,实现了马克思主义中国化的新飞跃。⑧

---

① 人民网–中国共产党新闻网.习近平新时代中国特色社会主义思想 [EB/OL].http://theory.people.com.cn/n1/2018/0822/c413700-30244017.html,2018–08–22.

② 中共中央党校(国家行政学院).习近平新时代中国特色社会主义思想基本问题 [M].北京:人民出版社,2020.

③ 习近平说,新时代中国特色社会主义思想是全党全国人民为实现中华民族伟大复兴而奋斗的行动指南 [EB/OL].新华网,http://www.xinhuanet.com/politics/19cpcnc/2017-10/18/c_1121820173.htm,2017–07–18.

④ 习近平:进一步关心海洋认识海洋经略海洋 推动海洋强国建设不断取得新成就 [EB/OL].新华网,http://www.xinhuanet.com//politics/2013-07/31/c_116762285.htm,2013–07–31.

⑤ 王宏.海洋强国建设助推实现中国梦 [N].人民日报,2017–11–20(7).

⑥ 韩庆祥.习近平新时代中国特色社会主义思想的哲学基础 [EB/OL].光明网,https://m.gmw.cn/baijia/2022-06/11/35803241.html,2022–06–11.

⑦ 方江山.深刻领会习近平新时代中国特色社会主义思想的科学体系和核心要义 [EB/OL].人民网,http://theory.people.com.cn/n1/2022/0627/c40531-32457678.html,2022–06–27.

⑧ 中央党校中国特色社会主义理论体系研究中心.习近平新时代中国特色社会主义思想是一个系统完整、逻辑严密的科学理论体系 [N].光明日报,2017–11–28.

"坚持陆海统筹，加快建设海洋强国"首先可以理解为陆域发展与海洋发展的普遍联系，其次引申为陆海全域空间与海洋强国建设的关系，可解读为海洋强国与其他强国建设在空间协调视角下的普遍联系，进而较为系统地理解海洋强国建设战略的普遍联系思想底蕴。

（三）以辩证发展观点展现未来蓝图

习近平新时代中国特色社会主义经济思想，是运用马克思主义基本原理对中国特色社会主义政治经济学的理性概括，提出的创新、协调、绿色、开放、共享的五大新发展理念丰富发展了中国特色社会主义理论宝库，是全面建成小康社会的行动指南、实现"两个一百年"奋斗目标的思想指引①，实现了马克思主义中国化时代化大众化的历史性飞跃，是当代中国马克思主义、21 世纪马克思主义②。

"坚持陆海统筹，加快建设海洋强国"表达了陆海统筹为前提，以加快建设为过程的海洋强国建设过程，体现了新时代海洋强国建设战略的辩证发展思想，是以新发展理念破解海洋强国建设方略的方法论导引。

（四）以矛盾分析方法解析发展机理

习近平新时代中国特色社会主义思想立足中国特色社会主义进入新时代这一历史方位，精准判断出我国社会主要矛盾转化为"人民日益增长的美好生活需要和不平衡不充分的发展之间的矛盾"③，运用矛盾分析这个唯物辩证法的根本方法，揭示矛盾的内在规律性，坚持"两点论"与"重点论"的辩证统一，找出解决矛盾的方法和途径，体现了抓住关键、找准重点，洞察事

---

① 任理轩. 关系我国发展全局的一场深刻变革：深入学习贯彻习近平同志关于"五大发展理念"的重要论述 [N]. 人民日报, 2015 – 11 – 04.

② 深入认识习近平新时代中国特色社会主义思想 [N]. 学习时报, 2017 – 11 – 27 (A1).

③ 李慎明. 正确认识中国特色社会主义新时代社会主要矛盾 [EB/OL]. 人民网, http: // theory. people. com. cn/n1/2018/0309/c40531-29858058. html?ivk_sa = 1023345p, 2018 – 03 – 09.

物发展规律，集中力量解决主要矛盾的方法论。[①]

"坚持陆海统筹，加快建设海洋强国"首先阐释了海洋强国建设过程中陆海之间的现实矛盾，进而提出通过利用陆海矛盾过程的相互作用，提出实现统筹发展的思路，体现了建设海洋强国过程的矛盾分析思想，为海洋强国建设的机理分析奠定了理论基础。

二、历史唯物主义思维范式

（一）以矛盾运动过程推动强国建设

习近平新时代中国特色社会主义思想揭示了人民群众日益增长的物质、政治、文化、社会和生态需求同其不充分不平衡的发展现状之间的矛盾，深刻剖析了新时代中国特色社会主义发展过程中的生产力与生产关系、经济基础和上层建筑之间的适应与矛盾关系，强调新时代中国特色社会主义建设需牢牢把握生产力与生产关系、经济基础与上层建筑的作用规律关系[②]，勇于全面深化改革，自觉通过调整生产关系激发社会生产力发展活力，自觉通过完善上层建筑适应经济基础发展要求，让中国特色社会主义更加符合规律地向前发展[③]。

"坚持陆海统筹，加快建设海洋强国"体现了运用海洋强国建设的基本矛盾，需要以历史唯物主义认识和运用海洋强国建设过程的矛盾运动规律，阐释海洋强国建设过程中的生产关系和生产力、经济基础和上层建筑的具体矛盾关系，提出具有历史过程意义的海洋强国建设方略。

---

① 杨云. 习近平新时代中国特色社会主义思想的哲学意蕴 [N]. 光明日报，2017 - 12 - 18.

② 李慎明. 正确认识中国特色社会主义新时代社会主要矛盾 [EB/OL]. 人民网，http://theory. people. com. cn/GB/n1/2018/0309/c40531-29858058. html，2018 - 03 - 09.

③ 黄一兵. 习近平新时代中国特色社会主义思想的理论特色（深入学习贯彻习近平新时代中国特色社会主义思想）[N]. 人民日报，2019 - 06 - 28（13）.

（二）以群众观点指导全局共享发展

习近平新时代中国特色社会主义思想立足新时代新征程，坚持人民至上的价值追求，坚持发展依靠人民，尊重人民主体地位，尊重人民首创精神，不断增强人民群众获得感、幸福感、安全感①，新发展理念之共享发展理念的内涵既概括为全民共享、全面共享、共建共享、渐进共享，充分体现了全心全意为人民服务的根本宗旨，深刻体现人民是推动发展的根本力量的唯物史观②。

"坚持陆海统筹，加快建设海洋强国"是强国建设的重要组成部分，而强国建设与民族复兴不仅共同构成新时代发展总体目标，而且相辅相成，进而要求海洋强国建设肩负海洋发展领域的民族复兴使命，需要充分解读海洋强国建设视域下的民众社会共享与安全保障能力提升。

（三）以世界历史思想关照人类命运

习近平新时代中国特色社会主义思想致力于为中国人民谋幸福、为中华民族谋复兴，致力于为人类谋进步、为世界谋大同，丰富和发展了马克思主义政党使命理论③，提出构建人类命运共同体重要理念、共建"一带一路"倡议、全球发展倡议、全球安全倡议，坚持国际关系民主化大方向，不断完善全球治理体系，丰富和发展了马克思主义的世界历史理论，坚持共商共建共享的全球治理观，坚持真正的多边主义，这些新理念新思想新愿景充分彰显了新时代坚持和发展中国特色社会主义的博大胸怀、人类情怀。

"坚持陆海统筹，加快建设海洋强国"与后续提出的"海洋命运共同体"建设相呼应，将人类命运共同体理念落实到国际海洋发展事业中，为推动全

---

① 万光侠. 始终坚持人民至上的价值追求［N］. 光明日报，2022－08－22（6）.

② 本报评论员. 不断实现人民对美好生活的向往：论学习贯彻党的十九届五中全会精神［N］. 人民日报，2020－11－04（4）.

③ 方江山. 深刻领会习近平新时代中国特色社会主义思想的科学体系和核心要义［EB/OL］. 人民网，http：//theory. people. com. cn/n1/2022/0627/c40531-32457678. html，2022－06－27.

球海洋合作发展提供中国智慧。

第二节　构建现代系统科学分析框架

一、新时代中国特色社会主义事业系统科学遵循

以钱学森为代表的我国当代系统科学研究者们继承了中国古代与西方的系统观，开创性地发展了以马克思主义哲学观点为指导，立足于中国社会主义事业发展实际的现代系统科学（赵少奎，2005），指明了系统科学从事物的整体与部分、局部与全局以及层次关系的角度来研究包括自然、社会和人自身三者统一而成的客观世界，具有交叉性、综合性、整体性与横断性的特点（钱学森，2011），复杂巨系统通过物质、能量和信息与外部环境进行交换使其具备开放性特征（于景元，2011）。

社会主义建设是一项复杂的系统工程（舒光复，2001），新时代中国特色社会主义建设统一于中国社会主义建设的整体进程中，是一项极其复杂的大规模工程，新时代社会主义现代化强国建设是中国特色社会主义事业的发展目标，实现新时代中国特色社会主义强国建设的过程就是系统科学知识的普及、提高和运用过程。全面建成新时代社会主义现代化强国，强调的是由政治、经济、社会、文化和生态建设"五位一体"总体布局形成的全面和完整的复杂巨系统，此系统内各子系统间相互联系、相互支撑、相互依存、相互促进，对应着富强、民主、文明、和谐、美丽的价值要求。

"五位一体"总体布局下的中国特色社会主义系统工程作为一个开放的复杂巨系统，其发展问题具有复杂异质性的特征，集中表现在政治、经济、文化、社会和生态等五大子系统各层次组元的复杂性及其质变，以及上述变化所具有高度的不确定性。从宏观到微观，从东方古典式到西方近代式，从定性的、不全面的感性认识到综合的、定量的理性认识形成了处理开放的复

杂巨系统的定性到定量综合集成法，为新时代中国特色社会主义建设提供了一套科学思想、科学方法和实践方式（于景元，2011）。

二、新时代强国建设系统科学指引

从实践论观点来看，任何社会实践，特别是复杂的社会实践，都有明确的目的性和组织性，并有高度的综合性、系统性和动态性（于景元，2019）。经济的社会形态、政治的社会形态和意识的社会形态构成了一个社会的有机整体、形成了社会系统结构的基础，由于社会形态各个侧面相互关联，也就决定了新时代强国五大子系统之间相互关联、相互影响、相互作用（于景元，2016）。以"富强、民主、文明、和谐"为新时代社会主义现代化强国建设目标体系的新时代中国特色社会主义系统工程由此形成，以系统视角解构新时代社会主义现代化强国建设与富强、民主、文明、和谐、美丽价值理念的结构关系与整体性，是坚持和发展中国特色社会主义事业的内在要求（欧阳军喜、王赟鹏，2018）。

在新时代强国建设系统工程中，经济建设提供物质基础、政治建设提供制度保障、文化建设提供精神动力和智力支持、社会建设凝聚向心力、生态建设营造优美环境，由此明确了新时代强国建设各子系统的特定作用及其相互关系。从系统发展角度来看，只有当系统内部之间及其外部环境相互协调时，才能获得最好的整体功能（湛垦华、张强，1990）。推动新时代社会主义现代化强国建设需遵循复杂巨系统发展观。一方面，需实现五大子系统各自所属的系统要素、系统层次、系统结构、系统功能和系统环境全方位关联性发展；另一方面，也要注重社会主义政治现代化、经济现代化、文化现代化和社会现代化建设以及社会系统外部环境即生态现代化之间的协调发展，形成良性循环。

三、新发展理念系统科学原理

中共十九大报告强调了发展在新时代中国特色社会主义建设全局中的核心地位，要求坚定不移地以创新、协调、绿色、开放、共享的新发展理念指导新时代中国特色社会主义建设过程，充分彰显了新时代中国特色社会主义建设的开放复杂巨系统科学理论意涵。新发展理念是同马克思列宁主义、毛泽东思想、邓小平理论和"三个代表"重要思想既一脉相承又与时俱进的科学理论，是习近平新时代中国特色社会主义思想的伟大结晶，亦是我国经济社会发展的重要指导方针，是发展新时代中国特色社会主义必须坚持和贯彻的重大战略思想。

新发展理念构建了"五位一体"的思想架构，明确提出创新是引领发展的第一动力，协调是持续健康发展的内在要求，绿色是永续发展的必要条件和人民对美好生活追求的重要体现，开放是国家繁荣发展的必由之路，共享是中国特色社会主义的本质要求（王一鸣，2019）。创新发展理念反映出系统科学对一个系统总是在不断运转变化的观点；协调发展理念表明了系统中各要素不是孤立地存在着，每个要素在系统中都处于一定的位置上起特定作用并存在复杂作用关系的观点；绿色发展理念体现了系统环境优化对系统内部稳定发展的重要意义；开放发展理念彰显了新时代中国特色社会主义现代化建设工程系统的开放性特征；共享发展理念强调了"人"作为系统主体的地位，体现了系统发展与人的发展的内在统一。

第三节　确立五大分支学科研究视角

一、新时代强国建设体系的经济视角

经济发展是新时代强国建设的基本动力，是经济学理论实践主战场。建设经济强国是"两个一百年"奋斗目标在经济建设领域的具体化，是习近平新时代中国特色社会主义思想的重要成分（陈宝生，2014）。经济现代化推动物质文明形成，构建现代化经济体系是实现"五位一体"总体布局下建成社会主义现代化强国的基本要求（周绍朋，2018），为实现中华民族复兴的强国梦奠定坚实的物质经济基础（魏杰、汪浩，2018）。新发展理念与现代化经济体系建设辩证统一，创新发展培育增长动力，协调发展推动区域均衡，绿色发展实现生态效益，共享发展增进人民福祉，开放发展联结内外循环（刘伟，2018）。坚持在新发展理念指导下以优化海洋经济发展方式和结构、提升海洋经济质量效益、深化海洋国际经济合作为内容的现代化海洋经济体系建设目标，为实现海洋强国建设提供了动力源泉。

二、新时代强国建设体系的政治视角

治理提升是新时代强国建设的政治保障，是政治学应用研究的重点实证分析研究领域。党的领导、人民当家作主、依法治国三者相统一的社会主义政治文明建设是社会主义现代化建设必不可少的组成部分，亦是中国特色社会主义事业发展的根本保障和必然路径（汪青松、陈莉，2020）。充分保障人民平等参与、平等发展权利，建设法治国家、法治政府、法治社会，实现国家治理体系和治理能力现代化，是社会主义现代化建设的政治目标，亦是实现社会主义现代化强国梦的必然选择（崔桂田、刘玉娣，2019）。建设民主的社会主义现代化政治强国，必须坚持和发展中国特色社会主义政治道路，坚持和完善社会主义政治制度，构建面向人民发展需求的现代化治理体系（贾立政，2020）。全力打造全局性、根本性、长远性国家海洋治理现代化体系，为海洋强国事业提供政治保障。

三、新时代强国建设体系的文化视角

文化繁荣是新时代强国建设的精神动力和价值指引，是文化学研究的重大命题。社会主义文化强国是建设社会主义现代化强国的重要任务，是实现中华民族伟大复兴的中国梦的关键内涵，是新时代增强我国综合国力的必然选择（胡海波、侯鉴洋，2019）。中国特色社会主义文化植根于中华传统文化，内含着中国共产党带领全国人民革命、改革和发展的实践精神，发展中国特色社会主义文化是推进文化强国建设的核心要义（佘双好，2018），把握文化自觉与文化自信的融合统一，推动文化自觉向文化自信转变是实现文化强国建设的重要路径（张友谊，2017）。海洋文化内容与海洋文化体制并重建设、海洋文化产业与海洋文化事业协同发展、海洋文化国际交流互鉴，为海洋强国建设凝聚价值指引和精神动力。

四、新时代强国建设体系的社会视角

社会外部安全保障与内部和谐共享和是新时代强国建设的根基和归宿。中国特色社会主义进入新时代，社会主要矛盾已经转化为人民日益增长的美好生活需要和不平衡不充分的发展之间的矛盾，解决新时代中国特色社会主义的主要社会矛盾应构建以人民为中心的社会主义现代化和谐社会，这是新时代中国特色社会主义现代化强国建设的出发点和根本目标（肖巍，2018）。新时代中国特色社会主义现代化强国建设从本质上提出了促进社会和谐发展的基本要求，需从改善民生着手，不断创新社会治理体系，完善社会制度，提高服务水平，缓和社会矛盾缓解（黎昕，2018）。以共享共治理念为价值指向提升海洋社会治理能力、完善海洋社会制度、优化海洋社会公共服务水平，有力保障了海洋社会主体在富有安全感、获得感和幸福感的和谐环境中投身于海洋强国建设进程。

五、新时代强国建设体系的生态视角

生态文明建设是新时代强国建设的环境适应与发展承载基础，是生态学应用研究与实践的核心领域。社会主义现代化是人与自然和谐共生的现代化（叶琪、李建平，2019），美丽中国建设是社会主义强国建设的重要目标，与

之相统一的社会主义生态文明建设是新时代强国建设的基础条件（黄娟，
2018），是关乎经济、社会、文化、政治和生态等多维强国建设路径的价值遵
循和重要指引（陈理，2018）。新时代中国特色社会主义主要矛盾内含着人
民日益增长的环境需求与生态建设不足的突出矛盾，生态建设尚存在显著的
生产力短板，区域、城乡不均衡问题较为突出，需以绿色发展理念为价值指
引，不断提升生态文明建设水平（胡鞍钢、张新，2018）。坚持节约利用、
保护开发、绿色修复与生态国际合作相统一的海洋生态建设路径，是海洋强
国目标和构建全球海洋生态共同治理格局的方向遵循。

第四节　融入新发展理念机理研究逻辑

一、创新发展理念

创新发展是系统科学视角国家发展的动力或驱动系统机制（刘曙光，
2004）。"创新"一词源于拉丁语"innovare"，意指摒弃旧的以及创立新的，
当代创新概念源于熊彼特的技术创新论述，并广泛应用于经济增长问题的研
究。创新发展理念是指导新时代强国建设的新发展理念之一，与马克思主义
矛盾论指导下的社会发展动力学说相统一。创新发展理念内涵思想创新、制
度创新、科技创新和文化创新等四个层面的创新内容，以创新发展理念贯穿
新时代强国建设的全过程是新时代强国目标实现的动力源泉（任理轩，
2015）。创新发展在当今全球科技激烈竞争的时代尤为重要，"实施创新驱动
发展战略，最根本的是要增强自主创新能力，最紧迫的是要破除体制机制障
碍，最大限度解放和激发科技作为第一生产力所蕴藏的巨大潜能"[1]，创新发

---

[1] 习近平. 加快从要素驱动、投资规模驱动发展为主向以创新驱动发展为主的转变［M］//习近平谈治国理政（第一卷）. 北京：外文出版社，2018.

展成为新时代新发展理念的首位理念。

海洋创新发展理念是新发展理念在海洋强国视域下的内容体现，贯穿于海洋强国建设的全过程（徐胜，2020），统一于新时代强国建设整体目标的创新发展要求之下。海洋空间独特的开放式、广延式地理特征决定科技创新成为海洋创新发展理念的核心意涵，把握海洋强国建设需优先把握创新发展理念的动力提升作用。

二、协调发展理念

协调发展是系统科学视角下国家发展状态及过程中具有协同及传导功能的系统机制（刘曙光，2004）。"协调"一词意指交往双方交换意见、彼此接近、相互满足的行为过程，在当代系统科学视域中，协调的概念延伸为大系统分解后处理各系统间关联的一种手段。协调发展理念是指导新时代强国建设的新发展理念之一，与马克思主义联系观指导下的系统科学协同理论相统一。"要协调推进全面建成小康社会、全面深化改革、全面依法治国、全面从严治党"①，以整体性思维和规律性思维为基础，强调强国建设的各个环节同步发展，以政治、经济、文化、社会和生态全空间全时域统筹为核心（任理轩，2015），把握强国建设各个环节相互联系、相互作用的规律关系（周绍东，2017）。以协调发展理念贯穿新时代强国建设的全过程是新时代强国系统性工程目标实现的内在要求（欧阳军喜、王赟鹏，2018）。

海洋协调发展理念是新发展理念在海洋强国视域下的内容体现（汪永生、李宇航、揭晓蒙等，2020），统一于新时代强国建设整体目标的协调发展要求之下。海洋协调发展强调以整体性思维平衡海洋强国五大系统及建设内容的统筹关系，以规律性思维把握海洋强国五大系统及建设内容的规律作用，

---

① 习近平.协调推进"四个全面"战略布局［M］//习近平谈治国理政（第二卷）.北京：外文出版社，2017.

不断增强海洋强国发展过程的整体功效。海洋强国建设需深刻体会协调发展理念的空间和内容平衡作用。

三、绿色发展理念

绿色发展是系统科学视角国家发展的环境自适应和人地关系双向协调适应的系统适应机制（刘曙光、许玉洁、王嘉奕，2020）。"绿色"一词意指繁茂、青春与和平的象征，在当代经济社会发展视域中，绿色的概念延伸为系统建设过程中关于系统"适应"自然生态环境系统变化的一种形象表达。绿色发展理念是指导新时代强国建设的新发展理念之一，与社会适应理论相统一。绿色发展理念以经济发展、政治治理、社会保障、文化建设和生态文明的环境适应为内容，强调强国建设的系统与环境因素连续而不断改变的相互适应过程。实现绿色发展需要加快转变经济发展方式，加大环境污染综合治理，加快推进生态保护修复，全面促进资源节约集约利用，倡导推广绿色消费，坚持和完善生态文明制度体系，促进人与自然和谐共生[①]，绿色发展理念为新时代强国建设指明了实践场域和前进方向（任理轩，2015）。

海洋绿色发展理念是新发展理念在海洋强国视域下具体体现，属于海洋强国建设的重要内容（孙光圻，2015），统一于新时代强国建设整体目标的绿色发展要求之下。海洋绿色发展强调打造资源集约型现代化海洋经济体系，营造生态至上的生产生活风气，充实海洋文化绿色内涵，提升国家生态治理能力，改善海洋社会环境适应水平（赵昕、赵锐、陈镐，2018）。海洋强国建设需牢固把握绿色发展理念的价值指引作用。

四、开放发展理念

开放发展是系统科学视角国家发展的对外及内外双向交流与调节的系统

---

① 新华社. 中共中央关于坚持和完善中国特色社会主义制度 推进国家治理体系和治理能力现代化若干重大问题的决定［EB/OL］. http：//www. gov. cn/zhengce/2019-11/05/content_5449023. htm，2019–11–05.

机制（刘曙光，2004）。"开放"原是复杂系统的固有状态特征，在中国特色社会主义发展实践中具有双重含义，意指对内开放与对外开放的内容统筹。开放发展理念是指导新时代强国建设的新发展理念之一，与马克思主义哲学指导下的开放复杂巨系统理论相统一。开放发展理念与人类命运共同体思维相统一，以经济交流合作、全球治理参与、文化传播互鉴、社会共同保障和生态国际治理为内容（刘志彪，2018），强调构建新型的高水平、高层次、全方位对外开放格局以全面提升强国建设国际互动与保障。

海洋开放发展理念是新发展理念在海洋强国建设中的具体体现（高兰，2019），贯穿于海洋强国建设的全过程，统一于新时代强国建设整体目标的开放发展要求之下。海洋开放发展强调在契合海洋空间开放性特征的基础上形成公平正义的全球海洋经济秩序、提升海洋治理全球参与能力、充实海洋文化互鉴内容、联动海洋社会全球保障、实现海洋生态共同保护。海洋强国建设需深入挖掘开放发展理念的过程互动作用。

五、共享发展理念

共享发展是系统科学视角国家发展状态及过程中具有内部均衡与外部保障功能的系统机制（刘曙光，2004）。"共享"一词意指共同享有或享用，在当代中国特色社会主义发展实践中，共享理念植根于以人民为主体的新时代中国特色社会主义事业发展的内涵要求之中。共享发展理念是指导新时代强国建设的新发展理念之一，强调中长期复杂系统稳定发展，表现为我国追求公平和长期稳定发展的科学思维。共享发展理念是社会主义强国建设过程坚持以人民为主体的现实体现，明确了社会主义强国建设的根本目的，突出"发展依靠人民，发展为了人民，发展成果由人民共享"的马克思主义群众观，强调经济发展、政治治理、文化繁荣、社会和谐和生态文明建设过程的人民参与和建设成果的人民享有（王亚妮、杨宏伟，2019）。

海洋共享发展理念是新发展理念在海洋强国建设过程的延伸与具体化（吴崇伯、张媛，2019），贯穿于海洋强国建设的全过程，统一于新时代强国建设整体目标的共享发展要求之下，海洋共享发展强调引导海洋经济发展、海洋治理秩序改善、海洋文化继承与传播、海洋社会保障能力提升和海洋生态文明建设过程的海洋主体共同参与和建设成果的海洋主体科学分配。共享发展理念为海洋强国建设注入多主体参与、内外联动的改革活力和前进动力。

第五节　拟合提升整体分析研究体系

一、以普遍联系和辩证思维为哲学范式

海洋强国建设问题是我国强国整体建设的具体体现，符合马克思主义唯物论与辩证法基本原理，需要从马克思主义哲学本体论、认识论和实践论视角予以系统研究，深刻把握我国增强海洋事业的国情需求，科学认知海洋强国建设过程的普遍联系特征与历史演进规律，深刻剖析海洋强国建设体系内外矛盾作用机理，充分关注海洋强国建设乃至全球海洋命运共同体建设过程的公众参与及利益关切，为世界和平繁荣做出贡献，成为新时代海洋强国建设研究范式的基本要求。

二、以现代系统科学思维为方法论导引

对于习近平新时代中国特色社会主义思想体系的系统思维学习与领会，是开展我国海洋强国建设研究的系统科学方法论应用前提与保证。以建设富强、民主、文明、和谐、美丽的社会主义现代化强国为架构海洋强国系统建设的目标参照，新时期社会系统的主要矛盾进而转变为依据寻求海洋强国系统发展的动力机制和时空协同发展研究脉络，新时代经济、政治、文化、社会、生态文明建设"五位一体"强国总布局成为海洋强国子系统构建的参照

体系，人类命运共同体理念为指导协调海洋强国建设系统与全球海洋事务关系系统的互动研究提供思路。

三、以五大领域确立分支学科解析视角

新时代强国战略部署是经济、政治、文化、社会和生态文明"五位一体"建设过程的有机统一，是海洋事业发展多维度内涵解析基本前提（张晓刚，2021）。以经济建设为中心构建高质量海洋经济创新格局，以政治建设为保证构建高效海洋治理秩序格局，以文化建设为精神动力构建多元海洋文化繁荣格局，以社会建设为根本目标构建和谐海洋社会保障格局，以生态文明建设为环境保障构建绿色海洋生态文明格局，为实现新时代海洋经济、政治、文化、社会、生态"五位一体"视角分析指明方向。海洋强国"五位一体"逻辑关系解析，如图 3-1 所示。

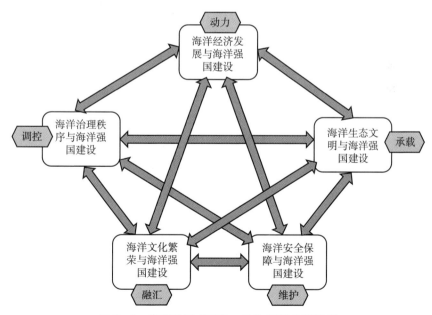

图 3-1 海洋强国"五位一体"逻辑关系解析

四、以新发展理念构建机理分析逻辑

创新、协调、绿色、开放、共享与"五位一体"的强国布局相统一，成为新时代海洋强国建设状态评价与机理研究的着力点（王历荣，2017）。以创新发展理念引导海洋强国理论革新和技术进步，以协调发展理念统筹多维强国建设目标、"五位一体"内容体系和海洋强国时空布局，以绿色发展理念引导海洋强国适应社会环境与自然环境演化需求，以共享发展理念引导海洋强国建设过程的利益相关者参与及回馈，以开放发展理念布局海洋命运共同体视域下的国际协调与合作，为新发展理念指导下的海洋强国建设评价与方略提出铺平了道路。

五、以海陆空网多维合一构建空间格局

国家发展的海洋空间活动与综合性多维度空间活动存在密切关联，海洋强国与陆地强国、空天强国和网络强国是新时代强国战略在实体及非实体空间维度再现，以陆海统筹为依据实现陆地与海洋经济、陆地与海洋治理、陆地与海洋文化、陆地与海洋社会及陆地与海洋生态的统筹，服务新时代陆海统筹视域下的海洋强国建设过程。海洋强国建设研究，有必要与可能构建海洋与陆域、空天、网络多维度分析空间范式，为海洋强国建设布局提供载体或平台。

六、以历史现实未来统合过程分析路径

海洋强国建设需要回顾总结国家以海洋强国的经验以及受制于海洋带来的教训，更需要客观评价国际国内海洋强国建设实践的进展及存在问题，科

学预见未来国家经略海洋的可能情景与战略决策。在此基础上，将海洋强国过程研究上升到理论层面，从国家战略以及经济、政治、文化、社会、生态等分支学科理论视角出发，梳理并评析海洋强国建设的历史理论思想，现实理论学说，以及未来理论研究体系。有必要且可能建构从历史到现实乃至未来的海洋强国建设理论与实践分析路径，为我国海洋强国建设提供科学与可行依据。

七、以整体系统思想方法建构研究框架

在海洋强国建设方略研究哲学范式确定基础上，借鉴前期相关理论分析成果（刘曙光、许玉洁、王嘉奕，2020），依托系统科学分析思路及基本逻辑，尝试将海洋强国建设系统分解为海洋经济、海洋治理（偏国内）及海洋政治（偏国际）、海洋文化、海洋社会共享（偏国内）及安全保障（偏国际）、海洋生态文明等子系统，尝试将创新、协调、绿色、开放、共享的新发展理念进行适度变换构成海洋强国及其子系统分析评价特征参量，通过海洋强省建设研究、海洋强国与综合强国关系研究、我国与周边国家海洋事务协调以及全球海洋命运共同体建设参与等空间尺度分析展开，从理论和实践两个分维度剖析我国及有关海洋强国的历史经验教训、现实进展及存在问题，以及未来预见与策略制定，以此架构理论与方法探讨、支撑体系与任务分工、建设战略构想与布局策略等主要篇章。海洋强国建设方略研究整理分析框架，如图 3-2 所示。

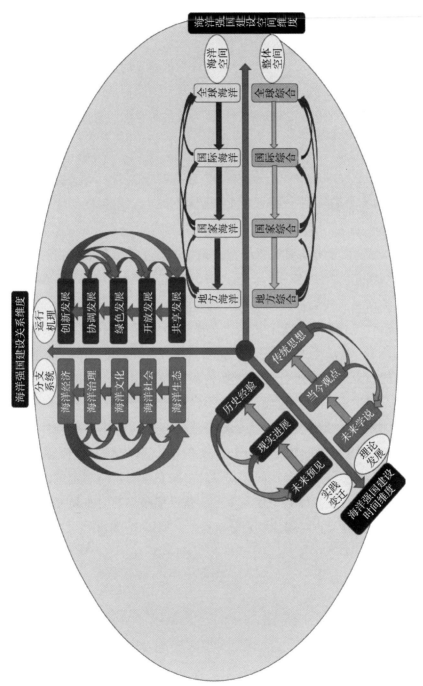

图3-2　海洋强国建设方略研究整理分析框架

第六节　本章小结

　　海洋强国建设问题研究符合马克思主义唯物论与辩证法基本原理，需要从马克思主义哲学本体论、认识论和实践论视角予以系统研究，建立以富强、民主、文明、和谐、美丽的社会主义现代化强国目标为参照，以新时期社会系统主要矛盾与新发展理念为机理研究切入，寻求海洋强国系统机制和运行发展脉络，以新时代经济、政治、社会、文化、生态文明建设"五位一体"总体布局为海洋强国子系统构建对照，以人类命运共同体理念为海洋强国外部关系建设导引，确立马克思主义哲学范式，搭建现代系统科学分析框架，明确经济、政治、文化、社会、生态分支学科视角，铺陈多尺度时间和空间维度分析坐标，形成新时代海洋强国建设方略复合型研究框架。

第四章
海洋强国建设方略理论与方法建构

新时代海洋强国建设是海洋经济、海洋治理、海洋文化、海洋社会和海洋生态协调统合的系统过程，开展新时代海洋强国建设方略研究应立足马克思主义哲学思想指导，以系统科学方法集成分支学科理论，引入经济学、政治学、文化学、社会学和生态学等学科理论与方法体系，构建海洋强国建设方略研究的多维理论与方法论体系。

第一节 海洋强国建设方略研究的理论思维

一、海洋强国建设方略研究的经济学思维

（一）经济学理论与方法论简述

1. 边际主义理论

德国经济学家戈森（Gossen）在《人类交换规律与人类行为准则的发展》（1854）中提出了边际效用和交换价值关系，促进边际效用价值理论发展（戈森，1997）。19 世纪 70 年代，一些经济学家试图运用边际分析方法分

析消费、需求和效用关系，研究配置资源的边际研究，以边际效用价值为核心建立了边际主义经济理论与方法论体系，称为"边际革命（marginal revolution）"（罗猛、丁芝华，2012）。20世纪80年代，克拉克（Clark）确立了系统边际生产力理论，把边际分析从消费领域扩展到生产和分配领域（克拉克，1983）。

2. 工业优先发展和贸易保护理论

19世纪初英国已经完成产业革命，而德国还未进入工业化阶段，李斯特（Liszt）提出了德国工业优先发展理论和贸易保护理论，认为德国必须实施较强的贸易保护政策以阻止英国工业品涌入，形成了德国历史学派（the school of German history），经济发展问题要和历史性以及国民经济相结合（郑宇晗、吕一明、杨力华，2016）。该学派与英国古典经济学思想背道而驰，不认同斯密（Smith）的"交换价值"理论，在研究方法领域倡导经济学的历史过程分析方法。

3. 奥地利学派理论

奥地利学派由奥地利维也纳的门格尔（Menger）、冯·维瑟（von Wieser）和冯·巴沃克（von Böhm-Bawerk）于19世纪末创立，该学派运用边际效用理论而非李嘉图劳动价值理论，提出一种关于利益和资本的生产力理论，强调时间因素在生产中的重要性（黄雄，2008）。该学派崇尚自由主义，认为政府不应该干预市场经济，应该充分发挥市场机制的自我调节作用（张超、杨军，2018）。在研究方法上偏向纯理论定性研究，通过主观动机和对个体行为解释历史，反对使用数学公式和计量经济模型（傅耀，2008）。

4. 凯恩斯经济理论

凯恩斯经济理论（Keynesian economics）由英国经济学家凯恩斯（Keynes）于20世纪30年代创立，该理论以货币循环流动为基础，涉及消费促进经济增长，增加收入，因此导致更多消费和收入（杨春学、谢志刚，2009）。其主要贡献有宏观经济分析，研究总就业、总生产和国民总收入分析框架，决定消费、投资、储蓄、货币供给和需求的分析框架，以及经济危机背景下的政府干预，坚信国家直接干预经济的必要性（张小丽、孟令余，2009）。该学派作为现代主流宏观经济学，倾向于基于逻辑实证主义的总量分析，通过建立模型分析总供给、总需求、总储蓄、总投资等总体变量关系。

5. 芝加哥学派理论

芝加哥经济学（Chicago School of Economics）是指20世纪中期以来芝加哥大学经济学者的学术理念，坚持致力于严谨学术研究和公开学术辩论，以经济自由主义思想和社会达尔文主义为主导，信奉自由市场经济中竞争机制，认为企业自身效率是决定市场结构和市场绩效的基本因素（Emmett，2017）。代表人物包括早期的莱特（Wright）、赛门斯（Calvert）等，以及后期的弗里德曼（Friedmann）、斯蒂格勒（Stigler）、科斯（Coase）等。该学派更加侧重逻辑实证主义方法论，坚持规范化理论模型建构与严谨实证分析逻辑，当然制度经济学还得融入规范分析方法。

6. 公共选择理论

公共选择理论（public choice）又称新政治经济学为介于经济学和政治学之间的交叉学科，产生于20世纪中后期关于社会福利函数和市场失灵、政府干预等问题的争论，重点讨论外部性和公共物品等的资源有效配置问题。该理论可追溯到阿罗（Arrow）"不可能定理"，即社会偏好次序不可能由个人偏好次序推导出来（Velupillai and Kenneth，2017），20世纪60年代布坎南（Buchanan）提出公共选择理论，论述了政治团体行为特征（张健，1991）。公共选择理论运用新古典经济学基本假设和分析方法来研究政治问题，基本特征是经济人假设和方法论上的个人主义。

7. 行为经济学理论

行为经济学（behavioral economics）研究主体人类行为对个人和机构决策影响，以及这些决策与经典经济学理论所暗示决策之间差异（Teitelbaum and Zeiler，2018），通常综合心理学、神经科学和微观经济学理论观点，研究市场决策制定方式和推动公共选择机制（Elizabeth and Lynn，2013）。泰勒（Thaler）、拉宾（Rabin）、卡尼曼（Kahneman）和特维尔斯基（Tversky）、西蒙（Simon）等是行为经济学的重要代表。行为经济学注重心理模拟实验方法，与实验经济学发展密切相关（布坎南、塔洛克，2000）。

8. 博弈论

博弈论是研究当激励被公式化之后，人们的预测行动和优化决策及其相互作用，观察各决策主体如何进行策略选择、达到的效果和相关的均衡问题（江能，2011）。冯·诺依曼（von Neumann）等是早期代表人物，纳什（Nash）提出的"纳什均衡"（Nash equilibrium）成为经济学博弈论研究重要里程碑，泽尔腾（Selten）提出最优纳什均衡解，海萨尼（Harsanyi）等建立了不完全信息博弈模型。博弈论分析逻辑及方法已经成为当今主流经济学研究的重要方法。

9. 经济增长理论

经济增长理论（the theory of economic growth）是经济学传统研究理论之一，研究国家（地区）生产能力增长、经济规模扩大以及人均福利增长现象、过程及机理，致力于提出实现经济增长的政策。经济增长研究先后产生了古典增长理论、马克思经济增长理论、凯恩斯主义经济增长理论、新古典增长理论（索洛）、新增长理论（卢卡斯）和内生增长理论（罗默）、库兹涅茨增长理论等，不断将经济增长理论引向深入，并与实际发展贴合。

（二）海洋经济研究的理论和方法论演进

1. 前古典经济学时期（17 世纪中叶以前）

古代西方关于海洋经济的思想散布于哲学及政治经济研究文献中（刘曙光、许玉洁、王嘉奕，2020），古希腊色诺芬（Xenophon）在其《经济论》《雅典的收入》中论及海洋资源获取对国家经济发展的战略作用。中世纪城邦国家威尼斯和热那亚冲破"布罗代尔钟罩"，通过地中海空间资源创造"以海兴邦"历史（Lane，1973；Kirk，2005），波罗的海及北海沿岸的"汉萨同盟"更是欧洲中世纪陆海统筹发展典范（Beerbühl，2012）。哥伦布远洋航海开启了跨大西洋乃至全球海洋开发热潮（Crosby，1987），17 世纪东印度公司成为现代资本主义商业化掠夺海洋资源空间早期范本（Ames，2008），垄断了从大西洋到印度洋的跨海香料贸易，被马克思称为"17世纪标准的资本主义国家"①（路运洪，1993）。综观早期西方经济学思想及其海洋经济活动的文献记载，主要表现为获取海洋财富和利用海洋空间通道价值，是典型的重商主义思想。

2. 古典经济学时期（17世纪中叶至1870年）

英国的配第（Petty）在其《政治算术》（*Political Arithmetick*）中探讨了英国与荷兰跨海产业分工的问题，并分析了荷兰造船产业分工及其效率提升，斯密（Smith）和李嘉图（Ricardo）都强调英国跨海分工对于其国家财富积累和国家强盛的至关重要性（Donoghue 2021；龚云鸽，2018）。其中，斯密在《国家财富的本质和原因》中详细阐述了劳动分工在提高劳动生产率和促进国家财富方面发挥了重要作用，认为海洋运输及陆海交通系统建设有利于国际市场拓展和劳动分工促进，关注分工与产业沿海及沿河集聚的经济规律，看重沿海区位优势对于英国经济在国际分工中保持优势的重要性。

3. 新古典经济学时期（1871~1935年）

新古典经济学诞生于19世纪末，第二次工业革命使资本主义生产关系发生改变，经济危机、失业和通货膨胀等一系列新社会问题使得古典经济的自由主义学说受到冲击。马歇尔（Marshall）以其《经济学原理》（1890年）奠定新古典主义经济学创立者地位。该时期经济学依从复杂社会问题中剥离出经济学问题，关注个人经济行为分析，在方法论上开始引入数学分析范式和数理统计工具，建立总量分析、静态分析、动态分析等方法，边际分析已成为海洋资源与环境经济学研究的重要研究范式（Nguyen, Ravn-Jonsen and Vestergaard, 2016）。马歇尔特别关注国际跨海分工与沿海专业化产业集聚的关系，开创全球分工与区域产业集群研究领域先河（Belussi and Caldari, 2009），海洋产业及港口产业集群研究已经成为海洋经济研究重要领域（Peter, 2021）。

---

① 资本论：第1卷［M］. 北京：人民出版社，2004：823.

4. 现代经济学时期（1936 年至今）

凯恩斯（Keynes）因发表《就业、利息和货币通论》（1936 年）而开启以宏观经济学研究为特征的现代经济学发展阶段，凯恩斯主义宏观经济投入 – 产出分析在国家海洋经济发展研究中有着普遍应用（Salvador，Simões and Soares，2016）。弗里德曼（Friedmann）倡导的实证主义更是包括海洋经济研究在内的主流经济学研究方法论（弗里德曼，2014），萨缪尔森（Samuelson）作为凯恩斯主义代表创立新古典主义综合派（neoclassical synthesis）更加偏重实证研究的可操作性（Kronenberg，2010）。而后凯恩斯主义经济学开始建立与生态经济学的深度联系（Samuelson，1964），为西方所谓"主流经济学"与海洋资源与环境经济研究打通渠道。科斯（Coase）创立的制度经济学理论为海洋经济研究中的海洋治理及陆海统筹治理边界问题研究提供了坚实理论基础（Lai，Chua and Lorne，2014），威廉姆森（Williamson）的新制度经济学（new institutional economics）分析框架在海洋渔业经济、陆海经济统筹布局等领域有着广泛运用（Schlüter，Assche and Hornidge et al.，2020；Yeeting，Bush and Ram-Bidesi et al.，2016）。以熊彼特（Schumpeter）和西蒙（Simon）为代表的演化经济学继承和发扬了斯密关于"自发秩序"的认识，成为海洋产业组织演化及区域港口群演化的重要理论来源（Jacobs and Notteboom，2011），熊彼特创新理论则成为海洋产业创新演化及海洋区域创新系统发展的重要基石（Chaisung，Younghun，and Keun，2017）。奥斯特罗姆（Ostrom）的公地治理"集体行动逻辑"的理论学说在国际海洋"公共池塘资源（common pool resource）"研究领域得到深入贯彻（Macneil and Cinner，2013）。诺德豪斯（Nordhaus）作为气候变化经济学的当代代表，充分关注气候变化与海洋的相互作用及其对全球经济发展的深刻影响（Emanuel，Chonabayashi and Bakkensen et al.，2012）。

（三）海洋经济研究的思维方法建构

1. 海洋经济研究的哲学基础和系统科学思维

全球海洋资源退化及其人类活动关系问题是人类发展模式哲学讨论在海

洋经济研究中的具体体现（Limburg，Hughes and Jackson et al.，2011）。强化全球气候变化应对与海洋资源环境保护，建立发展环境友好和资源可持续的"蓝色"海洋经济已经成为哲学层次高度的共识（Goes，Tuana and Keller，2011）。我国学术界深受 20 世纪 80 年代钱学森先生关于建立地球表层学的哲思启发（浦汉昕，1985），开始整体思考海洋与人类活动关系（冷疏影、朱晟君、李薇等，2018）。纵观我国 1978 年以来海洋经济从概念提出到理论体系与研究方法论建设逐步推进，海洋产业经济、海洋区域经济、海洋资源与环境经济等分支学科不断发展（刘曙光、姜旭朝，2008），基于马克思主义的辩证唯物主义和历史唯物主义的哲学基础日益牢固（朱坚真、闫玉科，2010），马克思主义中国化与中国现代化深度融入海洋经济理论与方法论建设进程（刘曙光、尹鹏，2018）。

系统科学方法在现代海洋经济研究中得到充分运用。海洋系统的复杂性客观需要海洋经济研究过程中明确利益相关者主体群及关系网络，建立大数据支持体系，并开展系统过程模拟（Burgess，Clemence and Mcdermott et al.，2016）。耗散结构理论（dissipative structure theory）模式经常用于分析海洋经济系统的复杂开放性运行及演化过程（Huang，Lin and Zhao et al.，2019）。协同学（synergetics）方法对于海洋及人类活动复杂作用下的多子系统交互影响有着较为常见的实证研究（Crépin，Gren and Engström et al.，2017）。突变论（catastrophe theory）在探讨海洋环境灾变及其经济影响预警或评价方面有着较多的实证研究案例（Vasilyev，Selin and Tereshchenko，2011）。

2. 海洋经济研究内容的主要进展

尽管学术界关于海洋经济学科的构想及倡议已经提出（权锡鉴，1986；徐质斌，1995；王琪、高中文、何广顺，2004），但是现代海洋经济研究很难说已经形成较完善的海洋经济学理论与方法体系（乔翔，2007；刘曙光、姜旭朝，2008；都晓岩、韩立民，2016）。海洋资源经济学（marine resource economics）因为海洋的资源开发利用巨大价值而成为国际国内认可度较高的海洋经济分支学科（吴克勤，1994；Cisneros-Montemayor，Moreno-Báez and

Reygondeau et al.，2021）。海事经济（maritime economics）因为人们较早利用海洋开展海洋运输以及涉海社科活动而同样重要，且其中的海洋运输经济（maritime shipping economics）已经形成具有相当地位和影响力的交通运输经济学主流分支学科（Davies，1986）。海洋生态经济（economics of marine eco-system）及海洋环境经济（marine environmental economics）随着生态经济学和环境经济学研究推进而逐步升温，成为海洋经济学研究的重要领域（White，Benjamin and Carrie，2012），相关的海洋保护区经济研究（econom-ics of marine protected area）也有着相对稳定的研究领域（Ghermandi and Nunes，2013）。尽管国际学术界不太讨论海洋区域经济学，但是海洋空间规划（marine spatial planning）的经济学分析也日趋规范化（White，Halpern and Kappel，2012）。

3. 海洋经济研究的多学科融合

海洋经济与政治研究的直接表现是海洋产业活动的政治经济分析（Knapp，2012），海洋经济活动的国际竞争性促使其与海洋国际政治及国际关系研究的交叉，包括专属经济区（EEZ）划设及资源利用问题（Bertelsen and Gallucci，2016），公海资源开发与海洋治理问题等（Haas，Haward and McGee et al.，2020）。区域海洋经济活动与涉海族群海洋文化意识具有内在一致性（Jenkins，Horwitz and Arabena，2018），海洋经济中的渔业经济活动多受到活动主体文化意识的影响（Ressurreição，Gibbons and Ponce et al.，2011），区域海洋经济与海洋文化研究存在高度融合特征。海洋经济行为具有高度社会性，海洋经济与海洋社会研究的通常交叉表现为海洋生态系统服务价值和海洋资源开发保护的社会经济价值评估（Sumaila and Stergiou，2015），海洋环境污染治理的社会经济与生态多维度透视（Martino，Tett and Kenter，2019），以及海洋经济活动的社会影响评价等（Cocklin，Craw and Mcauley，1998）。海洋经济与生态学交叉研究已经形成海洋生态经济分支领域（Mele，Russo and D'Alelio，2019），甚至经常形成海洋经济、生态与政治多学科交叉研究的现象（McQuaid and Payne，1998）。

二、海洋强国建设方略研究的政治学思维方法

（一）政治学理论与方法论简述

公元前 4 世纪，"制度学之父"亚里士多德开创了对城邦的制度研究，提出"善的政府"观点，认为国家作为囊括一切社会团体的组织，其善意目的的发挥需要一套完美的制度体系（迈克尔·罗斯金，2009）。传统制度主义把政治学的分析对象看作是政治形式或制度，从政治制度的演变中探求政治制度结构类型变化规律的学派，是流行两千多年的主流学派（曾毅，2014）。近代自尼可罗·马基雅维利（Niccolò Machiavelli）、托马斯·霍布斯（Thomas Hobbes）以来所研究的取向尽管不再是探究什么是最好的国家政体（刘训练，2015；王利，2007），他们仍旧是在寻找一种能够确保自由与安全的政治制度，他们所关心的是"创立和论证现代国家，致力于改善和巩固国家，寻求摧毁和超越国家"。

第一次世界大战后，美国政治学家主张采用社会学、心理学和统计学方法来研究政治，发起了"新政治科学运动"，为行为主义政治学迅速发展奠定了基础（波尔斯比，1996）。以伊斯顿（Easton）和达尔（Dahl）为代表的行为政治学家对传统制度主义进行了批判，认为制度研究过于重视制度和权力，忽略了政治行为中人的互动，无助于解释现实和实现政治的根本目的。行为主义摒弃了制度作为研究对象的唯一性，转向研究个体和团体行为，其核心是根据被观察到的和能观察到的人类行为来说明所有的政治现象（薛晓源、陈家刚，2004）。在研究方法上，行为主义政治学否定抽象的事物和规范分析方法，主张实证研究方法，将政治关系中的人及其行为物化为自然现象，但实证方法在社会科学领域的局限性导致其在 20 世纪六七十年代便走向终结（叶娟丽，2002）。

1969 年，伊斯顿《政治学的新革命》的就职演说标志后行为主义政治学的兴起，认为不能将价值完全排除在科学范围之外，倡导价值回归，推动政

治学重建新的价值结构。后行为主义主张政治学研究不仅为解决社会问题提供逻辑基础，还应以当前社会紧迫的政治问题如种族歧视、贫穷、环境污染为研究重点，即将其"关联原则"取代行为主义的"价值中立"（叶娟丽，2003）。

20世纪50年代，马奇（March）与奥尔森（Olsen）发表《新制度主义：政治生活中的组织因素》一文，揭开了从行为主义到新制度主义转型的序幕（March and Olsen，1984）。新制度主义重新发现制度分析的作用，认为组织和制度是政治生活的主导者，而恰恰受行为主义的影响而忽略制度分析。90年代以来，新制度主义成为经济学的主流分析范式，霍尔（Hall）和泰勒（Taylor）的三分法，即将新制度主义分为历史制度主义、理性选择制度主义和社会学制度主义，成为学术界的普遍共识。

1989年，斯勒（Shepsle）为理性选择理论中的新制度主义发表宣言书，标志着理性选择制度主义正式获得身份认同并凝聚为学术流派（Shepsle，1989）。它以理性选择理论作为理论基础，致力于政治的经济学分析，坚持方法论个人主义、理性人假设和政治是一种交易过程（高春芽，2012）。主张运用严谨而周密的科学方法进行分析，采用与微观经济学相同的行为假定，从微观经济学中不断地输入如博弈论、产权理论等理论和相关研究方法（崔珊珊，2017）。

20世纪80年代，政治科学中的新制度主义者将社会学制度研究新进展成为社会学制度主义，该学派力图解释制度而不是简单的假定制度是存在，关注重点为组织采取某种特定的制度形式、程序或象征符号的原因，以及其在组织内传播的方式。社会学制度主义以社会学的组织理论为依据，将理性看作实现正义和进步的手段，打破了制度和文化概念之间的界限，倾向于在更广泛的意义上界定制度，主张制度影响着个体偏好和自身身份认同，认为某一组织之所以会采用某一制度是因为该制度提高了组织或其参与者的社会合法性（吴晓文，2008）。

20世纪80年代，斯克伦内克（Schleneck）的《建设新美国》奠定了历史制度主义在美国复兴的基础，越来越多的学者开始从历史角度研究制度。

历史制度主义更多地借助了政治学内部的学理资源（何俊志，2002），强调制度运作和产生过程中权力的非对称性、制度发展过程中的路径依赖和政治结果的多元动因。历史制度主义是"历史的"，历史是克服人类理性局限性的一个主要途径；同时历史制度主义又是"制度的"，它注重以制度为核心来考察历史，以国家、政治制度为中心来分析历史（桑德斯、张贤明，2017）。在对待制度和行为的关系这一核心问题上，认为制度变迁受到以往选择的影响，并不具备教化和塑造个体的偏好作用（Hall and Taylor，1996）。

国际政治学作为政治学的分支学科，其研究对象是国际体系中各行为体之间的政治关系及其发展变化的一般规律（陈岳、门洪华、刘清才等，2019）。第一次世界大战后，国际政治学作为一门独立的学科开始出现，经过理想主义与现实主义之争，行为主义与传统主义的论战，发展到当今新现实主义、新自由主义和建构主义三足鼎立的发展状态（邹三明，1999）。理想主义认为道德和国家具有改变国家本质的作用，国家利益是可以达到协调一致的。20 世纪 30 年代以卡尔（Karl）和摩根索（Morgenthau）为代表的现实主义对理想主义进行批判，认为人类的自然状态是相互竞争，国际体系基本是无政府状态的，强调应以实证主义原则研究社会和世界现状（Caar，2001）。50 年代以霍夫曼（Hofmann），克劳德（Claude）等人为代表的传统主义学派继承和发展了现实主义，注重国家关系质的变化和研究，认为历史、法律、哲理和伦理是国际关系的基础理论，反对国际政治中的计量分析（Light and Groom，1985）。同时代行为主义的崛起推动了国际政治学的方法论演进，以卡普兰（Kaplan）、辛格（Singh）为代表的行为主义强调国际政治的可定量性，认为价值判断会影响结论的公正性，主张采用经济学、数学和心理学的分析方法。1979 年华尔兹（Waltz）的《国际政治理论》标志着新现实主义的出现，主张以国家行为体作为研究对象，吸收了行为主义的研究方法，实现了较为成熟的理性和科学的结合。以基欧汉（Keohane）为代表的学者在继承传统自由主义和威尔逊理想主义与自由制度主义角度研究国际合作的可行性，形成了新自由主义学派（李小华，1999）。90 年代，建构主义开始受到重视，强调政治过程和文化环境的互动，主张把权力、意识和知识放在同样重要的地位加以探索，认为国际政治的基本结果不仅仅是物质性建构，更重要的是社会性建构（陈岳、门洪华、刘清才等，2019）。

马克思主义政治学是应用马克思主义的基本政治思想，与时俱进、因地制宜地研究政治生活、政治现象、政治关系及其发展规律的科学。在我国近代一百多年的发展中，马克思主义政治学无疑是起主导和支配地位的政治学，是我国的特有的政治学方法论（崔华前，2012）。马克思主义政治学主要采用历史分析法、经济分析法和阶级分析法。历史分析法认为任何政治现象的发生都有一定的历史条件特定的政治现象应该放到特定的历史环境中去考察。经济分析法认为经济决定政治，各种政治现象都是由经济原因决定的。阶级分析法认为阶级关系是最根本的社会关系，阶级社会中的政治就是阶级的政治，对政治现象的分析，要注意其背后的阶级利益、阶级基础和阶级关系（孙关宏，2003）。

（二）海洋政治学的理论和方法论演进

1. 海洋治理国际研究简要回顾

人类对海洋治理的关注由来已久，其关注重点由最初的沿海资源开发、近海贸易逐渐发展为区域和全球性制海权的争夺。公元前 3000 年，西亚苏美尔人最初的海洋治理以开发利用沿海资源和开展海上贸易方式进行，形成了以波斯湾为中心的古代相对简单陆海统筹治理体系（陈明辉，2018）。中世纪，为了防御维京海盗的袭扰，易北河下游流域城市群建立起"汉萨同盟"，形成了跨越波罗的海和北海的开放性的海洋商业治理联盟（刘曙光、许玉洁、王嘉奕，2020）。15～16 世纪新航路的开辟揭开了列强殖民掠夺和制海权争夺的帷幕，葡萄牙、西班牙、荷兰分别走向海外扩张道路，开启了争夺制海权的征程，最后以英国打败西班牙无敌舰队及取得英荷战争胜利为标志，成为世界海洋霸主，主导全球海洋治理秩序（瓦茨，1998）。

海洋治理研究作为西方现代国际关系理论研究的一个重要问题，马汉（Mahan）的海权理论影响至深，他认为海洋航线不仅能够给国家带来商业利益，还关系到国家的安全与发展，海洋强国地位的更迭意味着制海权的易手，海权的最终目的就是制海，而其必要的工具就是强大的舰队（马汉，1998）。19 世纪末，美国在马汉海权论的指导下开始建设现代化海军，加快了争夺制海权的步伐，第二次世界大战后成为世界上拥有最强大制海权的国家，进入了一个美国主导的海洋秩序时代（章骞，2016）。新现实主义对霸权理论的探讨充满了政治学分析，莫德尔斯基（Modelski）和汤普森（Thompson）提出了世界领导者都是海上强国，对海洋实施着管理和控制这一基本命题（Modelski and William，1998），认为世界领导者地位的变化与海权的分配状况密切相关，这决定了世界领导者对海上霸权和海洋秩序的双重追求，同时这两方面也是世界领导者得以较长时间维系领导地位的根基所在。新自由主义的代表基欧汉（Keohane）和奈（Nye）指出，当今相互依赖背景下国际海洋政治领域存在政府间、非政府间、跨政府间联系的多样性海洋政策的制约作用（基欧汉、奈，2002）。

当代海洋治理的概念最早是在 1970 年联合国海洋法会议中提出的，主要从整体性角度看待海洋空间治理问题，认为应当建立全球海洋治理体系。在海洋治理体系行程中，学者主要关注海洋治理制度形成、海洋治理主体互动关系、海洋环境治理，尤其是以海洋治理可持续发展问题为研究热点。

在海洋治理制度方面，普雷斯科特（Prescott）采用法律与政治的交叉研究方法，揭示了在领海、渔区、大陆架、公海等国际海洋制度领域形成的历史过程中各国不同主张及其成因，指出联合国作为世界最重要的国际组织为国际海洋制度构建提供了重要历史舞台，不同国家基于自身自然地理条件和不同海洋利益而结成了不同阵营，而发展中国家历史性地在此过程中已经并将继续发挥重要作用（普雷斯科特，1978）。布赞（Buzan）对国际海底问题的产生、发展以及国际海底区域法律制度形成过程进行了分析论证，成为国际政治与国际海洋法互动关系研究的典范（布赞，1981）。克莱斯勒（Krasner）研究了国际制度在海洋领域的应用，指出国际行为体之间力量、权力对比决定了海洋制度的制定归属权（克莱斯勒，2001）。

海洋治理另一重点为海洋治理主体及主体间作用关系的发挥，有学者关注全球海洋治理中的多中心安排，认为多中心区域集群可以为实现全球海洋治理目标提供"缺失的环节"（Mahon and Fanning，2019）。也有学者强调海洋生态安全治理模式研究的重要性，认为多元主体参与共治模式无疑是对我国目前实行的海洋生态安全治理模式的突破（Yang，Dong and Jiang，2014）。在海洋治理中，国际社会应促进多方利益相关者合作，国家和政府应当制定连贯、有效和可操作的政策以实现有效的海洋治理（Larik and Singh，2017）。

海洋环境治理是海洋治理的重要研究方面，尤其关注国家行为体之间及公共海域的海洋环境治理问题。这一研究视角主要对海洋治理相关个体行为进行分析，例如塑料污染的普遍性对海洋治理的挑战（Haward，2018），提出整合部门力量和资源，对海洋塑料垃圾防治进行统一规划、统一管理等海洋治理政策（Yang，Yang and Wang et al.，2019）。也有学者从海洋治理的气候变化压力角度分析，认为有必要进行海洋空间规划以适应气候变化，从而改善海洋治理（Craig，2012）。近年来海洋治理研究更加注重海洋可持续发展问题（Hantanirina and Benbow，2013），认为海洋治理需要转向海洋可持续管理，以实现人类与海洋之间的良性互动关系（Rudolph，Ruckelshaus and Swiling et al.，2020）。部分学者结合生态学定量分析方法，对海洋环境－能源－治理绩效进行测算，认为都要坚持通过海洋资源的技术进步和市场化改革，将污染治理成本内部化（Ding，Zheng and Zhao，2018）。

2. 海洋治理国内研究简要评价

我国早期海洋治理以相对简单的海洋贝类采拾、近海资源利用为主。春秋战国时期开辟了胶东半岛通往辽东半岛、朝鲜半岛、日本列岛直至东南亚的黄金通道（刘晓东、祁山，2015）。秦汉时期，沿海居民通过海上航行而开辟出诸多贸易渠道，拓展了产品贸易的地域空间，成为海洋协同治理的重要方式。唐代时期，海航贸易航线初具规模，明代郑和率领庞大的船队七下西洋，宣传明朝外交方针，调节各国冲突、矛盾，惩治海峡海盗，维护了印度洋远航的船队安全，是海洋治理制度研究的重要实践。但是，在我国古代以陆域为中心的海洋传统文化下，海权意识相对淡漠，明朝之前尚未形成真正的海防体系（朱亚非，2017）。

虽然国内海洋政治尚未形成完整的学科体系，但国内海洋政治学者以政治学视角分析海洋政治的整体状况、历史演化、政治制度和政治行为，阐释了政治学不同研究范式下政治制度、政治行为在海洋政治中的导入，围绕"海洋权益""海洋秩序""海洋治理"等关键词展开深入广泛的经验研究。重点开展以海洋政治理论和制度为对象的规范性研究，以及以海洋政治行为为对象的实证研究。

规范性研究以海权理论为研究重点，分析我国海权思想演变，探讨海洋政治构成要素，并积极推动构建海洋政治学科体系。早期主要关注马汉（Mahan）的海权理论，梳理世界性大国海权战略（王荣生，2000），探讨海权理论和陆权理论的影响关系（李义虎，2006），进而研究我国海权意识觉醒和海权发展战略（许华，1998；刘中民，2005），探讨在立法层面研究海洋权益保障问题（金永明，2007）。在学科构建方面，探讨海洋政治的构成要素，尝试对新时代中国特色海洋政治学进行定义，揭示海洋政治关系、政治形式、政治发展特点和发展规律，为主权国家海洋发展而服务（林建华，2015；贺鉴，2019）。

实证研究以海洋政治行为和群体互动为研究重点，分析海洋秩序演变和海洋治理过程。早期海洋治理研究主要集中在海洋资源开发和环境保护领域，也有学者以区域性海洋问题为重点探讨当今海洋秩序构建和我国海洋治理方案，其中：朴英爱（2004）研究东北亚地区海洋秩序的形成；金永明（2006）讨论了东海地区中日海洋划界争议；高兰（2013）分析了亚太地区国家海洋合作与博弈；王琪（2015）将全球治理引入海洋领域；庞中英（2018）讨论以联合国为中心的全球海洋治理及其存在的问题，提出全球海洋治理的研究日程；吴士存（2018）和李金明（2018）着重关注了南海地区多元主体下的海洋秩序构建问题。

（三）海洋治理研究的思维方法构建

1. 海洋治理研究的哲学基础和系统科学思维

海洋治理属于政治学研究范畴，其形成和发展深受哲学的影响，而关注政治价值和政治本质的政治哲学，成为海洋治理理论的哲学基础。从中国先秦的孔子到西方古希腊的苏格拉底、柏拉图、亚里士多德，均把人类政治生活理所当然作为哲学主题之一。尽管政治学研究具有深刻的哲学基础，然而始于马基雅维利以政治权力取代政治美德，中经卢梭以自由（权利）作为政治原则，近到尼采用权力意志取代国家政治本身的三次浪潮，政治哲学逐渐衰落（万俊人，2008）。20 世纪上半叶，实证主义原则和科学主义话语取代了价值主义原则和人文主义话语（李佃来，2006），规范性的理论诉求开始被认为是非法的知识表达，直到 20 世纪 70 年代初罗尔斯《正义论》的发表才使得政治哲学在摆脱实证主义思维禁锢（李佃来，2014）。马克思认为海洋在时间上是一个纵深的历史范畴，马克思主义政治哲学中的历史唯物主义不仅是指导人们理解海洋治理历史的认识论，也是具有强烈规范性意蕴的海洋治理哲学理论，它通过追溯权利、自由等政治哲学问题背后的"根问题"来加以立论的思路，是近代以来政治哲学重大的理论推进。

伊斯顿（Easton）运用系统学的原理研究政治系统，探索政治系统如何在压力和变化的世界中持续下去的问题（秦国民，2005），创造了一整套政治分析概念结构，认为政治环境中产生输入、输出、信息反馈和穿越政治系统边界的交换，把政治生活作为一个有机系统联系起来（梁玉兰，2011）。海洋治理行为主体的政治互动即构成了一个行为系统，它是社会总系统的一个组成部分，环境会通过输入对海洋治理系统形成干扰，造成压力；海洋治理系统的反馈机制可对压力和干扰做出适应性的调节，从而使系统得以持续发展，即具有动态均衡的特点。

2. 海洋治理研究内容的主要进展

目前国内对于海洋治理的研究内容主要包括分析海洋治理困境、探寻海洋治理主体或多元利益主体的互动机制、关注海洋环境治理、区域性海洋治理等诸多细分方面，开展海洋治理制度的适宜性研究，提出海洋治理政策。多数研究内容遵循规范主义研究范式，注重海洋治理中的质性分析，也有学者借鉴其他学科定量方法，在实证主义范式下开展海洋治理实证分析。

海洋治理研究的内容体系应考虑海洋治理对象，海洋治理是由作为自然地理环境组元的海洋与人类社会相互作用而形成的特殊关系，海洋治理研究的内容体系应统筹考察海洋治理环境、海洋治理主体、海洋治理制度等诸多基本方面，并在此基础上解读海洋治理与人类活动、海洋主体行为等多维关系。

3. 海洋治理研究的多学科融合

面对经济全球化和信息化加速发展的背景，海洋治理学者与时俱进、开拓创新，尝试从其他学科视角探索政治学问题，借鉴相关学科理论和研究方法，不断拓宽研究领域，赋予海洋治理新的时代内涵。

20 世纪 70 年代，全球日益恶化的生态推动了生态学和政治学的联姻，促使了生态政治学的产生和发展。1962 年卡尔逊（Carsen）出版《寂静的春天》，标志着环境作为一个政治问题走上历史舞台，1972 年罗马俱乐部《增长的极限》的出版，激发了人们对人类社会与自然可持续发展的广泛讨论，同年联合国人类环境会议召开并通过了《人类环境宣言》，第一次将环境与发展列入国际政治议程之中，当代生态政治研究自此真正展开。面对人与自然之间矛盾的空前激化，生态政治学指出现有环境研究的非政治性，强调在研究人类活动与环境退化关系时应当关注不同主体之间的权力博弈过程（Bryant，1998）。

海洋领域的生态政治认为一个国家的政治体制的模式及其政治功能的发挥在很大程度上并不取决于人们的主观选择，而是由一系列复杂的包括海洋在内的生态因素影响和作用的结果，政治存在于生态环境之中，与生态环境保持着动态平衡的关系。直接或间接地对政治的发生、存在、发展具有影响的海洋等自然地理条件是政治的生态环境因素，政治不能脱离这些海洋等环境独立存在并发挥作用，同时政治的存在和运行也影响着这些环境（Bryant，1998）。生态政治理论的基本特征在于，从根本上促进人类思维的变革，把政治－社会－自然视为紧密联系的巨型系统，把政治置于包括社会环境和自然环境的大背景中，反思社会环境、自然环境中的社会责任（孙正甲，2005）。

三、海洋强国建设方略研究的文化学思维

（一）文化学理论与方法论简述

"文化"是源自古罗马演说家西塞罗（Cicero）在其《塔斯库拉尼之争》（*Tusculanae Disputationes*）中使用的一个术语，在到灵魂的培养或"动物文化"时提及这一术语，用农耕活动比喻哲学灵魂的产生，以及目的论意义上理解人类发展的最高理想（Cicero，1836）。德国史学家塞缪尔·普芬多夫（Samuel von Pufendorf）进一步将"文化"阐释为人类克服原始野蛮方式并实现发展（Richard，2002）。根据《辞海》解释，"文化学"是研究文化现象或文化体系的科学，主要探讨各种文化现象的起源、演变、传播、结构、功能、本质，文化的个性与共性、特殊规律与一般规律等，其研究方法主要是社会调查与理论分析相结合。1838 年，德国学者列维·皮格亨第一次提出"文化科学"一词，主张全面系统地研究文化（林坚，2012）。19 世纪后期，德国新康德学派哲学家文德尔班、李凯尔特等提出"文化科学"概念（常金仓，2012）。俄罗斯尼古拉耶芙娜·玛尔科娃的《文化学》将文化学定义为关于文化的科学，研究人类及各民族文化进程客观规律及物质精神生活遗产、现象和事件（玛尔科娃，2003）。

20 世纪以来的文化学不断发展繁荣，形成古典进化论学派、传播论学派、历史特殊论学派、法国社会学学派、功能主义学派、文化与人格学派、新进化论学派、结构主义学派、象征人类学和解释人类学等不同流派。21 世纪则是充满塞缪尔·亨廷顿所说的文化差异、互动与冲突。文化学研究如詹姆逊所言是一种开放和适应多元范式的"后学科"研究，所匹配的研究范式也具有超学科、超学术、超理论特征（林坚，2007）。

马克思恩格斯对于文化学及其研究方法论有着独特而深刻的见解，具有将社会复杂系统关系分析引入文化学研究的方法论革新意义（何友晖，1998）。认为唯物论是文化研究和文化解释的基础范式，文化既受经济基础发

展制约，又具有内在发展逻辑并能动地作用于经济基础；辩证唯物主义是文化学研究的又一基础范式，需要从社会整体系统视域中研究文化发展与交流，形成全球社会整体系统文化研究方法论；社会运动矛盾分析是文化意识形态主体及其利益关系分析的关键方法，需要从动态矛盾分析中考察文化进程及其作用机理；重视科技对于文化发展与创新的推动作用，科学文化具有精神生产力和革命力量，当然科学文化需要与之相适应的社会制度。马克思恩格斯关于文化研究方法论的探讨为我们开展新时代文化学理论及方法论研究提供了思想启迪和研究工具。

（二）海洋文化研究的理论和方法论演进

1. 海洋文化国际研究简要回顾

文化研究是一个从理论上、政治上和实证上进行文化分析的领域，集中于当代文化的政治动态、历史基础、定义特征、冲突，文化研究者通常调查文化实践如何与更广泛的权力体系相关联或通过社会现象运作，如意识形态、阶级结构、国家结构、种族、性别，文化研究认为文化不是固定的、有界限的、稳定的和离散的实体。文化研究领域包括一系列的理论和方法论视角探讨和实践，虽然不同于文化人类学学科和跨学科的民族研究领域，文化研究利用了这些领域，并为之作出了贡献。

根据法国考古学家博德斯（Borders）等在欧洲沿海湿地调研发现，人类早在旧石器早期已掌握渡海技术，中期已开始开发海洋蛋白资源，旧石器晚期海洋开发活动已经相当普遍（邓聪，1995）。上古时期苏美尔文明起源与跨越印度洋阿拉伯海的印度次大陆哈拉帕文明有着密切的跨海交流关系（Witas，Tomczyk and Jędrychowska-Dańska et al.，2013）。至少从公元前3000年，南岛语系族群已经开始从东亚大陆海岛前沿向太平洋远海岛屿迁移，形成具有典型海洋特色的大洋岛屿文化圈（Bellwood，1987）。古希腊文化是典型沿海城邦文化，并且受腓尼基与古埃及文化跨海交流影响（Sealey，1976），古罗马文化成就建立在其征服地中海周边国家和地区基础上，形成以罗马城为代表的古代奴隶制国家跨海文化鼎盛水平（Grant，1954）。公元8～

11 世纪斯堪的纳维亚半岛南部的维京人开始对欧洲沿海地区的袭扰和贸易交往，其"海盗文化"对欧洲乃至世界发展形成深远影响（Holman，2003）。8 ～ 18 世纪地中海的威尼斯共和国是典型的海洋商业城邦国家，更是长期扮演海上丝路欧洲枢纽的角色（Norwich，1982）。13 ～ 17 世纪欧洲大陆北部沿海汉萨同盟（Hanseatic League）是欧洲中世纪"海商文化"的代表（Braude，2002）。17 世纪荷兰通过东印度公司实现跨海贸易的垄断经营，成为欧洲资本主义跨海商业文化模式的输出者（Franklin and Jameson，1887）。

18 世纪的黑格尔（Hegel）在其《历史哲学》中认为内陆与沿海地理环境对民族活动及其精神影响具有差异性，"海洋文化"是一个民族从事海上航海活动对民族精神产生的影响，其分析范式与同时代德国地理学家主张的人类活动受制于地理环境的学说具有一致性。至于黑格尔将中国文明归类为内陆文明的相关论述，既源于其对东方世界缺乏实际了解，也存在文本翻译的些许"误读"（毛明，2017）。黑格尔辩证逻辑哲学体系可以解释陆海文化的相对性以及内陆文化向海发展的可能性。

19 ～ 20 世纪英国的工业革命和跨海贸易实现相互推动，成为以先进工业化推进其社会文化输出的代表，促使英国成为当时跨海工业文明体系建设的"示范者"（Hyam，2002），马克思在《资本论（第一卷）》中指出这种跨海不平等分工不可避免地带被殖民地区的文化排挤乃至压榨。19 ～ 20 世纪初期，英国、法国等欧洲列强及后来居上的美国竞相拓展海外殖民地和输出资本主义文化，带来广大被殖民国家资源环境的巨大破坏和经济社会文化的巨大损失，使得"海洋文化"充斥着海洋公共财富的掠夺和跨海不平等竞争。

2. 海洋文化国内研究简要评价

关于中国古代海洋文化的研究多见于历史文献记载梳理和考古发现证明。远在石器时代中国沿海地区已经有了人类海洋认知与开发活动痕迹，在近海岛屿和沿海区域留下海洋文化内容（邓聪，1995）。夏朝时期人们就有了"四海"观念及早期海洋崇拜，留下夙沙氏"煮海为盐"记载，商朝殷墟发现红螺和海贝等留存据考证来自东南沿海地区，商周时代已有海洋渔获及海洋产品贡品大量记载，享"鱼盐之利"和"舟楫之便"成为沿海原始海洋文化活动写照（陈智勇，2002）。秦朝徐福东渡，汉朝海上丝路拓展，唐宋元海外贸易发展繁荣，尤其是明朝郑和七下西洋壮举，展示了我国古代从海洋认知到海洋开发以及跨海文化交流的壮丽画卷，为我国海洋文化建设及对全球海洋文化发展做出巨大贡献（李惠生，1998）。

当代中国海洋文化学者对"海洋文化"进行了重新概括，其中《中国大百科全书·海洋卷（第三版）》定义为"人类缘于海洋而生成的文化，也即人类缘于海洋而创造和传承发展的物质的、精神的、制度的、社会的文明生活内涵"，海洋文化是人类与海洋互动关系及其产物，海洋文化产生与发展始终与人类对海洋的认识、对海洋资源的利用与开发实践活动相伴随，按照社会生活方式表现形态，海洋文化可以分为海洋物质文化、海洋精神文化、海洋制度文化和海洋社会文化，也有学者将海洋文化研究分为物态文化层、制度文化层、行为文化层和心态文化层（徐杰舜，1997）。海洋文化研究方法也与物质技术层次、社会制度层次及意识形态（精神）层次相关学科研究方法相通融。

新时代中国特色海洋文化理论及方法论研究是推动海洋强国建设的重大需求，需要进一步认识中国海洋文化传统及其价值，从文化自觉角度对中国海洋文化的理论范畴进行梳理，探究海洋文化哲学内涵，增强新时代海洋事业的解释力与影响力，凸显中国海洋文化的时代与历史价值（洪刚，2018）。

（三）海洋文化研究的思维方法建构

1. 海洋文化研究的哲学基础和系统科学思维

海洋文化研究具有鲜明的哲学思维特征。兼具文化的一般性与海洋自身的特殊性双重特征（刘福芳，2006）。海洋文化研究同样需要探讨时代变动背景下海洋文化发展主动性（张开城，2010），寻求海洋文化研究的哲学范式更新，探讨中国特色社会主义核心价值观引领下的海洋文化研究范式转换。

海洋文化研究需要引入系统科学分析框架。文化系统是人类社会巨系统的高层次子系统，具有复杂巨系统的开放性、异质性、动态性和不确定性等典型特征（苗东升，2012）。海洋文化系统具有人类文化系统与海洋生态系统复杂交互的特征（孙吉亭，2017），其高级别复杂巨系统特征尤为明显，构建中华民族特色国际性海洋文化系统对于推进我国海洋文化繁荣尤为重要（乔琳，2009）。

2. 海洋文化研究内容的主要进展

海洋物质文化研究。海洋渔业文化研究侧重分析海洋渔业活动及其海洋文化特征，探讨海洋渔业发展与海洋文化协调发展作用机制（孙吉亭，2016）；海盐文化研究主要回顾我国海盐产业历史，解读制盐工艺、海盐政制、海盐文学、海盐习俗、盐商文化等（陆玉芹、吴春香，2020）；海洋造船文化研究则追溯我国自古以来的造船历史，探讨由此产生的跨海文化交往（赵君尧，2006）。

海洋制度文化研究。"官山海"制度分析中国历史上最早的盐铁专卖制度，是对我国早期海洋经济活动治理制度的初步总结（于孔宝，1992）；"市舶司"制度研究涉及我国唐宋元明时期海洋贸易制度建设及其运行，探讨该制度对于我国古代不同时期海上贸易发展的贡献（陈尚胜，1987）；海防史研究涉及中国海防制度及能力建设的历史演变，总结回顾中国海防制度与国运兴衰的深刻关系（高新生，2005）。

海洋精神文化研究。海洋民俗研究沿海地区和海岛民俗活动，包括海洋生活、生产和信仰习俗（曲金良，1999）；海洋信仰研究人们早期因敬畏海洋和盼望涉海活动平安以及获利而产生的祈求及其相关活动，祈求妈祖保佑占据东方海洋信仰的重要地位（朱建君，2007）；海洋意识研究人们在长期的海洋实践活动过程中形成的对于海洋的自然规律、地位、战略意义及作用等价值的反映和认知（许桂香，2013）；海洋节庆研究与海洋有关的节日及其庆祝、庆典活动，分析涉海民众的文化心理和风俗习惯；海洋文学以语言文字为工具，形象化地反映人类海洋生活的客观现实，表现作家对于人类心灵与海洋客观世界关系的理解（丁玉柱，2012）；海洋哲学研究人与海洋的互动关系本质及过程，注重人海关系的客体主体化的向度，全面展示在人海关系中的认识关系、实践关系、价值关系和审美关系（张开城，2010）。

海洋文化学研尚处于回顾我国海洋文化发展历史，陆续开展海洋文化分支领域深入探讨，以及批判性分析或借鉴世界海洋强国海洋文化发展经验和教训阶段。对于海洋文化的哲学新范式探讨，海洋文化系统建构，尤其是对于新时代中国特色社会主义海洋文化发展策略研究尚缺乏系统性成果。

3. 海洋文化研究的多学科融合

海洋文化研究领域具有高度包容性和涵盖性，促使其离不开海洋资源与环境研究、海洋经济研究、海洋政治及海洋治理研究、海洋社会研究的基础和前沿探索，推动海洋文化研究的跨学科理论融合与方法论兼容。海洋文化研究首先需要海洋资源与环境研究的科学知识体系支持和基础成果奠基，海洋文化研究又会反向作用于海洋资源可持续开发及环境保护（曹文振、杨文萱，2019）。海洋文化的物质层次研究与海洋经济研究具有高度重合性和共融性，海洋经济范式构成海洋物质文化特征及主体行为分析的基本参照（刘堃，2011）。海洋命运共同体属于海洋意识形态领域高端目标，对于推进国际海洋治理体系建设意义深远，也直接拉近了海洋文化研究与海洋政治及海洋治理研究的学科距离（刘长明、周明珠，2021）。海洋文化学与海洋社会学属于人文社科语境下的近邻学科，其需要探讨的话题包括海洋文化产生的社会根源、海洋文化的社会功能、影响海洋文化变迁的社会因素及影响过程等（崔凤，2010）。

总体而言，海洋文化学从总体上或主体上看来属于人文社会学科范畴，从其作为基础理论学科而言又主要属于人文学科，海洋文化研究及其与其他海洋人社科的交叉、渗透、融合需要有一个合理的过程，更需要从海洋人文科学建设整体高度去思考学术规范，各学科需要从本学科实际延伸观照相关学科，寻找学科间对话和交流基础，从海洋性的人文研究发展建立海洋人文社会科学体系（杨国桢，2000）。

四、海洋强国建设方略研究的社会学思维

（一）社会学理论与方法论简述

1838 年，法国哲学家孔德（Comte，1838）的《实证哲学教程》率先提出了"社会学"概念及建立这门新学科的大体设想，标志着社会学学科的诞生，并逐步确立起与人文科学，以及同属于社会科学这个知识家族的经济学和政治学的独立和分野。作为一项"科学事业"以及现代科学文化的组成部分，社会学的现实功能就是界定和认识"现代社会的特征和动力"（Giddens，1996），其学术逻辑和方法论体系的演化根源于一定时期的哲学和文化传统，并由此形成了各式各样的相互对立和冲突的研究范式（Bernstein，1978）。以索罗金（Sorokin，1928）、马丁代尔（Martindale，1960）为代表的社会学家依据该领域学者在阐释人性和社会秩序及相关问题时所持观点的相近性率先提出了"学派归纳"社会学范式分类法；韦伯（Weber，1951）的"理想类型"分类方法强调对不同理论及其区别的抽象，并逐步发展了以卡顿（Catton，1966）的"泛灵论社会学"和"自然主义社会学"、马丁代尔（Martindale，1974）的"人文主义社会学"和"科学社会学"、吉登斯（Giddens，1976）的"实证主义社会学"和"解释性社会学"、卡茨（Katz，1971）的"宏观社会学"和"微观社会学"等社会学分类范式；美国科学史学家库恩（Kuhn，1970）的《科学革命的结构》一书的出版标志着"理论范式"分类方法的形成，以瑞泽尔（Ritzer，1975）为代表的社会学家提出社会学是一门多重范式的科学，并将社会学中各种流行的理论划分为社会事实范式、社会释义范式和社会行为范式等三种基本的不同范式。英国当代社会学家吉登斯重点考察了与现代资本主义研究密切相关的三大古典理论家——马克思、涂尔干、韦伯，并认为他们分别阐述了现代性（社会学的核心问题）的三个重要维度——资本主义、工业主义和理性化，由此奠定了西方社会学的基本框架与走向，形成了与哈贝马斯基于认识旨趣划分的经验－分析型、历史－解

释型和批判型等三类知识类型相一致的社会学范式。以孔德、涂尔干为代表的实证主义，以韦伯为代表的解释主义和以马克思为代表的批判主义，在社会学界得到广泛共识（张小山，2015）。

以孔德、斯宾塞等为代表的社会学创始者提出以社会事实或社会存在重要性研究为内涵的社会学理论及方法论（Hayek，1953；贾应生，2019），涂尔干将该范式加以综合，开启了结构性、构成性、规范性社会理论范式，推动了古典实证主义社会学研究走向高峰，并在很长时期里成为社会学乃至整个社会科学研究方法的主流（朱红文，2017）。第二次世界大战爆发后，逻辑实证主义与美国的实用主义、操作主义和自然主义合流，演化出以帕森斯"均衡理论"（Parsons，1967）、默顿"中层理论"（Merton，1968）、霍曼斯和布劳的"社会交换论"（周晓虹，2003）为代表的结构功能主义派别，并形成了宏观和微观两类研究视角。

随着资本主义社会危机的加剧和无产阶级理论与实际斗争的充分发展，具有德国历史主义传统的古典解释社会学的集大成者韦伯撑起了反实证主义大旗（顾晓鸣，1983），强调主客体的关系是一个互为主体、相互渗透的过程，主体对客体的认识实际上是主体在和客体的互动关系中对客体的重新建构（周晓虹，1993）。受美国实用主义社会学家米德、詹姆斯所奠基的互动理论和德国新康德主义社会学家齐美尔的互动理论影响，以芝加哥学派的布鲁默、艾奥瓦学派的库恩为代表的社会学研究者们开创了符号互动论研究体系（谢立中，1998），法国社会学家（后迁入美国）舒茨尝试用纯粹抽象思维探讨社会互动过程"生活世界"的主观意义，加芬克尔则发展了民俗学方法论，推动了解释主义范式的社会学研究体系不断丰富（Garfinkel，1967）。

马克思首次阐释了唯物主义历史观并指出人同自然界的关系是以劳动为中介的，提出劳动的解放标志着人性的复归和社会的人性化，初步奠定了批判主义社会学范式的理论基础（刘少杰，2019）。在阿多尔诺和霍克海默基于技术理性批判启蒙精神两面性的基础上，法兰克福学派发展起来，马尔库塞和哈贝马斯对批判理论加以改造，尝试沟通"社会批判理论"与实证主义、科学主义之间的关系（陈贻新，2000），达伦多夫和科瑟尔则分别开创了辩证的社会冲突论和功能冲突论，使得冲突社会学成为社会学研究的重要理论支柱（张卫，2007；叶克林、蒋影明，1998）。

20世纪60年代以来，随着全球化的进展，关于超脱于国家之上、不受国界限制的行为主体的行动机制研究成为社会学研究新方向。以吉登斯为代表的社会学综合范式倡导实现社会学思维方式变革和研究范式整合，强调突破传统社会学研究的"主体－客体"二元思维方式，主张要突破传统社会学研究的"民族国家中心论"范式，在具体研究内容和方法上将"民族国家中心论"范式和"全球系统论"范式结合在一起，以实现从单一的研究范式向两种甚至多种研究范式的整合（文军，2001）。由英国学派提出的"国际社会"概念则强调本体论的多元主义与方法论多元主义结合，主张探析历史主义以及国际体系、国际社会和世界社会之间的内在联系（徐崇利，2008）。

（二）海洋社会研究的理论和方法论演进

1. 海洋社会国际研究简要回顾

人类对海洋社会的关注由来已久，早在苏美尔文明时期便将海上渔人和河上渔人视为一种社会职业，并发展了早期海军的雏形（乌特琴科，1969）。《汉穆拉比法典》发展了调停海洋社会主体矛盾的诉讼制度和保护弱势海洋群体的救济制度（Horne，1915），古希腊发明了海军抚恤金制度（Kyriazis，2017），罗马则推出海军粮食免费供给制度（Dominic，1985），到大航海时代开启后，关于海洋社会建构的理论和实践已成为各国成文法条和管理原则中的重要组成内容（Schmidhauser，1992），但这一时期对海洋社会学的理论探索尚且没有成体系的范式遵循，而更多的是基于实践经验的总结。

自孔德提出社会学概念以来，海洋社会学领域的研究渐趋丰富。早期对海洋社会的研究主要基于古典实证主义和解释主义范式而开展对海洋社会群体及其行为的探讨，例如，滕尼斯（Tönnies，1897）、恩格斯（Engels，1882）和韦伯（Weber，1889）等关注诸如海员、渔民、码头工人等海洋社会群体的行为研究，但正如意大利社会学家科克（Cocco，2013）所提出的，经典社会学的著名二分法通常不讨论陆地和海洋的区别，海洋社会研究虽然积累了丰富的经验，但多数没有严格的范式遵循和理论基础，并且与广义的社会学研究相脱节。这一时期非系统化的海洋社会研究更多的是将海洋视为多种特定资源用途的代理人，而与"社会"这一概念本身并不紧密（William，1973）。

当代海洋社会学的概念由波兰学者玛忒寇（Matejko）正式提出，认为体系化的海洋社会研究应包括对船员、海员、渔民、海洋社区与家庭、海洋组织、海洋贸易和海事公司等的研究（Sowa and Kołodziej-Durnas，2014），围绕海洋社会结构（社会环境、价值体系、文化制度）、渔民与海员等海洋社会群体演化和互动（Elias，1950），以及海洋社会群体与海洋社会结构的关系等开展研究。西方学者在冲突理论、符号互动论和功能论等社会学理论的指导下展开进一步探讨（Bryniewicz，Kołodziej-Durnas and Stasieniuk，2010），旨在认识和理解人类社会与海洋之间的复合关系，并探索海洋社会研究的方法体系（Mckinley，Acott and Yates，2020）。

当代海洋社会研究的一个焦点集中在海洋资源管理（Heal，2008）、公共政策和经济交流（Hoagland，Di and Kitepowell，2003）等相关领域，这一视角的研究多基于对海洋社会整体状态与结构的研究视角，海洋社区和社区个体被视作影响海洋社会运行和管理的一种因素和协调海洋社区问题的解决方案（Jefferson，Mckinley and Capstick et al.，2015），研究者尝试运用公共选择理论和一些新古典经济学模型，分析如何管理和规范海洋群体的涉海活动，在批判主义和冲突论的指导下尝试构建合理的海洋社会制度体系（Goffman，1966），以实现海洋资源与海洋群体需求的管理平衡，避免"公地悲剧"的出现（Hardin，1969），在方法论上表现出具有很强的数理特征（Hundloe and Arneson，2002）。海洋社会研究的第二个热点致力于探讨海洋社区个体、群体行为及关系，包括对海洋社区群体惯例、海洋社区群体和个体消费选择、海洋社区群体和个体态度、海洋社区内外矛盾等问题，其核心在于为促进海洋社区发展提供方法策略，关注作为公共财产的海洋资源的性质和动态，以及与陆地资源的区别（Hannigan，2007），并尝试从历史或文化的角度审视海洋社区（Acheson，1981），这类研究为海洋社会学在群体问题的研究方面构建了理论体系（Sinclair，1996；Lauer，2008），在方法论上具有解释学的特征。

近年来，海洋社会学研究呈现超越海洋社会学本身的特征，一些学者尝试将地理因素与社区行为联合考察，对沿海区位条件和环境在海洋社会发展中的作用做了详细探讨（Hamilton et al.，2003），借鉴人类生态学传统以及社会代谢理论，阐明海洋社会与海洋生态的相互作用过程，即对人类和海洋系统的相互渗透进行分析。斯坦伯格（Steinberg，2001）通过领土政治经济学视角分析现代时期海洋空间的社会建构，提出海洋社会的三个历史时期，即商业资本主义时期、工业资本主义时期和后现代资本主义时期。以沃兹尼亚克（Wozniak，2013）为代表的研究者尝试在当代全球化社会学综合范式基础上开辟海洋社会学新的研究领域，重新审视海洋人群作为海洋社会学研究对象的重要性，尝试创建多元学科融合的海洋社会学共同范式（Hannigan，2017）。

2. 海洋社会国内研究简要评价

对海洋社会的关注是中国传统海洋文化中的重要内容。从秦朝以前的"天命主义"和海防建设（朱晓宁，2018），到汉以后"仁政"思想指导下对海洋社会群体的管理、利益维护和救助（王卫平，2012），表现出中国古代对海洋社会整体与部分、群体与个体、结构与功能等复合视角的关注。

与国外海洋社会研究的逻辑起点相反，当代中国海洋社会学学者侧重对"海洋社会"进行分析性的理论建构，围绕海洋社会有无现实基础及其是否具有一般社会基本特征展开思考，并从海洋世纪的到来、海洋经济的发展和海洋强国的提出理解海洋社会，逐步确立了海洋社会学体系及其研究对象，进而围绕海洋社会展开深入广泛的经验研究，在范式上具有社会唯实论的特征（刘勤，2015）。现有研究以社会学视角分析海洋社会的整体状况、结构演化、管理秩序和群体行为，辅之以科学的社会学理论和方法论体系，深刻阐释了社会学不同研究范式所围绕的社会整体、社会结构与功能、社会秩序及社会行为在海洋社会研究中的导入（唐国建，2015）。

从具体研究内容上看，国内海洋社会学研究呈现两类分野：一是面向海洋社会学体系构建的理论研究（包括海洋社会、海洋社会学的概念、研究体系等）；二是对海洋社会事实的实证研究。从具体内容上看，早期的研究主要围绕海洋社会群体及其互动行为的理解，主要包括基于中观视角的渔业发展、渔村建设、渔民保障等"三渔"问题研究和基于微观视角的渔民行为研究（韩立民、任广艳、秦宏，2007；宋广智，2009；同春芬、董黎莉，2011；王书明、兰晓婷，2013）。随着政府管理的强化和民间海洋社会组织的发展，学界研究开始关注从中观层面切入海洋社会管理问题，开创了海洋社会管理组织、海洋社会管理模式、海洋社会管理政策以及面向国际的海洋权益管理等研究领域（王淼、刘勤，2007；张继平、王芳玺、顾湘，2013；唐国建、崔凤，2013；胡德胜，2013）。除上述两大传统话题外，我国学者近年来开始关注生态社会学视角海洋环境管理问题和以"海洋命运共同体""21世纪海上丝绸之路"为主题的全球（国际）海洋社会研究（崔凤、刘变叶，2006；刘敏、岳晓林，2019）。

（三）海洋社会研究的思维方法建构

1. 海洋社会研究的哲学基础和系统科学思维

海洋社会的概念内含着部分与整体、静态与动态、个体与群体的诸多二分关系，这也意味着海洋社会学研究是具有丰富哲学观念的理论体系，具有鲜明的哲学思维特征。海洋社会学研究在本体论存在对立分野，研究逻辑依据研究对象的区别可以从社会唯名论的哲学本体论和社会唯实论的哲学本体论加以划分，对海洋社会整体及其结构的探讨内涵有机论的哲学世界观指向，而对个体行为和互动的关注以及以田野调查为主要方式的经验研究则站位于人文主义的哲学思维倾向（庞玉珍，2004）。批判理论、结构化理论以及国际社会理论在海洋社会研究中的运用反映了马克思主义辩证哲学思维的指导地位。

系统科学源于哲学思维演进，并与海洋社会研究形成密切关联。海洋强国视域下海洋社会研究应致力于探讨海洋社会的存在状态及其结构，并强调对海洋社会的综合性和整体性研究，海洋社会研究需构建一个面向内外双向开放的海洋社会有机体，并将当代系统科学的整体观思维逻辑纳入其中，而以探究群体行为为特征的海洋社会研究则立足于系统科学指导下的微观分析视角，对诸如社会管理、海洋权益等领域的探讨，则应体现均衡和协同思维在其研究过程中的应用（崔凤，2006）。

2. 海洋社会研究内容的主要进展

最早提出海洋社会概念的杨国桢（1996）将其界定为"在直接或间接的各种海洋活动中，人与海洋之间、人与人之间形成的各种关系的组合，包括海洋社会群体、海洋区域社会、海洋国家等不同层次的社会组织及其结构系统"。庞玉珍（2004）认为，海洋社会是"人类缘于海洋、依托海洋而形成的特殊群体，这一群体以其独特的涉海行为、生活方式形成了一个具有特殊结构的地域共同体"。崔凤（2017）认为，海洋社会是"人类基于开发、利用和保护海洋的实践活动所形成具有独特性的区域性人与人关系的总和"。与庞玉珍和崔凤的静态概念相比，张开城（2011）强调了关系互动所形成的有机整体在海洋社会概念表意中的重要性，认为海洋社会是"基于海洋、海岸带、岛礁形成的区域性人群共同体，包括人海关系和人海互动、涉海生产和生活实践中的人际关系和人际互动，以及以此为基础形成的包括经济结构、政治结构和思想文化结构在内的有机整体"。范英（2013）进一步发展了"强调了人海关系之间的互动性以及互动所形成的有机整体"意义上的海洋社会概念。从立论视角看，上述概念的阐述大多源自杨国桢的"关系网络意义上的海洋社会"内涵（范英，2013）。与上述学者不同，宁波（2008）认为现在提"海洋社会"这一概念有许多矛盾之处，带有"浪漫主义的理论畅想"，海洋社会的现实存在性仍值得商榷。

作为一门相对新兴的研究学科，对海洋社会学研究的内容体系尚没有统一的定论。庞玉珍等（2006）认为海洋社会学围绕"海洋开发利用的社会条件及其社会影响"展开，包括对海洋开发利用及其影响、社会行为、生活方式、价值观念、科学技术等社会条件变量是如何影响海洋开发、利用等方面。崔凤（2006）构思的海洋社会学内容体系包括海洋观调查与研究、海洋区域社会发展研究、海洋社会群体与社会组织研究、海洋环境问题研究、海洋渔

村研究、海洋民俗研究、海洋移民问题研究、海洋政策研究等。宁波
（2015）指出海洋社会学研究内容应包括海洋社会学的基本理论、海洋文化
与风俗、海洋政策制度与法律法规、海洋国际争端及其控制与化解、涉海个
体或群体的行为与心理、涉海组织的行动结构与社会关系、海洋观念的比较
与演化分析、海洋环境生态与伦理问题、海洋开发的社会影响与利益协调等。
张开城（2010）指出海洋社区、海洋群体与组织、海洋社会问题、海洋社会
变迁、海洋文化、海洋宗教与民间信仰、海洋民俗、海洋政治、海洋生态、
海洋社会政策和和谐海洋社会建设等海洋社会学体系的主要内容。范英
（2012）基于历史、重心、主体、实用等四大层次，在其关系互动理论的基
础上推导出海洋社会学架构体系的内容，依照关系互动的理解进行了结构化
分析和操作化论证。

海洋社会学研究内容应从其概念出发，海洋社会是由作为自然地理环境
组元的海洋与人类社会相互作用而形成的动态与静态相统一特殊关系，包含
海洋空间、人类社会、人海关系等多重内涵，在此指导下构建的海洋社会学
研究的内容体系应统筹考察海洋社会环境、海洋社会要素、海洋社会单元、
海洋社会运行、海洋社会功能等五个基本方面，并在此基础上解读海洋空间
与人类活动、海洋群体行为与海洋个体行为及关系、海洋社会环境与资源、
海洋社会组织方式与运行过程、海洋社会系统间溢出、吸收和影响等多方面
内容。

3. 海洋社会研究的多学科融合

海洋社会关系的复合性意味着海洋社会学不能是一门完全独立于其他学
科的研究体系，海洋社会与海洋经济、海洋文化、海洋政治和海洋生态密切
结合，推动形成了海洋社会学研究的多维融合视角。海洋社会内部保障与外
部安全防御关系我国海洋经济发展过程，海洋社会发展对于改善海洋经济发
展过程、提升海洋经济发展空间协调水平意义深远（同春芬、严煜，2016），
基于经济学视角探究海洋社会问题的研究关注包括渔民、海员等海洋社会群
体的生活和就业保障，并将以田野调查为主的研究方法与经济增长理论，产
业组织理论和就业理论等经济学理论相结合。构建强大的海上安保力量是增

强我国海洋治理秩序的重要前提（何奇松，2019），协调好不同利益主体间的关系是海洋治理和海洋社会共同关注的重要议题（张耀，2015），基于政治学视角的海洋社会学研究关注基于政治学理论的海洋社会管理和制度与政策体系，而面向海洋权益维护、海洋治理、海洋命运共同体等全球视角研究则融合了国际政治学的理论框架。海洋社会发展为海洋文化繁荣提供基础保障，推动海洋文化国际传播与交流互鉴（刘继贤，2011），基于文化学视角的海洋社会研究从人文主义的研究范式出发，深入探讨包括制度，意识形态等在内的文化概念在海洋社会群体与海洋社会的互动关系下形成的各类结构和组织特征，借以阐明海洋文化对海洋社会个体的行动、群体互动及其所构建的社会结构的指导意义。基于生态或环境学的海洋社会学研究从海洋公共开发的合作与竞争视角探讨生态与社会的互动关系及海洋公共资源的性质和特征，强调海洋社会主题所从事的海洋活动在海洋生态大环境中的根植性，尝试解读海洋生态建设与海洋社会发展的协同性（杨振姣、姜自福，2011；Hannigan，2017）。

五、海洋强国建设方略研究的生态学思维

（一）生态学理论与方法论简述

工业革命以来，全球面临的生物多样性锐减、环境污染和气候变化等生态问题不断加剧。生态学作为协调人类经济社会发展与环境关系的一门新兴学科，成为国内外学者关注的热点。生态学由海克尔（Haeckel，1866）首次定义为"研究生物与环境相互关系的科学"。1900 年以前，生态学的研究主要表现为相关描述散见于自然本体论和一般生态学（以植物生理和植物地理为主）的著作中（李继侗，1958）。1900～1950 年期间，描述性的生态工作逐步完成。1950 年以后生态学步入到现代发展时期，表现为生态学方法论重心从强调经验的归纳方法转向历史的系统方法。作为一门新兴学科，生态学与生物学有着密切的联系，与物理、化学等自然学科相比，生态学更为关注

种群和群落等层面的现象，研究尺度也更为宏观。相应地，对于生态学研究的范式也存在诸多争论。

1. 科学范式

对于生态学科学范式的争论一般围绕还原论（reductionism）和整体论（holism）展开。普特南和奥本海姆（Putnam and Oppenheim，1958）合作发表的《作为有效假说的统一科学》被视为是还原论研究的第一部纲领性著作。受其"所有科学词项都还原为一门科学（如物理学）的词语""所有科学的规律都还原为某一门科学的规律"观点的影响。还原的生态理论认为，在本体论层面每个特定的生物系统（如有机体）只不过是由分子及其相互作用所构成，也被称为"构成唯物论"（compositional materialism）；在知识论层面，更高层面的科学知识可以还原为更低层面的科学知识，如理论还原与还原进路；在方法论层面，在尽可能低的层面上研究生物系统最有成果，生物学实验研究旨在发现分子与生化的原因，也称为"分解策略"（decomposition strategy）。

与之相反，在生态学发展的历史过程中，一些生态学家逐步形成了一定的整体观念，把生物与环境的关系看作一个运动的整体。例如，坦斯利（Tansley，1935）提出的生态系统（ecosystem），以生态系统为生态学的方法论思想和理论基础，指出必须从根本上认识到有机体不能与它们的环境分开，而与它们的环境形成一个自然系统。美国生态学家奥德姆（Odum，1964）在《生态学基础》中提出，生态系统是生态学的基本功能单元，并且把"系统生态学"与整体论联系起来，他提出的"功能性整体"概念和生态系统各层次的涌现性成为生态学整体论观点的重要组成部分。与单一持有还原论或整体论的学者不同，也有部分学者认为整体论和还原论均有其合理之处（Hutchinson，1964；Macfadyena，1975）。奥德姆作为生态学研究的奠基人物，他的思想也被视为是兼具整体论与还原论特点，因此也被称为"妥协"的还原论。

2. 学科范式

受自然均衡观（balance of nature）的影响，自然均衡在生态学中常被释为"自然界在不受人类干扰情况下总是处于稳定平衡状态",具体表现为不稳定因素与作用在整个系统中相互抵消,从而呈现自我调节与控制的特征(邬建国,1992)。这种思想在生态学领域被广泛采纳,最终发展成为生态学的平衡范式。克莱门特(Clement,1916)在群落生态学密度相关学说的基础上提出所谓单向的、由植物群落内部控制的、循序进而达到顶级的"群落有机体"演替理论,成为这一范式的典型代表。与平衡范式不同,非平衡范式侧重于生态系统的瞬变动态(transient dynamics)、开放性以及外部环境产生的影响作用。其中,在种群生态学中最典型的为"密度无关学说"(density independent theory),为克服极端密度无关学说认定生态系统变化与种群密度无关的缺陷,出现了种群"密度模糊控制"(density-vague regulation)理论,在种群密度无关的基础上指出,在密度过大或过小时,密度相关机制在生态系统稳定中发挥作用(Strong,1984)。在生态系统研究中,马格利夫-奥德姆(Marglef-Odum)生态系统理论的主导地位逐渐被强调随机事件、格局和过程相互作用、空间异质性等特征的非平衡观点取代。景观生态学作为现代生态学的主流超越了传统的平衡范式,它强调空间异质性、人为干扰及自然因素与生态过程在不同时空尺度内的相互作用。耗散结构和内部调控准稳定性等非平衡态热力学的一些概念也被引入生态学研究中(邬建国,1991)。受英国生态学家瓦特(Watt,1945)"生态系统是许多具有不同特征的斑块(patch)组成的镶嵌体"的启示,邬建国(1996)将斑块范式与非平衡范式相结合,指出生态学研究范式出现向等级斑块动态范式演化的趋势。等级斑块动态范式的出现促使学者们对生态学传统学科之间的关系进行识别,为生态学的综合学科研究提供了理论架构。

(二)海洋生态研究的理论和方法论演进

1. 海洋生态国际研究简要回顾

一般认为海洋生态学的研究源于丹麦学者米勒(1777年)用显微镜开展对海洋浮游生物的研究。受坦斯利(1935年)生态系统概念的启发,康奈尔和佩恩等将海洋模型应用于对海洋生态学的影响,使海洋生态相关研究由描

述性阶段步入了理论与应用发展阶段。凯泽（Kaiser，2011）将海洋生态学
的发展划分为三个时期：第一时期为20世纪50年代之前的探索与描述时期，
第二时期为20世纪60~70年代的实验性操作时期，第三时期则是20世纪80
年代之后的综合与应用时期，以对人类活动对海洋生态的影响研究为主要特
征。可见，受人类活动因素的干扰，海洋生态系统极具脆弱性，人为因素干
扰造成的海洋生态系统失衡较早得到国外学者的关注。在对人类活动对海洋
生态过程和系统的影响进行研究的过程中，海洋生态学与经济学和社会学等
学科的融合不断加深，以生态环境补偿、经济补偿和资源补偿为主要形式的
海洋生态补偿开始在海洋生态治理领域盛行（Elliott，2004）。

2. 海洋生态国内研究简要评价

对海洋生态的定义，基于郝克尔（1869年）对"生态学"的定义，
沈国英、施并章（1996）的《海洋生态学》将海洋生态学定义为按栖息地类
型划分的生态学一个基本分支，同形态学、遗传学等共同隶属于海洋生物学。
《中国大百科全书——生物（第一版)》将海洋生态定义为海洋生物之间及其
与海洋环境之间的相互关系，海洋生态学则为研究海洋生物及其与海洋环境
间相互关系的科学。杨东方等（2010）主编的《海湾生态学》，认为海洋生
态学是研究生物与其环境相互作用的科学，并且对海洋生态动态和定量的研
究将成为发展的必然趋势。在传统海洋生态定义的基础上，基于海洋生态相
关研究进展的推进与丰富，非传统海洋生态定义开始出现，主要表现为新的
分支学科的不断涌现。这类学科同样强调人类活动对海洋生态系统的影响，
并将海洋生态系统与全球环境变化相关联，具体包括海洋生态动力学、海洋
生态灾害学、海洋污染生态学、海洋渔业生态学、海洋恢复生态学、海洋浮
游生态系统学等（李永祺、王蔚，2019）。

（三）海洋生态研究的思维方法构建

1. 海洋生态研究的哲学基础和系统科学思维

海洋生态研究的逻辑起点是人与海洋关系的伦理回归，人海和谐是海
洋生态研究的主要目标。辩证唯物主义观点认为，世界上任何事物都是对

立统一的关系，矛盾在一切事物中存在，海洋生态研究的人海关系就是这样的对立统一（鹿红、王丹，2017）。对人海关系的研究，应摒弃"人类对海洋的顺从"和"人类可以主宰海洋"的错误认知论，发挥人的主观能动性，不断认识海洋，走进海洋，通过生产实践从海洋中获取人类生存必需品，开辟生存和发展的新空间，最终实现人与海洋平等、和谐的生态关系。

生态系统的生态学以内部生态学过程的完整性为主要特征，这些生态学过程涵盖水文学过程、生物生产力、生物地球化学循环、有机物分解、生物多样性维持等（徐惠民、丁德文、石洪华等，2014）。海洋生态作为涵盖这一完整过程的系统，是由物理、化学和生物组分有机组织形成的复杂系统，具有开放性、耗散性和非线性等特点。海洋强国视域下的海洋生态研究除了明确海洋生态系统内部稳定性，以及海洋生态系统的动力科学研究之外，还应致力于海洋生态系统同海洋经济系统等关系处理（沈满洪、毛狄，2020）。

2. 海洋生态研究内容的主要进展

海洋生态学在近几年的发展一方面体现在基于研究对象的分支学科不断细化。主要包括海洋植物生态学（海藻生态学、红树林生态学、珊瑚礁生态学等）、海洋动物生态学、海洋微生物生态学等，海洋种群生态研究仍是当前海洋生态研究的基础组成部分；另一方面体现为与其他自然学科、人文社会学科结合产生的新分支学科，包括海洋生态系统动力学、海洋环境生态学、海洋污染生态学、海洋渔业生态学等（李永祺、王蔚，2019）。

海洋生物分支学科以海洋动植物物种或种群研究为主要内容，是海洋生态学学科建设的基础组成部分。焦念志等（1993）指出海洋浮游植物作为海洋的初级生产者，是整个海洋系统物质循环和能量传递的基本组成单位，是海洋食物链的基础环节。谭烨辉等（2003）指出海洋浮游动物是海洋生态系统的重要消费者，是海洋生态系统的次级生产力，是能量传递、维持系统运转的重要组成部分。林鹏（2001）对红树林生态系统的种类界定，并对红树林生态系统内物质流、能量流、分子生态学研究、经济利用、生态恢复工程等进行了总结。

海洋生态系统动力学作为海洋科学和渔业科学交叉发展学科，是自21世纪以来全球海洋科学跨学科研究的前沿领域，以生态系统物理过程和生物过程的相互作用和耦合研究作为核心，是全球变化研究的重要组成部分（唐启升、苏纪兰，2001）。海洋环境生态学则是海洋科学、环境科学与生态学交叉形成的新学科，以人类活动干扰下的海洋生态系统的内部变化与反应机制为主要研究内容，旨在寻求海洋生态修复、海洋生物多样性保护与海洋生态系统维护的有效路径（李永祺，2012）。李京梅（2015）就国内外学者对海洋生态补偿的研究进展进行了总结，从补偿主体与受偿对象、补偿方式、补偿标准等维度对海洋生态补偿进行系统性梳理，从经济学视角对海洋生态学进行了补充。

3. 海洋生态研究的多学科融合

从具体学科融合关系看，海洋生态与海洋经济、海洋政治、海洋文化和海洋社会学科密切结合，并基于学科融合形成新的研究视角。海洋生态经济、海洋生态环境和海洋生态社会作为海洋生态文明建设的三大维度，在海洋生态研究中占据重要席位。基于经济学视角对海洋生态的研究主要集中于：第一，寻求海洋经济平衡与海洋生态平衡的平衡关系与内在规律；第二，人类从事与海洋相关的经济生产活动产生的经济效益与生态效益之间的关系；第三，海洋相关经济活动带来的海洋资源危机与海洋环境污染等相关研究；第四，海洋生态保护、海洋生态修复等所需的资金来源、适用状况分析和后续效果评估等。基于政治学视角对海洋生态的相关研究一般围绕海洋生态示范区规划与建设、海洋污染物排放与用海空间管制等涉海法规政策制定与实施等展开，借助公共政策理论等推动海洋生态文明整体建设。基于文化学视角下的海洋生态研究体现为海洋文化作为海洋生态文明的主要因子之一，在海洋生态意识培养、海洋行为规范、海洋生态修复与补偿方面的指导研究。基于社会学的海洋生态研究以海洋生态安全与区域社会稳定关系、海洋公共资源开发背景下的生态与社会互动关系研究为主要内容。

第二节 海洋强国建设方略研究的技术方法

一、海洋强国建设方略研究的经济学技术方法

（一）海洋宏观经济研究的实证主义方法

实证主义作为现代经济学研究主流分析方法，已经形成提出假设、逻辑演绎和计量检验的程序化分析逻辑，实际上是基于现有计量技术在概率意义上对理论假设的实证主义意义做出的不完全评判，面临样本选择和不完全决定性等局限性（靳卫东，2013）。实证主义作为偏重整体宏观社会经济体系研究的方法，在海洋宏观经济分析领域具有重要地位（Phoenix，Osborne and Redshaw et al.，2013）。海洋产业投入－产出分析是国家和地区层次海洋产业经济分析的常规方法（Karyn and Cathal，2013）。基于大数据和大样本案例的环境变化对全球层次海洋经济活动影响的宏观经济分析成为海洋宏观经济研究的新热点（Sumaila，Cheung and Lam et al.，2011）。

（二）海洋产业经济研究的结构－功能主义方法

产业组织研究中的结构－行为－绩效分析范式（structure-conduct-performance，SCP）由哈佛学派的贝恩提出，尝试将市场结构、市场行为和市场绩效研究结合起来，并将其与产业公共政策联系起来，形成具有结构功能主义分析特征的产业经济学重要范式（刘传江、李雪，2001），并在海洋产业经济分析中得到应用（于谨凯、李宝星，2008）。狭义结构功能主义（structural functionalism）分析范式由帕森斯创立，在资源环境经济系统分析中经常性被引申应用（Wellstead，Howlett and Rayner，2013）。林毅夫（2011）提出

的新结构经济学主张以历史唯物主义为指导，采用新古典经济学方法研究经济体结构及其变迁的决定因素和影响，主张发展中国家或地区应从其自身要素禀赋结构出发，发展具有比较优势的产业，在"有效市场"和"有为政府"共同作用下推动经济结构的转型升级和经济社会发展，初步在海洋经济发展研究中得到响应（李佳薪、谭春兰，2019）。

（三）海洋资源经济研究的演化与博弈方法

虽然演化与博弈分析在经济学研究中属于不同的范式（黄少安、黄凯南，2006），但是近年来关于演化博弈的经济学分析趋于普及。经典的演化经济分析方法在海洋经济过程分析中得到广泛应用（孙康、柴瑞瑞、陈静锋，2014；Rainer, Carl and Daniel et al., 2016）。经济行为主体在面临自然环境及外部约束方面的矛盾决策，经常通过博弈行为分析予以研究（João，2019）。海洋石油勘探以及海洋港口竞争等海洋产业竞争的动态博弈（stackelberg game）分析有着较为深厚的文献支持（刘曙光，2007），还有关于政府、涉海企业和金融机构在海洋金融领域的演化博弈分析成果（赵昕、单晓文、丁黎黎等，2020）。

（四）海洋环境经济研究的制度经济学方法

国际及国家层次跨界海洋资源经济研究中关于海洋资源开发规制的框架建设问题尤为突出（Anderson, Campling and Hannesson et al., 2014）。环境规制对于国家和地区层次区域海洋经济结构转型研究具有与一般环境规制经济学分析相近似的研究模式（姜旭朝、赵玉杰，2017）。新制度经济学分析框架下的制度变迁对海洋经济发展路径的影响研究也已经较为多见（李彬、王成刚、赵中华，2013）。气候变化应对、海洋资源保护等多重政策规制对于海洋经济活动影响分析开始成为海洋经济规制问题研究的重要热点领域（Waldo, Jensen and Nielsen et al., 2016）。

二、海洋强国建设方略研究的政治学技术方法

（一）海洋治理制度分析的规范主义技术方法

传统制度主义的海洋治理研究关注海洋治理制度、注重规范分析，主要采用比较分析方法、历史研究法和描述归纳法，聚焦于海洋治理的法律和其他正式制度（郑建明，2014）。将海洋治理行为体的国家作为独立的变量来看待，重视其在集体生活中的作用；将法律、制度和结果看作是独立变量，而把人性作为常量，认为制度是决定、指导人的行为的根本因素（刘欣、李永洪，2009）。传统制度主张关注自由和平等，强调构建完善的海洋法律体系来促进海洋治理的公平和正义，将海洋治理主体作为构建民主的载体，认为民主的实施需要完整的社会制度和比较发达的经济基础，但强调宏观和静态视角，忽略了微观利益主体和动态的分析，主要对现实政治制度的描述而缺乏现象解释（唐兴军、齐卫平，2013）。

（二）海洋治理行为分析的实证主义技术方法

行为主义为传统制度主义带来了研究工具，它以逻辑实证主义作为哲学基础，注重研究中的经验观察和价值中立，力求政治学成为一门纯经验的科学（朱欢欢，2017）。海洋治理行为主义者以人类实际可见的行为而非思想和感觉作为关注对象，认为人类行为中存在可发现的一般规律，他们通常采用海洋主体互动、海洋环境污染、海洋治理成效等相关计量分析方法对这种海洋治理进行经验测定（王印红，2018），并在此基础上预测人类行为和解释海洋治理制度的运作方式（景跃进、张小劲，2015）。行为主义政治学通过诸如选举行为、政治态度、集体行动、方法论问题等作为海洋治理研究对象，通过对政治行为的调查研究和统计分析来达到对海洋治理研究的科学化（Robert，1961）。此外，行为主义者强调用海洋自然科学的方法来研究政治现象，阿尔蒙德的结构功能主义和伊斯顿的政治系统论就是政治学与生物学、

系统科学相结合的产物（伊斯顿，2012）。其中，伊斯顿提出了行为主义政治学的 8 个原则，即"规律性、验证、技术、数量化、价值、系统化、纯科学、整体化"，这些原则反映了他强调运用自然科学的唯实证的经验方法及模式来发展政治学（叶娟丽，2005）。

（三）海洋治理研究的综合分析方法

后行为主义批评了行为主义政治学对定量分析的过于热衷，主张实质重于技术，摒弃了行为主义的价值中立原则，主张引入价值和规范研究（张涵之，2016）。从研究方法上，海洋治理研究行为主义单一的、纯粹的定量研究方法逐渐被复合的研究方法所取代（庞中英，2018），伊斯顿和达尔主张将经验研究和规范分析结合起来，统一于政治学的方法论之中（达尔，1987）。后行为主义试图调和不同研究方法，使得不同学科之间的交叉和融合成为进行政治学的研究趋势。从研究内容上，伊斯顿认为政治学研究应当以问题为导向，重点关注当下最紧迫的社会政治问题，如战争、贫困、饥饿、环境污染等（Easton，1969）。

新制度主义拓展传统制度主义中制度的涵盖范围，批判和继承了理性选择主义、行为主义和新制度经济学的研究范式，倡导将规范和价值问题纳入政治学的研究范畴，逐渐成为当代西方政治学的主导范式（黄新华，2005）。由于新制度主义发展的不同社会科学背景，产生了历史制度主义、理性选择制度主义和社会学制度主义是当今主流三大分类方法（Hall，1996）。理性制度主义将把制度定义为决策规则，人们可以对海洋治理制度进行设计，社会制度主义将制度等同于文化，认为个体偏好内生于制度；历史制度主义强调制度的路径依赖（李月军，2008）。建构制度主义作为新制度主义政治学的最新流派，吸纳了社会学、语言学前沿成果并将观念和话语分析内化为自身组成部分，在处理结构和能动性问题时以结构和能动性相互建构的动态视角思考相关理论命题和动力机制（马雪松，2017）。

三、海洋强国建设方略研究的文化学技术方法

（一）田野调查方法

田野调查法也称田野工作（field survey），是文化人类学家了解人类行为和收集文化资料最常采用的基本实证研究方法。文化人类学研究需要融入特定区域族群并建立良好社会关系，研究其社会结构，以期达到研究该社会整体文化或定向专题调查的目的，主要具体方法包括观察与参与观察、访谈、调查会、问卷调研、谱系调查、自传调查、跟踪调查、文物收集、概率取样等（李月英，2007）。对历史文化遗存（Survival）的实地发掘和考证是文化人类中研究的重要技术手段（Howard，1925）。博厄斯（Boas）1883～1884年对巴芬岛印第安人进行实地调查，1898～1899年哈顿（Haddon）对南美洲托列斯海峡进行人类学考察，应该属于海洋文化领域较早开展田野调查的范例（容观，1999）。随着信息技术手段革新与普及，当今海洋文化田野调查已经实现文化遗存探查与卫星遥感技术等技术方法的密切结合（Thompson，2018）。

（二）结构－功能分析方法

结构功能分析是20世纪初英国人类学家马林诺夫斯基（Malinowski）和拉德克利夫－布朗（Radcliffe-Brown）创立的社会群体研究方法，认定每一个民族文化都是一个有机整体，各部分之间存在相对稳定结构关系并产生相应功能（容观，1999），该方法用整体观点来考察社会、处理文化现象及文化功能，属于文化人类学研究的整理论（holism）范畴（何星亮，2008）。其中，马林诺夫斯基代表性著作《西太平洋上的航海者》和拉德克利夫－布朗的《安达曼岛人》都是以海洋文化群体为研究对象（拉德克利夫－布朗，2005；Spranz, Lenger and Goldschmidt, 2012），进而他们也是海洋文化学领域结构功能主义研究的先驱。结构功能分析方法通过结合现代系统状态评价

与系统过程研究方法，成为海洋文化与海洋经济、社会、生态等多领域文义实证研究的主流方法之一（Spranz，Lenger and Goldschmidt，2012）。

（三）比较研究方法

比较研究方法（comparativism）是文化学及海洋文化研究的传统常规方法之一，并且初步形成比较文化学二级学科（林坚，2007），往往通过不同文化体之间特征指标的对比分析各自特征及文化间差异（刘介民，2003）。亨丁顿（Huntington）在《文明的冲突与世界秩序的重建》（1996 年）中对全球文化不同圈的差异化特征进行了对比分析（Syed，1998），成为其"文明冲突论"观点的研究方法基础。钱钟书尝试打通中西方文化"樊篱"，追求古今与中西文化的融会贯通，具有较高比较文化学方法论价值。比较研究方法是现代海洋文化研究的主要方法之一，加之相对客观的指标体系支持，有利于直观了解不同海洋文化群体及其特征的差别，为海洋文化相互学习交流借鉴奠定基础（刘家沂、肖献献，2012），也为挖掘中华海洋文化的时代特色和民族特征统，宣传推进和平友好与互利合作的海洋文化提供方法支撑（张开城，2016）。

四、海洋强国建设方略研究的社会学技术方法

（一）海洋社会整体分析的实证主义技术方法

实证主义范式的海洋社会研究关注海洋社会现实，包括对海洋社会环境、要素、单元、结构、运行、功能等全方位的现象讨论（王书明、兰晓婷，2013）。实证主义范式的海洋社会研究在主客体关系上认为海洋社会现象是客观存在，理论与实践、价值与事实是相互独立的实体，不能相互渗透。实证主义范式的海洋社会研究遵循自然科学的思路，认为事物内部和事物之间必然存在逻辑因果关系，对事物的研究就是要找到这些关系，并通过理性的工具对它们加以科学的论证（陈向明，1996）。在技术方法上，实

证主义范式的海洋社会研究强调借鉴自然科学的实验法、比较法、观察法和历史法等研究方法以获得经验知识以及验证假设（沃野，1998），对海洋社会结构与功能的考察需强调基于宏观整体视角，将社会学理论与物理学的联立微分方程体系相等同（丁元竹，1990），运用严密的数理模型和网络分析，注重对精确测得的数据资料运用数学和统计学手段进行量化分析（Ritzer，1996）。

（二）海洋社会个体行为研究的解释主义技术方法

解释主义范式的海洋社会研究关注海洋社会个体行为（韩立民、任广艳、秦宏，2007）、群体行为（宋广智，2009）、海洋社会部分与整体的关系（同春芬、董黎莉，2011）等问题，研究核心要点是"行为"和"结构"。解释主义范式的海洋社会研究强调海洋社会自然客体和海洋社会现象的区分，指出海洋社会学在研究人的行动时必须把人类活动的主观方面和客观方面结合起来，其认为行动的客观方面是可以被观察和体验到的，可用实验方法和调查方法获得这些经验，而行动的主观方面（行动的意义和动机）则必须联系具体的历史环境，建立一种概念工具加以解释和理解，解释主义核心观点认为价值和理论中立的事实是不存在的，人们看待事物的方式决定事物的性质（Nelson，1978）。在技术方法上，解释主义范式的海洋社会研究强调现场调研的重要性，倡导观察法、田野研究，辅以问卷调查。

（三）海洋社会结构和运行过程研究的批判主义技术方法

批判主义范式的海洋社会研究关注海洋社会结构和运行过程的诸多矛盾，关注诸如海员、渔民、码头工人等海洋社会群体的行为和结构研究（Sowa and Kołodziej-Durnas，2014），以及对海洋社会管理体系建构的相关研究（同春芬、安招，2013），其假设事物的本质存在于对现实的否定之中，海洋社会研究的目的在于建构一个适宜于海洋社会主体活动的美好世界，并揭示海洋社会的真实结构，其在方法论上强调法则与表意两种研究取向，尝试通过否定或批判现有海洋社会结构，为改造海洋社会结构、促进海洋社会变迁提供某种行动方案（仰海峰，2009）。在技术方法上，批判主义范式的海洋社会研究以阶级分析方法为主要方法，在占有大量资料尤其是历史事实的基础上，运用测量、统计等方法以及心理学方法对研究对象进行详细、深入的观察与分析（艾四林，2001），以找出各种因素之间的联系和相关关系（张卫，2007；李慧勇、王翔、高猛，2020），以形成对海洋社会的整体性认识（刘少杰、翟岩、营立成等，2021）。

（四）全球视域下海洋社会研究的技术综合方法

范式综合化的海洋社会学研究除关注单一海洋社会系统的环境、要素、单元、结构、运行、功能等内容外，也将诸多海洋社会系统间的关系纳入考察，包括在全球化社会中海洋的作用、公海经济活动的社会生态影响以及在海员之间的社会关系模式等多元化内容（胡德胜，2013），其研究视域超越了传统社会学的微观与宏观的划分，并用社会结构的"二重性"概念来取代社会学"二元"方法论，主张综合"集体主义方法论"与"个体主义方法论"方法，通过研究行动者在其日常路径上的运动过程，研究在时空中延展的那些场所的区域化，来探讨他们的情景特征（吉登斯，2003），以实现社会学方法论中个体主义与整体主义的统一（金小红，2004），实际上依靠了解释学、实证主义和批判理论的多元主义假设和工具（章前明，2005），倡导采用以田野调查、现场观摩等多类现场调研方法，配合文献资料和现代信息技术支撑的知识获取方法，在此基础上融合实证主义的数理工具和方法，对所研究的海洋社会对象和关系加以综合分析。

五、海洋强国建设方略研究的生态学技术方法

（一）海洋种群生态研究方法

在海洋生态系统研究的探索和描述时期，奥杜安和米尔恩·艾德华兹（1982）对浅海生物的分布以图示方式进行了总结；福布斯将挖泥采集方式

用于海洋底栖动物的研究，并提出了海洋生物垂直分布带；英国"挑战者"号在 1872 ~ 1876 年间对三大洋的海洋调查中，不仅发现了大量海洋新物种，对海洋生物与环境之间的关系进行了初步分析。在 20 年梳理的基础上，出版了《挑战者号远征报告》（赵亮，2002），提出了诸如温性动物、盐性动物等生态概念和独有生物、底栖动物等生态名词，成为海洋生态学初期发展的重要组成部分（刘瑞玉、崔玉珩，1996）。20 世纪初期，海洋种群生态研究步入了实验室操作、定性与定量研究结合的研究阶段。如康奈尔和佩恩将海洋模型应用于海洋生态研究，成为海洋生态学理论和实践研究发展的重要铺垫。20 世纪末之后，随着科学技术进步以及勘测设备的改进，海洋深潜器、遥感技术等技术在这一时期逐渐被应用于海洋生态研究中，如 1977 年美国"阿尔文"号深潜器在太平洋加拉帕戈斯海底对海洋生物群落进行探测。

（二）海洋生态系统动力研究方法

20 世纪 30 年代之后，海洋生态系统动力研究进入以数理模型为主要技术方法时期，雷恩（Rilley，1949）等最早建立了一个一维的垂向数学模型对欧洲北海浮游生物的季节变化特征进行研究，海洋生态系统动力研究由此开启了由定性分析到定量分析的转变（任湘湘、李海、吴辉碇，2012）。80 年代之后，在日本若干海湾和围绕大西洋北海等海域的生态系统研究中，许多具有不同营养层次和类型的海洋生态系统动力学模型开始被研究者们广泛使用。到 90 年代，许多国家相继开展海洋研究发展规划，如"热带海洋与全球大气计划""海岸带陆海相互作用""全球海洋观测系统"等，推动了海洋生态动力研究成为海洋科学研究的热点，系统动力学模型也在这一时期趋于完善（吴增茂、谢红琴、张志南等，2004）。进入 21 世纪之后，随着全球气候变化等问题的凸显，海洋生态动力模型在全球变化与海洋生态系统的相互作用等理论研究以及赤潮、富营养化等的灾害预报与评估等应用研究中得到进一步完善。

（二）海洋生态环境研究方法

在开发利用海洋资源、发展海洋经济同时，以海洋环境污染防治和海洋生态健康维护为目标的海洋生态环境研究成为海洋生态研究的重要组成部分，具体涉及海洋环境污染、海洋生态保护、海洋环境管理与保障等。随着现代信息技术的发展，海洋环境生态监测、预测、防范能力逐步加强，世界较发达的海洋国家大多已形成以海洋生态环境监测站为基本组成内容的国家海洋环境检测系统。在海洋环境预警预报方面，数据同化和数值预报技术的应用催生出现代化的海洋环境预警预报业务系统，雷达、红外、紫外等视频监视装置的引入提升了海洋生态检测的检测与应急能力。计算机模拟技术、通信技术以及数学模型的不断修正和模拟，大幅提升了海洋环境检测的效率（王文杰、蒋卫国，2011）。

（四）海洋生态污染与修复研究方法

20世纪80年代之后，海洋生态研究领域"新生产力"（Dugdale，1967）和"微食物环"（Azam，1983）等新兴概念的提出，巴恩斯等（Barnes et al.，1982）结合环陆地带性，将世界大洋分为五个大类生态系统。这一时期海洋生态相关研究与人类经济、社会等人文科学紧密联系，海洋污染和全球气候变化对海洋生态系统的影响，以及海洋生态灾害、海洋生态修复、大海洋生态系统（Sherman，1991）等成为研究热点。在具体的海洋污染生态修复实践中，通常使用物理、化学、生物等多种技术修复手段，生态修复技术措施系统化水平提升，涵盖生态修复的监测与评估、生态修复措施以及生态修复管理等。尽管我国海洋生态修复的起步较晚，但当前在红树林修复、富营养水体生态修复、滨海湿地和海岸沙滩修复等方面也均已涉足，就研究技术方法而言，当前研究仍以定性分析研究为主，尚未形成系统性的实践修复方法（姜欢欢、温国义、周艳荣等，2013）。

第三节　海洋强国建设方略研究多元方法集成

一、哲学及系统科学思维方法

通过整理总结海洋强国建设方略研究相关学科理论和方法论，可以为新时代海洋强国建设方略研究提供多元学科支撑体系。新时代海洋强国建设方略研究应以马克思主义辩证唯物主义和历史唯物主义为哲学引领。新时代海洋强国建设以历史思维、辩证思维、系统思维、战略思维和创新思维等科学方法谋篇布局，围绕海洋强国建设的经济、政治、文化、社会和生态等五大领域，系统回答新时代海洋强国建设的总目标、总任务和总布局，以实事求是的观点正确认识新时期海洋强国建设的国内外背景和发展现实，坚持和运用联系和发展的观点认识问题、处理问题，注重以普遍联系的观点观大势、谋大局，统筹考虑海洋经济发展、海洋治理有序、海洋文化繁荣、海洋社会保障和海洋生态文明等五个方面的发展要求，以矛盾运动观点为方法指导，深刻理解海洋强国建设过程中所面临的主次矛盾，妥善处理海洋经济、海洋治理、海洋文化、海洋社会和海洋生态等五大发展方面的矛盾关系，着力解决好海洋强国建设各领域的不平衡和不充分问题，在把握矛盾运动的基础上推动"五位一体"的海洋强国建设目标实现。

新时代海洋强国建设方略研究应以系统科学思维为方法论指引。"五位一体"总体布局下的新时代海洋强国建设工程作为一个开放的复杂巨系统，是以富强民主文明和谐美丽为发展方向的系统化过程，其发展过程具有复杂异质性的特征，集中表现在海洋经济、海洋治理、海洋文化、海洋社会和海洋生态等五大子系统各层次组元的复杂性，五大子系统各基本单元的复杂性，以及上述变化所具有高度的不确定性，作为一个开放的耗散结构系统，其运行过程具有自组织特性，在内外涨落因素的影响条件下实现从初步有序向高级有序的演化，海洋强国整体目标的实现是海洋经济发展、海洋治理秩序、海洋文化繁荣、海洋社会保障和海洋生态文明等"五位一体"各子系统协同发展的结果，应充分把握海洋强国的开放性、非线性和远离平衡态的耗散结构特征，抓住内外条件变化并将其转化为推动海洋强国系统向高级有序状态演化的动力机制，统筹海洋经济、海洋治理、海洋文化、海洋社会和海洋生态的协同发展，实现新时代海洋强国建设的整体目标。

二、主要分支学科方法集成

（一）海洋经济和治理秩序研究方法

开展新时代海洋强国建设视域下的海洋经济和治理秩序研究需以马克思主义政治经济学提纲挈领。海洋经济方面需合理借鉴以边际主义、工业优先发展和贸易保护主义、奥地利学派、凯恩斯主义、货币主义、芝加哥学派、公共选择理论、行为经济学理论、博弈论和经济增长理论等经济学理论和方法论范式，充分把握海洋经济与海洋治理、海洋文化、海洋社会、海洋生态等相关学科的理论融合，运用实证主义分析方法、结构功能主义分析方法、演化与博弈分析方法和制度经济学方法等等技术方法，围绕海洋经济关系、海洋经济制度、海洋经济行为、海洋资源开发利用、海洋环境经济、海洋产业结构和国际海洋经贸互动等具体内容开展解读。

海洋治理秩序方面需合理借鉴传统制度主义、行为主义政治学、后行为主义政治学、新制度主义（历史制度主义，理性选择制度主义，社会学制度主义）、国际政治学派（新现实主义、新自由主义、建构主义）等政治学理论和方法论范式，充分把握海洋文化政治学、海洋生态政治学等相关学科理论融合关系，运用规范主义技术方法、实证主义技术方法、唯物主义技术方法、综合分析方法等，尝试解读海洋治理环境、海洋治理主体及行为、海洋治理制度、国际海洋治理互动等海洋治理的具体内容。

（二）海洋文化研究方法

开展新时代海洋强国建设视域下的海洋文化研究需以马克思主义科学观点为基本遵循，合理借鉴古典进化论学派、传播论学派、历史特殊论学派、法国社会学学派、功能主义学派、文化与人格学派、新进化论学派、结构主义学派、象征人类学、解释人类学、互动与冲突学派、后科学文化学等文化学理论和方法论范式，充分把握海洋文化与海洋经济、海洋治理、海洋社会和海洋生态的学科融合关系，运用田野调查法、结构－功能分析法、比较研究法等具体方法，围绕海洋物质文化、海洋精神文化和海洋制度文化等具体内容开展研究。

（三）海洋社会和海洋生态研究方法

开展新时代海洋强国建设视域下的海洋社会和海洋生态研究需以科学主义社会学观点为理论参照。海洋社会研究方面，需合理借鉴古典实证主义、古典解释主义、结构功能主义、符号互动学、民俗学社会学、法兰克福学派、冲突学社会学、范式综合学派、国际社会学派等社会学理论和方法论范式，充分把握海洋经济社会学、海洋政治社会学、海洋文化社会学、海洋生态社会学等相关学科融合理论，合理运用实验法、比较法、观察法、历史法、数理统计方法等实证主义技术方法，田野调查法、观察法、问卷调查法、文献研究法等解释主义技术方法，阶级分析法、历史分析法、经济分析法、心理学分析法等批判主义技术方法，融合当代范式综合化的社会学研究综合技术方法，尝试解读海洋空间与人类活动、海洋群体行为与海洋个体行为、海洋社会环境与海洋社会资源、海洋社会组织、海洋社会运行过程、海洋社会系统间溢出、吸收和影响等海洋社会发展的具体问题。

海洋生态研究方面，需合理借鉴科学范式生态学（还原论与整体论）和学科范式生态学（平衡论与非平衡论）等生态学理论和方法论范式，充分把握海洋经济生态学、海洋政治生态学、海洋文化生态学、海洋社会生态学等相关学科融合理论，以定性分析法、模型分析法、定量分析法、预测分析法、灾害评估法等为技术方法遵循，尝试分析海洋动植物物种或种群、海洋生态系统物理过程、海洋生态系统生物过程、海洋生态系统内部运行和海洋生态系统外部响应等海洋生态具体问题。

（四）多学科研究方法集成

在具体学科理论和方法论支撑基础上，新时代海洋强国建设方略研究应统筹"五位一体"总体布局所对应具体学科的理论和方法论，实现海洋经济、海洋治理、海洋文化、海洋社会和海洋生态研究的理论和方法论综合集成，尝试解读海洋经济、海洋治理、海洋文化、海洋社会和海洋生态发展的内涵与过程，评价海洋经济、海洋治理、海洋文化、海洋社会和海洋生态发展水平，分析海洋经济发展、海洋治理秩序、海洋文化繁荣、海洋社会保障和海洋生态文明与海洋强国整体建设方略的关系。

第四节　海洋强国建设评价体系建构

一、评价模式构建的理论探讨

新时代海洋强国建设是以马克思主义辩证唯物主义与历史唯物主义为哲学范式，以现代系统科学理论为方法论体系的伟大系统工程，为系统视角海洋强国建设研究提供了可能，人类以陆地居住为主的特征客观造成了人－海空间关系与人－地（陆域）空间关系的差异性，加大了海洋强国建设与陆海统筹强国建设的复杂空间关系，加之海洋资源环境禀赋的特殊性和复杂性，对以陆域经济活动为假设分析前提的传统区域空间系统科学分析范式提出了挑战，需要更多地融入系统科学一般性分析范式，充分尊重自然、经济、社会、文化、生态多学科研究规律，架构以多系统相互耦合的分析框架（张明国，2017），进而构建海洋强国整体系统评价。

我国新时代高质量发展"创新、协调、绿色、开放、共享"理念具有深刻的哲学内涵，可以看作是对现代社会经济与自然生态系统普遍联系与辩证发展理想状态的一般性状态参量描述，可以尝试将可持续发展自组织系统评价方法与新发展理念延伸出的系统发展状态评价标准相结合（洪银兴、刘伟、高培勇等，2018），新时代海洋强国建设属于强国建设体系范畴，需要以新发展理念引领和评价，因此适合构建蕴含新发展理念的评价指标体系。

二、评价系统分解及评价参量确定

以系统科学解析思路看待海洋经济、海洋政治、海洋文化、海洋社会和海洋生态五大系统，将其看作是海洋强国建设体系的五大子系统，"五位一体"的强国建设内容的统合与分解可以用来表征新时代海洋强国建设的整体运行状况与结构层次特征。将新发展理念与现代系统科学评价系统发展状态评价相结合（刘曙光、许玉洁、王嘉奕，2020），在深刻解读海洋强国运行状态评价要求基础上，提出以创新、协调、适应、开放、共享五个状态参量评价海洋强国整体系统与各子系统发展状态及过程。

海洋强国建设状态模型可选取衡量海洋强国建设状态的指标作为参量，通过构建评价模型进行建设状态评价。从海洋经济发展、海洋治理秩序、海洋文化繁荣、海洋社会保障、海洋生态文明五个方面构建海洋强国建设评价模型，即：

$$Z_t = \Psi(Y_{it}) \tag{4-1}$$

$$Y_{it} = \{Y_{1t}, Y_{2t}, Y_{3t}, Y_{4t}, Y_{5t}\} \tag{4-2}$$

式中：Z_t 为海洋强国建设指数，衡量海洋强国建设状态；Y_{1t} 为海洋经济发展度，衡量海洋经济发达程度；Y_{2t} 为海洋治理有序度，衡量海洋治理现代化程度；Y_{3t} 为海洋文化繁荣度，衡量海洋文化繁荣兴盛程度；Y_{4t} 为海洋社会保障度，衡量海洋社会内外保障程度；Y_{5t} 为海洋生态文明度，衡量海洋生态健康发展程度。

假定函数满足均大于零，其中各参量水平任一个维度的提高都会促进海洋强国建设指数的提高，而且这种正向作用满足边际递减效用。

公式（4-2）中，Y_{it}（$i=1, 2, \cdots, 5$）包括海洋经济发展子系统、海洋治理秩序子系统、海洋文化繁荣子系统、海洋社会保障子系统、海洋生态文明建设子系统。每个子系统选取衡量各个子系统发展状态的指标作为参量，将其主要参量定义为影响系统发展的影响因子，进而成为评价各子系统及其发展模式的特征因子 X_{it}^j（$i, j=1, 2, \cdots, 5$），根据已有相关研究成果及本书理论探讨，将特征因子进一步划分为：海洋强国建设子系统创新度（X_{it}^1）、海洋强国建设子系统协调度（X_{it}^2）、海洋强国建设子系统适应度（X_{it}^3）、海洋强国建设子系统开放度（X_{it}^4）、海洋强国建设子系统共享度（X_{it}^5）五类特征指标，构建状态评价模型。

$$Y_{it} = F(X_{it}^1, X_{it}^2, X_{it}^3, X_{it}^4, X_{it}^5) \qquad (4-3)$$

式中：X_{it}^1 表示海洋强国子系统运行状态的创新水平；X_{it}^2 表示海洋强国子系统运行状态的协调能力；X_{it}^3 表示海洋强国子系统运行状态的适应能力；X_{it}^4 表示海洋强国子系统运行状态的开放程度；X_{it}^5 表示海洋强国子系统运行状态的共享程度。

进一步得出基于五大因子分析的海洋强国建设运行状态的评价模型如公式（4-4）：

$$Z_t = G(X_t^1, X_t^2, X_t^3, X_t^4, X_t^5) \qquad (4-4)$$

式中：X_t^1 表示海洋强国建设运行状态的创新水平；X_t^2 表示海洋强国建设运行状态的协调能力；X_t^3 表示海洋强国建设运行状态的适应能力；X_t^4 表示海洋强国建设运行状态的开放程度；X_t^5 表示海洋强国建设运行状态的共享程度。

第五节　本章小结

新时代海洋强国建设问题探讨及实践方略研究，需要以马克思主义辩证唯物主义和历史唯物主义观点为思维导引，构建海洋强国建设多维协同系统分析评价体系，辩证借鉴政治学、经济学、文化学、社会学、生态学思维模式与方法论体系，综述五大分支学科理论与方法在海洋研究领域的应用进展，尝试将新发展理念转换为创新、协调、适应、开放、共享五大系统分析评价状态参量，进而建立海洋经济、海洋治理、海洋文化、海洋社会和海洋生态子系统评价模型，为海洋强国整体建设及战略布局研究提供基础分析支持。

第二篇

海洋强国建设支撑体系与任务分工

第五章

海洋经济发展与海洋强国建设

海洋经济发展是海洋强国战略目标实现的关键内容，为海洋强国建设提供基础动力。通过探讨海洋经济概念，构建海洋经济发展评价指标体系，开展我国沿海省（区、市）海洋经济发展特征评价，为新时代中国海洋强国建设提出发展对策。

第一节　海洋经济发展及其与海洋强国建设关系定位

一、海洋经济概念与内涵

（一）海洋经济的概念

"经济"一词起源于"oikovoμα"，其本来含义是指治理家庭财物的方法，近代以后其含义逐渐扩展至国家层面。20世纪70年代初，美国等一些西方学者开始从经济学视角研究探讨海洋问题（徐质斌，2000），苏联等国学者对海洋经济作用及效益的分析，虽未提到"海洋经济"一词，但已开始从经济学的角度分析海洋问题（张莉，2008）。

我国海洋经济一词最早于1978年由著名经济学家于光远提出，倡导设立"海洋经济学"学科及其专门研究所。1980年7月，第一次海洋经济研讨会召开之后，海洋经济一词才广泛出现在各种专业论文中，程福祜（1982）、何宏权（1983）、权锡鉴（1986）等学者开始对海洋经济进行定义。何宏权等（1984）认为海洋经济是"人类在海洋中以海洋资源为对象的社会生产、交换、分配和消费活动"。因为海洋经济的空间活动范围在海洋，于是称之为海洋经济（张海峰，1984）。徐质斌（1995）认为"所谓海洋经济，是产品的投入与产出、需求与供给，与海洋资源、海洋空间、海洋环境条件直接或间接相关的经济活动的总称"。

21世纪以来，海洋经济概念逐步显示出从陆域经济体系的附庸到与其对立的新的经济体系以及综合考虑海陆经济一体化因素的概念升级过程（姜旭朝，2008；刘曙光、姜旭朝，2008）。徐质斌等（2003）将海洋经济定义为"海洋经济是活动场所、资源依托、销售或服务对象、区位选择和初级产品原料对海洋有特定依存关系的各种经济的总称"。2004年《中国海洋经济统计公报》中指出海洋经济是指开发、利用和保护海洋的各类产业活动，以及与之相关联活动的总和。姚莹（2019）对"海洋命运共同体"进行了深入解读，认为"海洋利益共同体"是"海洋命运共同体"重要内涵，海洋经济应该实现互利共赢的繁荣发展。林香红等（2020）认为各地区对海洋经济理解的核心是促进地区经济增长，改善民生，改善社会经济发展与海洋生态系统脱钩现象。

随着海洋经济的发展和人们海洋意识提高，"蓝色经济"理念形成。"蓝色经济"最早出现在1999年10月加拿大魁北克"蓝色经济与圣劳伦斯发展论坛"（André，1999）。姜旭朝等（2010）认为蓝色经济是对海洋经济发展诸多思想的综合，在时间上强调海洋经济的可持续发展以及海洋资源的公平分配，在空间上强调海洋以及海陆经济布局的优化。杨薇等（2019）认为蓝色经济以实现海洋可持续发展为目的，寻求海洋资源开发与海洋环境保护之间的平衡，在维持海洋资源和海洋生态文明的情况下追求海洋经济增长。

（二）海洋经济的内涵

海洋经济是从一般经济中分化出来的概念（张莉，2008）。海洋经济高质量发展是一种综合发展战略，是海洋强国建设目标实施路径（鲁亚运、原峰、李杏筠，2019），加快我国国家海洋创新体系建设，统合国家陆海空天多维空间创新体系，提升海洋产业科技创新能力，推进以陆域相关技术为基础支撑的海洋技术创新，大力发展新能源等海洋战略性新兴产业是海洋经济高质量发展根本途径（于洋、韩增林、彭飞等，2014）。调整海洋经济产业结构，注重海洋优势产业的提速增效，培育增强海洋战略性新兴产业，加快建设现代海洋产业集聚区，统筹陆海产业发展，优化海洋经济空间布局，强化国际竞争力是发展海洋经济的基本内容（向晓梅、张拴虎、胡晓珍，2019）。提升海洋经济投入产出效益，促进海洋实体经济与人工智能深度融合，推进海洋绿色经济发展是海洋经济发展与生态文明建设融合需要（林香红，2020；洪伟东，2016）。推进海洋经济与"21世纪海上丝绸之路"建设结合，服务海洋命运共同体建设，成为海洋经济发展与开放发展结合的重大使命（国家开发银行课题组，2018；韩增林、李博、陈明宝等，2019）。

二、海洋经济与海洋强国建设关系定位

发展海洋经济是建设海洋强国的重要动力和支撑，海洋经济国际合作利于提升国家的国际竞争力和影响力（李靖宇、郑贵斌、戴桂林，2018），促进陆海经济统筹发展，为国家经济发展提供整体保障（Mu，Zhang and Fang，2013）。

发展海洋经济与健全海洋治理体系具有互动特征。海洋经济的发展为海洋治理体系建设提供物质条件和技术支持，海洋经济也是海洋治理的主要对象，提高海洋经济活动的公众参与有利于海洋经济与海洋治理的良性互动（傅梦孜、陈旸，2018），增强海洋经济的科技创新力量，有助于提升国家海

洋治理能力（于琪、崔野，2015）。

海洋经济发展和海洋文化繁荣息息相关、相辅相成。海洋经济是海洋文化的重要组成部分，为海洋文化发展提供物质保障，推动全球海洋文化交流体系建立。海洋文化产业是海洋经济发展的重要组成部分（刘堃，2011），通过大力发展海洋文化产业，增强海洋文化自信，成为海洋经济与海洋文化发展的一致追求（敖攀琴，2017）。

海洋经济发展是海洋安全保障的物质基础。海洋经济发展是海洋社会保障的前提，为海洋安全保障提供财力支持与技术支撑，为海洋安全保障构建技术高地，为海洋安全保障逐步升级打造坚实基础，提高参与全球安全事务话语权（傅梦孜、陈旸，2018）。

海洋经济发展与海洋生态文明建设存在辩证作用。传统海洋经济发展往往会破坏生态文明，但通过科学规划海洋经济的发展，实现海陆资源优化整合，发展海洋生态经济，则会实现海洋经济发展与海洋生态文明的双赢（鹿红、王丹，2017），发展海洋循环经济与建设海洋生态文明具有内在一致性（王淼、胡本强、辛万光等，2006）。

第二节　我国海洋经济发展建设现状评价

一、海洋经济发展评价体系构建

（一）评价模型构建

海洋经济系统运行状态模型可选取衡量海洋经济发展状态的指标作为参量，通过构建评价模型进行运行状态评价。将海洋经济系统看作是具有自组织特征的复杂区域系统，将海洋经济发展状态定义为 Y_{1t}，将表征海洋经济子系统运行特征的主要参量引申为海洋经济发展状态的影响因子，进而成为评价海洋经济发展水平的特征因子 X_{1t}^j，根据已有研究成果及本书理论探讨，将特征因子 X_{1t}^j 进一步划分为：海洋经济发展创新度（X_{1t}^1）、海洋经济发展协调度（X_{1t}^2）、海洋经济发展适应度（X_{1t}^3）、海洋经济发展开放度（X_{1t}^4）、海洋经济发展共享度（X_{1t}^5）等五类特征指标，即：

$$Y_{1t} = F(X_{1t}^j) \qquad\qquad (5-1)$$

$$X_{1t}^j = \{ X_{1t}^1, \ X_{1t}^2, \ X_{1t}^3, \ X_{1t}^4, \ X_{1t}^5 \} \qquad\qquad (5-2)$$

根据一般系统评价模型假设，假定函数满足 X_{1t}^j 大于零，其中主要特征因子水平任一个维度的提高都会促进海洋经济发展水平函数 Y_{1t} 的提高，而且这种正向作用满足边际递减效用。

（二）沿海省域海洋经济发展评价指标体系

海洋经济创新度、海洋经济协调度、海洋经济适应度、海洋经济开放度、海洋经济共享度作为衡量海洋经济发展水平的五大维度，对各地分项指标进行分析，是识别各省（区、市）海洋经济高质量发展方向的基础。

海洋经济发展创新度是指海洋各产业及之间相关作用形成的总体创新活力，通过经济发展创新投入、经济发展创新产出和经济发展创新环境三个方面加以衡量。需要指出的是，创新环境在海洋经济创新中起着重要作用，可以提升创新投入产出效率。

海洋经济发展协调度是指海洋经济发展过程中系统或产业间、陆海之间和谐一致的程度，通过区域发展协调度、产业发展协调度两个方面加以衡量。"十四五"时期，国家更加重视城乡海洋经济发展的协调、陆海之间发展的协调，以及海洋"一、二、三"产业之间的协调，以上几对关系协调程度是体现海洋经济发展水平高低的重要体现。

海洋经济的发展并不是脱离资源和环境的支持与制约，因此，海洋经济发展水平的高低与其适应度密切相关。海洋经济发展适应度是指海洋经济活动对其所依托的海洋环境和资源的适应程度，海洋开发利用活动是否导致了海洋资源环境的破坏及破坏程度，及可持续发展程度。

海洋经济发展开放度是指海洋经济活动与外界的联系程度，通过海洋经济对外开放度和海洋经济对内开放度加以衡量。海洋对外开放度是指海洋经济发展对国外依赖度，以及后者对前者的需求程度，这是海洋经济外向性的主要表现。海洋经济对内开放度，主要表现在海洋产品在国内地区的贸易量、海洋产业的国内投资额等。

海洋经济发展共享度是指海洋经济的成果能为海洋产业活动各参与方，乃至整个社会和国家带来福利。这种共享程度，通过社会收入福利、海洋经济保障度、社会就业水平加以衡量。高水平的海洋经济发展必定提高全社会的成果共享，提高人均可支配收入、国家的海洋经济安全，以及社会就业。

本书依据新发展理念构建海洋经济发展水平指标体系，包括海洋经济发展创新度、海洋经济发展协调度、海洋经济发展适应度、海洋经济发展开放度和海洋经济发展共享度5个二级指标，下设12个三级指标，以此作为海洋经济发展水平评价的前提。

综合上述分析，构建评价指标体系如表5-1所示。

表5-1　　　　　　　　沿海省域海洋经济发展评价指标体系构建

一级指标	二级指标	三级指标	具体指标	指标解释
海洋经济发展指数（Y_{1t}）	海洋经济发展创新度（X_{1t}^1）	经济发展创新投入	海洋科研经费投入	海洋经济创新发展资本
			海洋科技从业人员数量	海洋经济创新发展人员
		经济发展创新产出	海洋发明专利授权量	海洋发明专利授权量
			海洋发明专利申请量	海洋发明专利申请量
			海洋科技论文发表量	海洋科技论文发表量
		经济发展创新环境	人均GDP	海洋经济发展的物质基础保障
			大专及以上学历人口占地区人口比重	海洋经济发展的创新人才潜力

一级指标	二级指标	三级指标	具体指标	指标解释
海洋经济发展指数（Y_{1t}）	海洋经济发展协调度（X_{1t}^2）	区域发展协调度	城市海洋经济发展水平/乡村海洋经济发展水平	城乡海洋经济发展协调程度
			海洋 GDP/陆地 GDP	海洋经济发展陆海统筹程度
		产业发展协调度	海洋第三产业增加值	海洋经济发展主体的海洋产业发展协调程度
			海洋第三产业增加值占地区海洋生产总值比例	海洋产业发展协调程度
	海洋经济发展适应度（X_{1t}^3）	环境适应程度	单位海洋 GDP 废水排放量	海洋生态环境对海洋经济发展的适应程度
			单位海洋 GDP 固废排放量	
		资源适应程度	海洋生物资源系数	海洋经济主体对于海洋资源开发利用合理程度
			海洋矿产资源系数	
			海洋空间资源系数	
			海洋旅游资源密度	
	海洋经济发展开放度（X_{1t}^4）	经济对外开放度	海洋进出口总额	海洋贸易开放程度
			海洋对外直接投资额	海洋主体"走出去"开放程度
			海洋外商直接投资额	海洋主体"引进来"开放程度
		经济对内开放度	海洋产品国内贸易额	本地区海洋产品在国内其他地区贸易量
			海洋产业国内投资额	国内其他地区对本地区涉海产业投资额
	海洋经济发展共享度（X_{1t}^5）	社会收入福利	人均可支配收入	利益相关者对于海洋经济发展成果的共享程度
		海洋经济保障度	海洋经济安全系数	由海洋市场安全度、海洋信息充分度、海洋产业合理度、海洋金融服务度四项指标拟合
		社会就业水平	涉海从业人员总数	海洋经济发展对社会就业的积极程度

（二）海洋经济发展评价指标体系权重和计算方法

采用德尔菲法对二级指标权重加以确定，邀请中国海洋大学、厦门大学、自然资源部海洋发展研究所、大连海事大学、广东海洋大学、辽宁师范大学、山东财经大学等高校和科研院所的 54 名海洋经济研究领域的专家学者填写权重设置调查问卷，问卷调查共收回有效问卷 48 份，经加权平均统计，各二级指标权重如表 5−2 所示（保留 3 位小数）。

表 5−2 　　　　　　　　　　海洋经济发展评价体系二级指标权重

指标	海洋经济发展创新度	海洋经济发展协调度	海洋经济发展适应度	海洋经济发展开放度	海洋经济发展共享度
权重	0.240	0.201	0.204	0.184	0.172

海洋经济发展评价指数的计算公式如下：

$$S_i = \sum_{n=1}^{n} w_i \times y_i \qquad (5-3)$$

其中，y_i 表示第 i 项指标的分值，在 [0，10] 区间内分布，w_i 为第 i 项指标权重，S_i 代表某一个省份海洋经济发展水平，其数值越大表明该地区海洋经济发展水平越高。

二、沿海省域海洋经济发展建设现状评价

（一）沿海省域海洋经济发展整体评价

基于表 5−1 构建的海洋经济发展水平评价指标体系，借助 2009 年、2013 年、2016 年沿海省份截面数据对沿海省（区、市）海洋经济发展水平进行评价，数据来源于 2010 年、2014 年与 2017 年《中国海洋统计年鉴》，各省（区、市）2010 年、2014 年、2017 年统计年鉴及海洋经济发展相关核

心论文。通过对沿海地区海洋经济发展的时间趋势分析发现，海洋经济发展水平逐年提升。

将 2016 年 11 个沿海省（区、市）海洋经济发展水平分为三个等级。其中，广东省、山东省、上海市、浙江省的海洋经济发展水平位于第一等级，指数得分分别为 8.22、7.87、7.80、7.55；福建省、天津市、江苏省、辽宁省海洋经济发展水平位于第二等级，指数得分分别为 6.86、6.81、6.60、6.27；河北省、广西壮族自治区、海南省的海洋经济发展水平位于第三等级，指数得分分别为 5.05、4.91、4.79。

（二）沿海省域海洋经济发展分指标评价

海洋经济创新度、海洋经济协调度、海洋经济适应度、海洋经济开放度、海洋经济共享度作为衡量沿海地区海洋经济发展水平的五大维度，是沿海地区提高海洋经济发展水平的重点方向。因此对沿海地区海洋经济创新度、海洋经济协调度、海洋经济适应度、海洋经济开放度、海洋经济共享度进行进一步分析与比较，是识别各省（区、市）海洋经济发展水平能力，提升短板、借鉴其他省（区、市）海洋经济发展水平经验、进一步提升海洋经济发展水平的基础。基于表 5-1，构建海洋经济发展评价指标体系，对 5 个一级指标指数进行计算，并通过 ArcGIS 软件对结果进行可视化分析，将海洋经济发展的五大二级指标指数分为三个等级水平。

从海洋经济创新度来看，沿海地区 11 个省（区、市）[①] 中以广东省海洋经济发展创新水平最高，创新指标得分为 8.85，广东省经济综合实力一直以来都较强，其海洋科技从业人员、海洋科研专利总量以及发表海洋科研论文数量历年来均处于全国领先地位。从沿海地区指标分级结果来看，处于第一等级的还有山东省、上海市、天津市，指标得分分别为 8.58、8.33、7.64。创新指标得分处于第二等级的为江苏省、浙江省、辽宁省和福建省，指标得分分别为 6.57、6.44、6.35、6.01。河北省、广西壮族自治区和海南省海洋

---

① 本书研究暂不包含港澳台地区。

经济发展创新水平较低，3个地区均位于第三等级，创新指标得分分别为4.57、3.52、3.27。其中，海南省海洋科技从业人员、海洋科研专利总量、发表海洋科研论文数量以及科研经费投入多年来均处于落后状态，其海洋经济实力一直较弱。

从海洋经济协调度来看，海洋经济发展协调程度在沿海地区存在较明显的空间差异，其中，广东省海洋经济发展协调指标得分最高为8.22，处于所有沿海地区中的第一等级，珠三角一体化发展在很大程度上增强了广东省的海洋经济协调度，同样处于第一等级的还有山东省、浙江省、上海市，协调指标得分分别为7.86、7.68、7.08。天津市、福建省、江苏省、辽宁省位于第二等级，协调指标的得分分别为6.52、6.32、6.05、5.97。河北省、广西壮族自治区、海南省协调指标得分较低，3个地区均位于第三等级，协调指标得分分别为4.86、3.94、3.22。

从海洋经济适应度来看，海南省海洋经济发展适应指标得分最高，处于所有沿海地区中的第一等级，海南省海洋生态建设水平高，海洋经济发展重视增长与保护、修复并重，其适应指标得分为8.53，同样处于第一等级的还有福建省和广西壮族自治区，适应指标得分分别为8.12、7.53。山东省、浙江省、上海市、广东省处于第二等级，适应指标得分均处于6~7.5之间，分别为7.21、7.05、6.45、6.31。辽宁省、江苏省、河北省和天津市适应指标得分较低，4个地区均位于第三等级，协调指标得分分别为5.77、5.57、5.22、5.04。其中，天津市海洋经济发展适应水平指标得分最低，主要是由于天津沿海区域的化工产业布局和不合理海洋产品利用方式一定程度上破坏了渤海湾海洋生态平衡，海洋经济发展的生态牺牲度较大。

从海洋经济开放度来看，该指标得分在沿海地区呈现出明显的空间分异格局，沿海地区11个省（区、市）中以上海市的海洋经济发展开放程度最高，开放指标得分为9.02，同时处于第一等级的还有广东省、浙江省、江苏省，开放度指标得分分别为8.97、8.53、8.21，上海市和广东省凭借其优越的地理位置和政策优势，在海洋经济发展开放方面表现突出，其中海洋进出口总额和实际利用外资总额均呈较高水平。山东省、天津市、福建省、辽宁省的海洋经济发展开放指标位于第二等级，得分分别为7.64、7.58、6.84、6.53。河北省、海南省和广西壮族自治区的开放度指标得分处于第三等级，得分分别为5.85、5.63、5.42。广西壮族自治区海洋经济发展开放程度最低，该自治区的海洋进出口总额和实际利用外资总额均较低。

从海洋经济共享度来看，沿海地区11个省（区、市）该指标得分差异较大，其中广东省的海洋经济共享度最高，其人均可支配收入最高，涉海从业人员总数和就业率均保持领先地位，共享指标得分为8.76，共享度指标得分位于第一等级的还包括浙江省、上海市和山东省，分别为8.42、8.17和7.86。位于第二等级的沿海省（区、市）有天津市、辽宁省、江苏省、福建省，得分分别为7.22、6.77、6.75、6.66。河北省、广西壮族自治区、海南省海洋经济共享水平较低，得分依次为4.85、4.28、3.86，3个地区涉海人均收入情况、就业率水平均处于较低水平。

（三）评价结果分析

依据指标结果高低将11个沿海省（区、市）划分为A、B、C三种类型，其中，A类型为海洋经济发展水平较高地区，B类型为海洋经济发展水平居中地区，C类型为海洋经济发展水平较低地区（见表5-3）。

表5-3　　　　　2016年沿海省域海洋经济发展建设水平分类型评价

类型	省份	海洋经济发展建设水平									
		创新度		协调度		适应度		开放度		共享度	
		得分	类型	得分	类型	得分	类型	得分	类型	得分	类型
A类	广东省	8.85	高	8.22	高	6.31	中	8.97	高	8.76	高
	山东省	8.58	高	7.86	高	7.21	中	7.64	中	7.86	高
	上海市	8.33	高	7.08	高	6.45	中	9.02	高	8.17	高
	浙江省	6.44	中	7.68	高	7.05	中	8.53	高	8.42	高

续表

类型	省份	海洋经济发展建设水平									
		创新度		协调度		适应度		开放度		共享度	
		得分	类型	得分	类型	得分	类型	得分	类型	得分	类型
B类	福建省	6.01	中	6.32	中	8.53	高	6.84	中	6.66	中
	天津市	7.64	高	6.52	中	5.04	低	7.58	中	7.22	中
	江苏省	6.57	中	6.05	中	5.57	低	8.21	高	6.75	中
	辽宁省	6.35	中	5.97	中	5.77	低	6.53	中	6.77	中
C类	河北省	4.57	低	4.86	低	5.22	低	5.85	低	4.85	低
	广西壮族自治区	3.52	低	3.94	低	7.53	高	5.42	低	4.28	低
	海南省	3.27	低	3.22	低	8.12	高	5.63	低	3.86	低

由表5-3可知，11个沿海省（区、市）的海洋经济发展水平整体呈现不均等分布，处于不同海洋经济发展类型的沿海省（区、市）的影响因子特征存在差异。A类型沿海地区的海洋经济发展水平及其二级指标即创新度、协调度、适应度、开放度与共享度得分均值均高于我国11个沿海省（区、市）海洋经济发展平均水平，B、C类型沿海地区的海洋经济发展水平及其二级指标得分均值均低于我国11个沿海省（区、市）海洋经济发展平均水平。

A类型沿海地区海洋经济发展水平较高，各项指标均处于中高水平；B类型沿海地区海洋经济发展水平居中，创新度、开放度的中高水平极大促进了区域海洋经济发展，资源与区位优势的空间差异性促使沿海地区形成适应度、开放度与共享度水平高低不同的海洋经济发展特色；C类型沿海地区的海洋经济发展水平较低，除适应度外，C类型地区各项二级指标均处于低水平是导致其海洋经济发展落后的重要原因。A类沿海地区的各项二级指标等级普遍优于B类沿海地区，创新性较强、开放度较高是B类沿海地区优于C类沿海地区的主要原因。

第三节　新时代我国海洋经济发展主要任务

一、辩证借鉴海洋经济强国历史经验

中国古代及当今国际海洋经济发展经验表明，海洋经济的蓬勃发展是推动社会进步和实现强国富民的重要动力。中国海外贸易由来已久，秦汉时期开拓海路、发展对外贸易为后续海洋经济繁荣奠定了重要基础，但清朝时期的海禁政策使得中国落后于世界潮流。起源于海洋文明的西方国家很早就开始海上贸易和对外扩张，从苏美尔人构建以波斯湾为中心的贸易网络开始，至古希腊、古罗马凭借其积极的海外贸易政策、便利的海上交通不断进行殖民扩张和海外贸易，中世纪时期航海技术的不断改进、工商业精细化分工的出现、手工业品的专业化分工使得海上经济贸易繁荣发展，近代时期大国之间交替掌握海上经济贸易主动权。诸多海洋强国开发利用海洋、积极探索海外贸易、拓展海洋权益及当局实行的积极政策，对于新时代我国海洋经济发展具有借鉴意义。

二、积极寻求我国海洋产业经济强国道路

当代我国海洋经济发展历程呈现出不断向好的态势，自新中国成立后海洋产业产值和增加值均在不断提高。一方面是由于改革开放对沿海各省（区、市）的经济发展的刺激作用使得海洋经济对国民经济的贡献迅速增长；另一方面从我国海洋产业整体发展历程来看，其结构的不断优化以及产业范畴的多元化发展促使海洋经济的发展崛起，我国不断提高对海洋经济发展的重视程度由此激发了一大批海洋高新产业的崛起。由于海洋经济对国内生产总值的贡献突出，创新性地开发和利用海洋资源以更大限度发展海洋经济是

发达国家推进海洋经济发展的重要内容。应当充分吸收改革开放以来我国海洋经济发展的优势，同时不断反省改进，结合国情积极借鉴发达国家发展海洋经济的良好经验，以海洋产业高质量发展支撑海洋强国建设。

第一，不断促进以发展高新技术产业为导向推动海洋产业的优化升级的创新性发展，利用5G、高精尖设备以及人工智能发展海洋经济，以技术创新突破海洋经济发展瓶颈形成新的竞争优势。第二，重视以地域优势发展特色海洋产业，沿海11个省（区、市）各扬所长，优势互补，以高度的协调性达成地区与地区之间、产业与产业之间的联动性，以海洋服务业带动相关产业发展，形成海洋经济发展空间新格局。第三，严格坚持"陆海统筹，生态优先"理念，培育临海清洁能源产业，完善海洋经济立法，强化监督机制，实现绿色发展的法治经济，注重对海洋产业环保型生产的投入，明确并细化污染标准，严肃处理违规企业。第四，明确沿海11个省（区、市）的海洋开放格局，优化各区域海洋产业所处的营商环境，规划好不同地区的海洋开放创新重点，加大海洋经济对外开放合作力度，以普惠性政策打造更开放、包容、高效的海洋企业经营环境。第五，共享海洋经济发展成果，海洋经济发展的各类政策、规划和项目建设，应以惠及民生为最终目标，应量化海洋产业的发展与居民收入和幸福感提升之间的关联，以检验海洋经济发展过程中的实际效果。

三、以海洋经济高质量发展推动强国建设

第一，提升海洋经济创新能力。注重海洋经济发展的创新能力建设，应从经济发展创新投入、产出和环境等方面入手。11个省（区、市）横向对比结果显示，海南省、广西壮族自治区、河北省和辽宁省的海洋经济发展创新能力相对不足。立足于各省份不同情况，要加快推进海洋经济发展创新环境的构建，不断提高海洋科研经费投入，更加注重在海洋渔业、海洋交通运输业、海洋生物医药业等具体领域增加科研经费和科研人员的投入，加快推进海洋经济创新理论研究，提高海洋专利技术的转换率和利用率，将创新理论

成果运用到实际经济生产活动中去。同时，要注重海洋产业现代专业人才的培养和引入，以提高海洋从业人员的知识水平和综合能力。此外，还要将高精尖技术成果导入上述地区发展全过程，提高海洋经济发展的创新能力。

第二，注重海洋经济协调发展。协调能力是衡量海洋经济发展水平的重要指标，注重海洋经济的协调能力建设，应从海洋经济区域发展协调度和产业发展协调度等方面入手。11 个省（区、市）横向对比结果显示，经济相对落后的海南省、广西壮族自治区在海洋经济协调能力方面同样处于较低水平。对此，应着力缩小城乡在收入方面的差距。同时注重各个海洋产业发展的协调性，补齐海洋经济发展的短板产业，尤其要加快推进海洋第三产业的高质量发展，选择细分领域错位发展海洋制造业，进一步提高海洋第三产业产值和增加值，提高海洋经济发展的协调性。

第三，提升海洋经济发展的环境适应。适应能力是衡量海洋经济发展水平的重要指标之一，注重海洋经济的适应能力建设，应从环境适应程度和资源适应程度两方面入手。11 个省（区、市）横向对比结果显示，天津市、河北省、江苏省、辽宁省海洋经济适应能力短板显著。过去几年，天津市、河北省等地临港工业建设迅猛，江苏滩涂利用规模较大。上述地区在涉海经济体量不断提升的同时，要更加重视海洋资源利用效率和海洋生态文明建设，要鼓励海洋领域专门研究机构积极开展海洋经济 – 资源 – 环境适应理论研究和方法改进，优化生产工艺、效能，推动建立绿色低碳循环发展的海洋产业体系。

第四，扩大海洋经济发展的自主开放。开放能力是衡量海洋经济发展水平的重要标尺，注重海洋经济发展的开放能力建设，应从对外贸易开放度和利用外资开放度等方面入手。11 个省（区、市）横向对比结果显示，除广东省、上海市、江苏省外，其他地区海洋经济发展开放能力都不突出。针对这个问题，沿海省份应充分利用现有海洋合作平台，例如，广西壮族自治区（东盟）、山东省（日韩）、福建省（APEC 及小岛屿国家），开展海洋经济与科技合作交流，营造良好的海洋贸易环境，将合作平台打造成产业培育和发展的平台。此外，多措并举优化海洋贸易结构、拓展深度的新型开放，以提高海洋进出口总额，进而提高对外贸易开放度。同时要注重吸引外资的环境建设和利用外资的能力建设，提高实际利用外资总额和实际利用外资总额占比，提高海洋经济发展的开放能力。

第五，注重海洋经济发展成果的社会共享。共享能力是衡量海洋经济发展水平的重要判断依据，注重海洋经济发展的共享能力建设，应从社会收入福利和社会就业水平等方面入手。11 个省（区、市）横向对比结果显示，山东省、广东省、浙江省等地水平较高，低收入地区共享程度相对不足。从发展任务上看，要不断推进高收入地区与低收入地区的统筹，特别是加大对海洋生态环境丰富而经济落后地区的生态补偿，不同地区间，同地区不同市县间，在教育、收入方面进行适当倾斜。同时要统筹重大基础设施、民生项目、重点工程项目的布局，以提高社会共享水平较低省区海洋经济发展的共享能力。

第四节 本 章 小 结

发展海洋经济是建设海洋强国的基本支撑和强大动力，21 世纪以来我国海洋经济发展对国民经济发展的贡献稳步提升，海洋经济内涵由单纯海洋资源开发及涉海经济活动提升至海洋科技创出新引领及资源开发能力提升、陆海经济协调统筹、海洋环境适应及综合治理、海洋合作交流、海洋成果社会共享等多方面内容。我国沿海省份海洋经济发展尚存在创新、协调、适应、开放和共享五大评价指标体系视角下的区域差异，表现出不同地区海洋经济发展与环境保护、对外开放与陆海统筹协调等方面的矛盾。需要借鉴国际历史经验，建设现代海洋产业体系，以海洋经济高质量发展推动强国建设。

第六章

海洋治理秩序与海洋强国建设

海洋治理能力建设是海洋强国战略目标实现的调控环节，内涵于新时代中国特色社会主义强国建设的政治任务中，主要表现为多元涉海利益主体关系协调以及参与全球海洋治理的秩序构建。在演化视角分析海洋治理概念渊源、内涵辨析基础上，分析海洋治理秩序对海洋强国建设的支持关系，开展我国沿海地区海洋治理秩序对比评价，为新时代海洋强国视域下的海洋治理秩序建设提供借鉴。

第一节 海洋治理秩序及其与海洋强国建设关系定位

一、海洋治理概念与内涵

（一）海洋治理的概念

"治理"一词源自法语"gouvernance"，20 世纪 80 年代以来日益渗透到人类的理论与实践活动中，成为最富有时代感的词汇之一（蔡拓，2014），法治是其根本方式（Jun，2016），全球治理和国家治理是当今社会公共事务治理的两大核心领域（刘贞晔，2016）。随着全球化的持续发展，海洋治理（ocean governance）研究逐渐成为各学科学者关注的重点，海洋治理是为了维护海洋生态平衡、实现海洋可持续开发，涉海组织、政府或公民等海洋管理主体通过协作（Davis，2012），依法行使涉海权力、履行涉海责任、共同管理海洋及其实践活动的过程（孙悦民、张明，2015）。

海洋治理概念于 20 世纪 90 年代获得国外学术界的广泛应用，被认为是合理利用和分配海洋资源的公平有效的规则和实践，能够缓解海洋冲突，解决多元利益主体的集体行动问题（Juda，1999）。随后海洋治理的概念发展为由一种管理制度和结构组成，其中治理主体是政府和非政府机构，治理客体是管理海洋区域内公共与私人的行为（西钦赛、克内克特，2010）。随着海洋治理理念的兴起，海洋治理的框架日趋清晰，涵盖管理体制、法律法规及实施机制，其中管理体制确保了海洋利益相关者之间的协调与合作，法律法规涵盖了国际及区域性的公约、协定，实施机制关联协调着内部各相互依存和有机结合的要素（Francois，2005）。

我国最初的海洋治理仅涵盖海洋资源环境治理这一领域（王森、吕波，2006），探讨海洋酸化、海洋溢油等一系列海洋环境污染问题（张继平、熊敏思、顾湘，2012），直至近十年才真正形成海洋治理的概念。黄任望（2014）尝试对海洋治理进行定义，认为其元素来自全球化、全球治理、海洋治理、海洋综合管理等概念群，海洋治理体系的建立完善了治理体系。王琪等（2015）建议将全球治理引入海洋领域，认为海洋治理是在各主权国家的政府、国际政府间组织、跨国企业、个人等主体依靠国际规制和广泛协商合作共同解决海洋问题，进而实现全球范围内的人海和谐和海洋可持续开发和利用的行动机制。庞中英（2018）强调海洋治理概念中治理组织的协同性问题，认为以联合国为主的全球海洋治理组织在海洋的物理分割性、行业分散性和治理组织利益的冲突性共同影响下难以形成公正合理的海洋治理秩序。杨泽伟（2019）从新时代海洋强国需要出发，强调了海洋治理中大国责任的发挥，我国应秉承"海洋命运共同体"的理念，构建公平合理的海洋治理秩序。

（二）海洋治理的内涵

全球海洋治理以治理理论和全球治理理论为基本理论来源，以国际性和政治性为基本的特征，解决关乎全人类共同利益的全球性海洋问题，充满着多轮政治博弈过程（王琪、崔野，2015）。海洋治理秩序反映了对海洋资源开发、海洋治理和航道控制等海上事务影响力大小排序（吴士存、陈相秒，2018），从权力竞争的无序阶段发展为以规则和机制为中心阶段，其调整也为海洋治理理论发展带来机遇和挑战（刘新华，2019）。海洋治理是对海洋管理、海洋综合管理和海洋管辖等概念的一种突破。海洋管理是指为了达到目标而对特定海洋资源或者海洋空间进行管理及合理开发利用的活动（管华诗、王曙光，2003），海洋治理主要表示管理海洋资源相关人类活动的各种制度，其范畴更加宏观和宽泛，内容也更加丰富和多元，近年来海洋管理也在朝着海洋治理的方向发展（Cicin et al.，1998），并逐渐延伸出海洋综合管理的概念。海洋管辖是从法律层面管理海洋，指国家对其所辖海域人、物、事进行管理及处置，包括海洋立法、海洋执法和海洋司法（高智华，2009），相比而言海洋治理范畴更大。

二、海洋治理秩序与海洋强国建设关系定位

海洋治理体系和海洋治理能力的现代化推进是我国建设海洋强国的行动纲领（刘大海、丁德文、邢文秀等，2014）。新中国成立以来，我国走出一条具有本国特色的治理道路，即负责任的国家治理和伙伴型的全球治理（陈志敏，2016）。海洋治理主要通过海洋治理创新、海洋治理协调、海洋治理开放、海洋治理适应和海洋治理共享五个维度共同促进海洋强国建设。海洋治理创新和开放通过构建全球范围内多层次伙伴关系，在海洋科技创新、生态保护、公共资源共享等领域开展基于利益共同点的深层合作，扩大我国海洋领域的全球影响力（庞中英，2020）。海洋治理协调以国家安全战略为总目标，通过拓宽海上安全战略地缘和历史视野，积极建立多边海洋合作磋商机

制（刘兰，徐质斌，2011；胡志勇，2015），确保海洋强国建设中海洋权益不受侵犯。海洋治理的适应和共享则注重本国公民海洋意识的培养和基层民主建设（蔡拓，2004），通过制定保障海洋战略实施的法律制度来确保海洋强国建设的适应性和共享性（金永明，2013）。

海洋治理秩序建设通过与海洋经济、海洋文化、海洋生态和海洋社会相结合共同促进海洋强国整体体系建设。构建新型海洋治理秩序有利于促进海洋经济发展规范化、合法化，通过参与全球海洋治理、建立新型海洋治理秩序优化对全球海洋资源分配，并为海洋经济发展制定规则，最大限度地保护国家经济利益。海洋治理秩序有利于为经济发展营造良好环境，从而加速我国海洋经济的发展，经济关系对于治理秩序也具有决定性意义（薛志华，2019）。海洋治理与海洋文化相辅相成，海洋治理秩序促进海洋产业发展向低耗的绿色产业转变，并在此过程中形成新型海洋文化，海洋文化的繁荣又进一步促进了海洋治理秩序的完善（敖攀琴，2017）。海洋治理秩序对海洋社会保障起到支撑保障作用，积极参与全球海洋治理、维护海洋治理秩序，通过不断提高我国海洋维权能力，以和平谈判的沟通方式解决海上争端，维护我国在公海及国际海底区域的合法权益，从而为海洋社会保障提供有力支撑。提高国家海洋治理能力、构建新型海洋治理秩序，有利于解决海洋资源开发中出现的环境问题，减缓海平面上升、加强国家管辖外海域生物多样性养护及合理利用海洋渔业资源，从而最终实现海洋生态可持续发展（全永波，2019）。

第二节　我国海洋治理秩序建设现状评价

一、海洋治理秩序评价体系构建

（一）评价模型构建

海洋治理系统运行状态模型可选取衡量海洋治理秩序状态的指标作为参

量，通过构建评价模型进行运行状态评价。将海洋治理系统看作是具有自组织特征的复杂区域系统，将系统序参量定义为海洋治理发展状态 Y_{2t}，将海洋治理系统运行的主要参量定义为影响系统发展的影响因子，进而成为评价海洋治理秩序及其发展模式的特征因子 X_{2t}^j，根据已有相关研究成果及本书理论探讨，将特征因子 X_{2t}^j 进一步划分为海洋治理秩序创新（X_{2t}^1）、海洋治理秩序协调度（X_{2t}^2）、海洋治理秩序适应度（X_{2t}^3）、海洋治理秩序开放度（X_{2t}^4）、海洋治理秩序共享度（X_{2t}^5）等五类特征指标，即：

$$Y_{2t} = F(X_{2t}^j) \qquad\qquad (6-1)$$

$$X_{2t}^j = \{ X_{2t}^1,\ X_{2t}^2,\ X_{2t}^3,\ X_{2t}^4,\ X_{2t}^5 \} \qquad (6-2)$$

根据一般系统评价模型假设，假定函数满足 X_{2t}^j 大于零，其中主要特征因子水平任一个维度的提高都会促进海洋治理秩序状态水平函数 Y_{2t} 的提高，而且这种正向作用满足边际递减效用。

（二）沿海省域海洋治理秩序评价指标体系

海洋治理秩序创新度、海洋治理秩序协调度、海洋治理秩序适应度、海洋治理秩序开放度、海洋治理秩序共享度作为衡量海洋治理秩序的五大维度，是提高海洋社会治理能力的重点方向。因此，对各地分项指标进行分析，是识别各省（区、市）海洋治理秩序能力提升短板、借鉴其他地区海洋治理经验、进一步提升海洋治理能力的基础。

海洋治理秩序创新度是指海洋治理理念和方法的创新程度，通过海洋治理制度创新、海洋组织创新和海洋治理技术创新三个方面加以衡量（丁焕峰，2001）。随着海洋治理理论和实践的发展，需要对原有治理体制和机制所作的修正以做好治理能力提升的制度保证，海洋治理创新度的提高离不开海洋治理组织保障和治理技术发展。

海洋治理秩序协调度是指海洋治理系统发展过程中系统或要素间和谐一致的程度，通过海洋治理主体协调度、海洋治理空间协调度和海洋治理环境协调度三个方面加以衡量。海洋治理主体如各省（区、市）政府、非政府组织内部或之间的协调程度是海洋治理的效率高低的重要影响因素，不同区域之间的协调发展程度是提升海洋治理的重要内容，海洋市场交易环境直接影响海洋治理发挥作用的系统环境因素。

海洋治理秩序适应度是指海洋治理对环境的适应程度，通过对海洋治理环境和资源适应度加以衡量。海洋治理环境适应度是指海洋治理行为对其所依托的自然环境的适应程度，海洋治理行为是否导致了自然环境的破坏及破坏程度。海洋治理资源适应度是指海洋治理行为对可再生资源更新能力的影响和对不可再生资源的保护能力，是衡量海洋治理适应度的直接因素。

海洋治理秩序开放度是指海洋治理实践与外界的沟通程度，通过海洋治理环境开放度、海洋治理结构开放度和海洋治理功能开放度加以衡量（武斌、黄麟雏，1992）。海洋治理环境开放度是指海洋治理主体对海洋自然和人文环境的依赖度，是海洋治理开放的保障因素。海洋治理结构开放度是指对宏观、产业和要素层次的开放程度，是海洋治理开放的动力源。海洋治理功能开放度是对经济产出和非经济产出的开放程度，是海洋治理开放成果的重要体现。

海洋治理秩序共享度是指各参与方对于海洋治理事务的参与程度、治理过程和成果的共享程度，通过海洋治理主体参与度和海洋治理过程共享度加以衡量。完善的海洋治理需要治理主体的广泛参与，现代化海洋治理体系注重治理过程共享，海洋治理相关就业机会均等度、收入分配均等度是海洋治理共享过程的重要指针。

根据评价模型构建海洋治理秩序指标体系，共包含包括海洋治理秩序创新度、海洋治理秩序协调度、海洋治理秩序绿色度、海洋治理秩序开放度和海洋治理秩序共享度5个二级指标，下设13个三级指标，以此作为海洋治理秩序评价的前提。综合上述分析，构建评价指标体系如表6-1所示。

表 6-1　　　　　　　　　沿海省域海洋治理秩序评价指标体系

一级指标	二级指标	三级指标	具体解释	指标解释
海洋治理有序度（Y_{2t}）	海洋治理秩序创新度（X_{2t}^1）	海洋治理制度创新度	海洋治理相关理论、制度发展水平	海洋治理相关出台法规数量
		海洋治理组织创新度	海洋治理创新服务平台水平	计算机拥有量 网络用户占比
		海洋治理技术创新度	海洋治理技术创新投入和产出	海洋专业大学生数量 研究与开发支出
	海洋治理秩序协调度（X_{2t}^2）	海洋治理主体协调度	海洋治理各级管理机构协调程度	海洋治理管理机构数量 执法队伍建设状况
		海洋治理空间协调度	海洋治理各区域协调度、陆海协调度	陆海及各地区海洋产业变异系数
		海洋治理环境协调度	海洋交易市场秩序	海洋市场交易发展水平
	海洋治理秩序适应度（X_{2t}^3）	海洋治理环境适应度	海洋治理自然环境认知和变化适应能力	勘探考察海域的组织机构 应急预案保障水平
		海洋治理资源适应度	海洋治理区域资源的保护能力	资源合理利用程度 保护区运行效果
	海洋治理秩序开放度（X_{2t}^4）	海洋治理环境开放度	海洋治理对自然和人文环境依赖度	各省 CO_2 排放量/森林面积 海陆治理水平差异
		海洋治理结构开放度	海洋治理宏观、中观、微观三层次开放度	海洋产业贸易规模 资金和人才流动性
		海洋治理功能开放度	海洋治理经济和非经济开放度	对外投资额占比情况 海洋治理对资源养护的程度
	海洋治理秩序共享度（X_{2t}^5）	海洋治理主体参与度	海洋治理各类主体参与状况	各级组织机构数量及会议量
		海洋治理过程共享度	海洋治理相关就业机会均等度、收入分配均等度	就业参与率、基尼系数

（二）海洋治理秩序评价指标体系权重和计算方法

采用德尔菲法对二级指标权重加以确定，邀请北京大学、自然资源部、山东大学、大连海事大学、上海交通大学、南开大学、云南大学、中南财经政法大学和中国海洋大学等高校和科研院所的 26 名海洋治理研究领域专家学者填写权重设置调查问卷，问卷调研共收回 26 份有效问卷，经加权平均统计，得到各二级指标权重如表 6 - 2 所示（保留 3 位小数）。

表 6 - 2　　　　　　　　　海洋治理秩序评价体系二级指标权重

指标	海洋治理秩序创新度	海洋治理秩序协调度	海洋治理秩序适应度	海洋治理秩序开放度	海洋治理秩序共享度
权重	0.227	0.212	0.185	0.187	0.190

海洋治理秩序评价指数的计算公式如下：

$$S_i = \sum_{n=1}^{n} w_i \times y_i \qquad (6-3)$$

其中，y_i 表示第 i 项指标的分值，在 [0, 10] 区间内分布，w_i 为第 i 项指标权重，S_i 代表某一个沿海省份（国家或地区）海洋治理秩序水平，其数值越大表明该地区海洋治理有序度越高。

二、沿海省域海洋治理秩序建设现状评价

（一）沿海省域海洋治理秩序整体评价

基于表 6 - 1 构建的海洋治理秩序评价指标体系，借助 2009 年、2013 年、2016 年沿海省份截面数据对沿海省（区、市）海洋治理秩序进行评价，数据源于《中国海洋统计年鉴（2010）》《中国海洋统计年鉴（2014）》《中国海洋统计年鉴（2017）》，各省（区、市）2010 年、2014 年、2017 年统

计年鉴及海洋治理相关核心论文。运用 ArcGIS 软件法对海洋治理秩序进行时间趋势和空间分异格局分析，采用自然断点法对 3 个年份 11 个沿海省（区、市）海洋治理能力划分为三个等级，可知海洋治理有序度呈现出显著的递增趋势，大部分地区 2016 年海洋治理秩序要优于 2009 年和 2013 年。2016 年，广东省、山东省海洋治理秩序位于第一等级，指数得分分别为7. 10、6. 67；上海市、浙江省、江苏省、福建省、天津市海洋治理秩序位于第二等级，指数得分分别为 6. 63、6. 39、6. 08、5. 95、5. 66；辽宁省、河北省、海南省和广西壮族自治区海洋治理秩序较差，位于第三等级，指数得分分别为 4. 94、4. 75、4. 48 和 4. 52。

（二）沿海省域海洋治理秩序分指标评价

为进一步识别各地区海洋治理短板以提升海洋治理能力，对各地区海洋治理创新度、海洋治理协调度、海洋治理适应度、海洋治理开放度、海洋治理共享度进行分析与比较。基于表 6 – 1 构建的经略海洋能力评价指标体系，对 5 个一级指标指数进行计算，并通过 ArcGIS 软件对结果进行可视化分析，按照自然断点法将海洋治理秩序的 5 类二级指标指数分为三个等级水平。

从海洋治理秩序创新度来看，沿海地区 11 个省（区、市）中以浙江省海洋治理创新水平最高，创新指标得分为 8. 79，从沿海地区指标分级结果来看，同样处于最高等级的还有天津市，指标得分为 8. 50。创新指标得分处于第二等级的为广东省、江苏省、上海市、山东省、福建省和河北省，得分分别为 6. 32、5. 82、5. 67、5. 41、5. 38、5. 19。辽宁省、海南省和广西壮族自治区海洋治理创新水平较低，3 个地区均位于第三等级，创新指标得分分别为 4. 57、3. 72、3. 62。就海洋相关专业人才队伍建设而言，海洋治理创新得分较高的省份如浙江省和广东省较早开办了海洋类学院，并经过一系列合并成为今天的浙江省海洋大学、广东省海洋大学，为该地区海洋治理的创新提供了动力；而排在第三等级的海南省和广西壮族自治区并没有单独的海洋大学，仅在本地大学的基础上开设了相关海洋学院。2016 年，广东省海洋科研从业人员达 4542 人，天津市 2012 人，浙江省 1839 人，均位于沿海地区科研从业人员的第一等级，位于第三等级的海南省和广西壮族自治区科研从业人员均不足 500 人。

从海洋治理秩序协调度来看，海洋治理协调程度在沿海地区存在较明显的空间差异，其中，广东省海洋治理协调指标得分最高，处于所有沿海地区中的第一等级，同样处于第一等级的还有山东省、福建省，协调指标得分分别为 8.68、7.63、7.62。上海市、江苏省、天津市、浙江省、海南省、广西壮族自治区和河北省位于第二等级，协调指标的得分分别为 6.64、5.73、5.62、5.45、5.33、4.67、4.63。辽宁省协调度较低，位于第三等级，协调指标得分 3.53。沿海地区海滨观测台是海洋治理的重要监控手段，2016 年沿海地区中广东省拥有的验潮站和地震台站数量均为第一，山东省和福建省的海洋站和气象台站也处于第一梯队，在该地区海洋资源的协调中发挥了重要作用。

从海洋治理秩序适应度来看，江苏省海洋治理适应指标得分最高，为 6.54，处于所有沿海地区中的第一等级，同样处于第一等级的还有广东省，适应指标得分为 6.29。福建省、山东省、海南省、上海市、浙江省、辽宁省处于第二等级，适应指标得分均处于 5 ~ 6 之间，分别为 5.55、5.51、5.29、5.20、5.18 和 5.12。天津市、广西壮族自治区、河北省适应指标得最低，3 个地区均位于第三等级，协调指标得分分别为 4.49、4.42、4.27。海洋开发与管理过程中出现的经济、环境问题需要海洋治理，但在海洋治理的过程中也会出现对自然环境的破坏，河北省海洋治理指标得分最低，海洋治理适应度最差。

从海洋治理秩序开放度来看，该指标得分在沿海地区呈现出明显的空间分异格局，沿海地区 11 个省（区、市）中以上海市的海洋治理开放程度最高，开放指标得分为 8.32；浙江省、广东省和山东省的海洋治理开放指标得分分别为 7.67、7.56、7.26，3 个地区均处于所有沿海地区中的第一等级。江苏省、辽宁省、广西壮族自治区、福建省和天津市处于第二等级，开放指标得分分别为 6.58、5.94、5.84、5.79、5.75。河北省和海南省海洋治理开放程度最低，指标得分均小于 5，仅为 4.54 和 3.51。上海市位于黄海与东海的交汇处，尽占我国黄金海岸线中部和长江出海口通江达海的区位优势，海洋治理具有良好的对外开放基础。作为我国海洋贸易、航运中心，上海市正逐步成为连接全球和影响全球的重要海洋城市，不断增强海洋治理对海洋强国的保障作用。河北省在沿海份中拥有最短的海岸线，海洋治理的开放意识和开放能力较低，海南省海洋治理开放程度近年来呈现出显著的递增趋势，2019 年海南省通过了《海南自由贸易试验区和中国特色自由贸易港的实施方案》，大力推动海洋领域治理体系和治理能力现代化建设。

从海洋治理秩序共享度来看，沿海地区 11 个省（区、市）该指标得分差异较大，其中山东省的海洋治理共享度最高，共享指标得分为 7.46，同样处于第一等级的还有广东省和上海市，共享指标得分分别为 6.73 和 6.61。指标得分处于 5 ~ 6 的为第二等级，包括福建省、江苏省、辽宁省，得分依次为 5.59、5.52、5.36。河北省、浙江省、海南省、天津市和广西壮族自治区均为海洋治理共享度的第三等级，指标得分分别为 5.05、4.79、4.76、4.27 和 4.12。广东省、山东省涉海就业人员数量在于沿海地区中处于第一等级，表明本地区参与海洋治理参与度较高，天津市、海南省等海洋治理参与度较低，且海洋治理成果难以共享。

（三）评价结果分析

依据 ArcGIS 软件自然分段结果高低将 11 个沿海省（区、市）划分为 A、B、C 三种类型，其中，A 类型为海洋治理秩序较高地区，B 类型为海洋治理有序度居中地区，C 类型为海洋治理有序度较低地区（见表 6 – 3）。

表 6 – 3　　　　2016 年沿海省域海洋治理秩序建设水平分类型评价

类型	省份	海洋治理秩序建设水平									
		创新度		协调度		适应度		开放度		共享度	
		得分	类型	得分	类型	得分	类型	得分	类型	得分	类型
A类	广东省	6.32	中	8.68	高	6.29	高	7.56	高	6.73	高
	山东省	5.38	中	7.63	高	5.51	中	7.26	高	7.46	高
	上海市	5.67	中	6.64	中	5.20	中	8.32	高	6.61	高

类型	省份	海洋治理秩序建设水平									
		创新度		协调度		适应度		开放度		共享度	
		得分	类型	得分	类型	得分	类型	得分	类型	得分	类型
B类	浙江省	8.79	高	5.45	中	5.18	中	7.67	高	4.79	中
	江苏省	5.82	中	5.73	中	6.54	高	6.58	中	5.52	中
	福建省	5.23	中	7.62	高	5.55	高	5.79	中	5.59	中
C类	天津市	8.50	高	5.62	中	4.49	低	5.75	中	4.27	低
	辽宁省	4.57	低	3.53	低	5.12	中	5.84	低	5.36	中
	河北省	5.19	中	4.63	低	4.27	低	4.54	低	5.05	中
	海南省	3.72	低	5.33	中	5.29	中	3.51	低	4.76	中
	广西壮族自治区	3.62	低	4.67	低	4.42	低	5.80	中	4.12	低

11个沿海省（区、市）的海洋治理秩序水平整体呈现不均等分布，处于不同海洋治理秩序类型的沿海省（区、市）的影响因子特征存在差异。A、B类型沿海地区的海洋治理秩序水平得分高于我国11个沿海省（区、市）海洋治理秩序平均值，C类型低于平均水平。

A类型沿海地区海洋治理秩序水平较高，五项指标均处于中高水平，开放性和共享性水平高；B类型沿海地区海洋治理秩序水平居中，适应度水平较高，共享度水平较低，其他三项指标处于中等水平。C类型沿海地区的海洋治理秩序水平较低，五项指标普遍偏低是导致其海洋治理秩序落后的重要原因，共享度相对其他指标水平较高。除适应度和创新度指标外，A类沿海地区的各项二级指标等级普遍优于B类沿海地区，B类沿海地区各项指标普遍优于C类沿海地区。

第三节　新时代我国海洋治理秩序主要任务

一、汲取全球海洋治理秩序历史经验

全球海洋治理发展历史经验表明，自主开放、创新驱动的发展理念有力地推动了海洋治理能力的提升，进而为各时代主导国家的海洋强国建设提供支撑。欧洲的崛起与海洋意识的形成和发展息息相关，创新性地开启了真正意义上探索和利用海洋的先河，其对于海洋的治理是基于海上资源、海上贸易要道和陆海联通利益争夺，在海洋权益争夺这一开放性治理行为中大幅提升了海洋治理能力，但海洋治理共享性的缺失使得这种海洋治理秩序无法维持。而我国古代强调天下大同的共享意识，"官山海"成为陆海统筹治理的写照，但总体而言，我国还缺乏丰富的海洋治理经验。

新时代海洋治理能力建设应该以史为鉴，不断提升我国海洋治理的国际话语权。第一，坚持自主开放的海洋治理理念，不断提升海洋治理的自主开放程度，积极参与全球海洋治理秩序建设，发挥大国责任，增强公共物品供给能力，积极推动"21世纪海上丝绸之路"建设，为海洋沿线国家的合作交流提供更大、更广的机遇与平台。第二，加强海洋治理创新意识，提升海洋治理制度和组织创新水平，提高海洋治理技术创新能力。积极贡献国际海洋法实践中的中国经验。第三，注重海洋治理共享意识，构建公平、有序的海洋治理秩序。充分考虑小岛屿国家海洋权益，协调发达国家和发展中国家海洋权益关系。积极构建蓝色伙伴关系，与各国和国际组织在海洋领域构建开放包容、具体务实、互利共赢的友好关系，通过构建海洋命运共同体，推动全球海洋秩序重构，建立更加公平、公正的海洋治理新秩序。

二、借鉴全球海洋治理秩序实践路径

当今全球海洋治理经验表明，绿色适应、统筹协调的发展理念有力地推动了海洋治理能力的提升，进而为海洋全面主权化时代各国的海洋强国建设提供支撑。美国、日本、欧盟等国通过《联合国海洋法公约》等国际海洋法律体系主导国际海洋治理秩序，并颁布海洋相关法律进一步明确本国海洋治理规则，通过适当调整改善了海洋治理与环境的非适应性。而当代我国海洋治理的发展在曲折中前进，新中国成立初期美国海洋霸权严重挤压我国的海洋权益，改革开放后海洋环境改善推动了我国争取海洋权益的进程，我国海洋治理能力提升任重道远。

新时代海洋治理能力建设应该科学借鉴海洋强国的有益经验，不断提升我国海洋治理的现代化水平。第一，强化海洋治理统筹协调理念，推动海洋基本法立法。整合归纳已有涉海法律法规，推动海洋基本法及相关等法律法规的系统化制定工作，形成具有自身特色的涉海立法体系（敖攀琴，2017）。借鉴欧美在海岸带资源开发、海洋渔业管理、海洋科研管理等方面的立法经验，以及日本在海洋安全、专属经济区海洋资源开发、海岛等方面的立法实践，在人类面对的共同海洋问题中贡献中国智慧。第二，强化海洋治理绿色适应意识，提高海洋治理环境适应能力。以国际法为指导，理性解决国际海洋争端，通过和平对话的方式就争议海域和岛屿进行全方位沟通，不断深化同周边国家的合作与交流，推动建立更加公正合理的海洋治理秩序。

三、推动省域海洋治理秩序协调发展

我国各省份海洋治理发展现状表明，创新驱动、协调统筹、绿色适应、自主开放和利益共享的发展理念有力地推动海洋治理能力的提升。沿海各省区市海洋治理能力存在显著空间分异，且与海洋经济发展存在显著的关联性，需要海洋治理创新、协调、适应、开放和共享协调发展，才能实现新时代开放进程中的省域海洋治理能力的提升。

创新能力是海洋治理能力提升的第一动力，应加强海洋治理创新短板地区海洋治理自主创新能力。充分利用大数据优势，加快海洋治理的网络平台建设，着力构建新型海洋治理和服务机构，创新管理方式以构建符合新时代海洋治理需求的现代化海洋运行架构，鼓励海洋治理领域专业人才培养，增加海洋治理创新科研经费投入。

协调能力是海洋治理能力提升的内在要求，应加强海洋治理协调短板地区海洋治理协调统筹能力。加强海洋治理主体协作能力，提高治理主体沟通效率，完善与国内海洋治理组织健全省际的互动合作机制，加强沿海与腹地有效衔接以拓展海洋治理内外循环体系。

适应能力是海洋治理能力提升的必要体现，应加强海洋治理适应短板地区海洋治理绿色适应能力。总量控制沿海地区沿海重化工企业污染源排放，动态监控沿海海洋生态环境，建立生态补偿机制，加强对可再生资源的修复，严格遵守不可再生资源保护规定，强化海洋治理的环境适应能力。

开放能力是海洋治理能力提升的必由之路，应加强海洋治理开放短板地区海洋治理自主开放能力。减少海洋治理对自然环境的依赖度，完善人才引进机制，增强海洋治理相关产业招商引资力度，扩大海洋治理开放层次，增强陆海协同开放能力。

共享能力是海洋治理能力提升的本质要求，应加强海洋治理共享短板地区海洋治理共享建设。优化海洋治理公共服务，确保同级海洋治理主体均等参与，扩大海洋治理透明度，增大海洋治理就业机会和收入分配均等度。

第四节　本 章 小 结

海洋治理研究是在政治学理论指导下开展的经验研究与理论研究相结合的学术实践过程，作为新时代"五位一体"海洋强国战略总体布局的关键一环，海洋治理体系和海洋治理能力的现代化推进同海洋强国战略总体目标的实现息息相关。21 世纪以来我国海洋治理秩序在维护国家安全，促进国民经济发展中的作用愈发凸显，海洋治理内涵由单纯海洋资源环境治理向海洋经济、文化、安全、生态等综合治理转变。我国沿海省份海洋治理发展尚存在创新、协调、适应、开放和共享五大评价指标体系视角下的区域差异，表现出不同地区海洋治理多元利益主体协调和共享、开放发展等方面的矛盾。需要有针对性地强化沿海省区市海洋治理短板，提高海洋治理水平，服务海洋强国建设。

第七章

海洋文化繁荣与海洋强国建设

海洋文化繁荣促进海洋强国建设的思想凝聚力，提高海洋意识，为海洋强国建设注入了更多活力，融会贯通于海洋经济发展、海洋治理秩序、海洋社会保障及海洋生态文明之中。通过整合海洋文化概念内涵，明确海洋文化与海洋强国建设关系定位，开展我国沿海省域海洋文化繁荣发展评价，提出新时代我国建设海洋文化强国的对策建议。

第一节　海洋文化繁荣及其与海洋
强国建设关系定位

一、海洋文化概念与内涵

（一）海洋文化的概念

雷蒙·威廉（Raymond William）认为文化是社会秩序得以传播、再造、体验以及探索的必要表意系统，包括文字、语言、地域、音乐、文学、绘画、雕塑、戏剧、电影等（William，1983），时刻影响人类生活及所创造的物质和精神财富。海洋文化是人类直接和间接的以海洋资源与环境为条件创造的文化（赵宗金，2013；曲金良，1997）。海洋文化最早由西方学者对发展海洋经济的历史经验总结形成，其内涵包括"工商业文明""契约性文明""经验累积性文明"。

中国学术界对海洋文化的关注始于 20 世纪 80 年代末，直至 90 年代末海洋文化学科创立后，通过系统阐释海洋文化的本质、内涵与特征等，逐步将海洋文化作为独立领域进行探讨，对海洋文化的阐释趋于多元。曲金良（1997）将海洋文化作为人类文化的一个重要构成部分和体系，认为海洋文化是人类认识、把握、开发、利用海洋，调整人与海洋的关系，在开发利用海洋的实践中形成的物质精神成果，具体表现为人类对海洋的认识、观念、思想、意识、心态以及由此而生的生活方式，包括经济结构、法规制度、衣食住行习俗和语言文学艺术等形态。杨国桢（2000）将海洋文化概括界定为海洋自然力转化为人类生产力因素后逐渐形成和发展的文化，主张用人文社会学科研究方法与理论体系研究海洋文化。

（二）海洋文化的内涵

海洋文化是人类文化的一部分，是人类有意识地认识、适应、利用和改造海洋而逐步创造和积累的精神的、行为的、社会的和物质财富的总和（苏勇军，2011），海洋文化是一种商业文化，与大陆文化二者共同代表了人类文明两个不同的发展阶段与发展水平（王学渊，2003）。海洋文化分为海洋物质文化、海洋制度文化和海洋观念文化三个基本层面，海洋制度文化具有重要地位。许维安（2002）认为海洋文化包含软件、硬件两大部分，是人类在社会历史发展过程中所创造的，与海洋有关的物质财富和精神财富的总和。赵宗金（2013）认为海洋文化是人类直接和间接以海洋资源和环境为条件创造的文化。文化自觉是中国海洋文化内在逻辑的重要前提（洪刚、洪晓楠，2017）。妈祖文化是中国海洋文化的代表，海洋文化具有经济价值（居文豪，2020）。近年来海洋文化成为社会各界关注的热点，"海洋文化研究""海洋历史文化研究""海洋经济文化研究"等综合性学术单位和社会组织以及"妈祖研究""徐福研究""郑和研究"等专门性学术机构和学术团体不断成立，一批基础性和应用性研究成果相继出现（曲金良，2013；Zhang，2017）。

二、海洋文化繁荣与海洋强国关系定位

海洋文化促进海洋强国建设的思想凝聚力，提高海洋意识，为海洋强国建设注入组织活力（孙志辉，2008）；海洋强国建设离不开海洋文化建设，海洋文化自信是海洋文化建设的前提，是实现海洋文化创新的基石（李明春，2012）；构建中国的海洋文化自信，必须以中华民族的传统文化为基石（高华，2019）。海洋文化繁荣是实现中华民族伟大复兴的坚强思想保证、强大精神动力、有力舆论支持和良好国民素质条件（马勇，2012）。

海洋文化产业发展和海洋文化宣传教育促进海洋经济发展，古代海洋文化对沿海国家的经济基础、经济政策、民风民俗等产生积极影响（陈智勇，2003）；应提升国民海洋意识与海洋文化传承（韩兴勇、郭飞，2007），系统再现中国海洋文化史（吴春明，2011），借鉴西方优秀海洋文明史经验，协调海洋文化与海洋经济可持续发展（庄国土，2012）。海洋制度与法治建设促进海洋治理秩序，现代海洋价值倡导决定海洋治理秩序的走向，参与构建多边合作海洋治理体系，努力构筑"21世纪海上丝绸之路"的美好愿景（刘赐贵，2014），将中国梦融入世界各国共同发展的"人类命运共同体"中，彰显中国海洋文化传统独特的意义和价值。海洋文化支持海洋社会保障建设，树立以共同治理、合作共赢为核心的新型海洋安全观，以更加积极的姿态为建设海洋强国、维护国际海洋安全提供新思路、新路径。海洋文化培育出以人与海洋和谐共生为核心，以海洋资源综合开发与可持续利用为前提，包括海洋生态系统和人类社会可持续发展的海洋生态价值观和人海关系理念；海洋文化的繁荣促进海洋产业发展与社会进步，促进人与海洋互动、良性运行与和谐发展（曲金良、陈建伟、蒋礼宏，2016）。

第二节　我国海洋文化繁荣建设现状评价

一、海洋文化繁荣评价体系构建

（一）评价模型构建

海洋文化环境与海洋文化要素综合体可以看作是具有自组织系统特征的区域性文化系统，将海洋文化繁荣建设状态理解为文化系统发展状态程度，并定义为 Y_{3t}，将表征复杂系统运行特征的主要参量引申为海洋文化繁荣建设状态的影响因子，进而成为评价海洋文化建设状态及其建设模式的特征因子 X_{3t}^{j}，根据已有相关研究成果及本书理论探讨，将特征因子进一步划分为海洋文化繁荣创新度（X_{3t}^{1}）、海洋文化繁荣协调度（X_{3t}^{2}）、海洋文化繁荣适应度（X_{3t}^{3}）、海洋文化繁荣开放度（X_{3t}^{4}）、海洋文化繁荣共享度（X_{3t}^{5}）等五类特征指标，即：

$$Y_{3t} = F(X_{3t}^{j}) \qquad (7-1)$$

$$X_{3t}^{j} = \{X_{3t}^{1},\ X_{3t}^{2},\ X_{3t}^{3},\ X_{3t}^{4},\ X_{3t}^{5}\} \qquad (7-2)$$

根据一般系统评价模型假设，假定函数满足 X_{3t}^{j} 大于零，其中主要特征因子水平任一个维度的提高都会促进海洋文化繁荣状态水平函数 Y_{3t} 的提高，而且这种正向作用满足边际递减效用。

（二）沿海省域海洋文化繁荣评价指标体系

海洋文化是基于一定的海洋文化资源环境基础，包括海洋景观资源、海洋遗迹资源、海洋民俗文化资源、海洋文艺资源等，将存在于海洋文化资源中的价值以产业的方式体现出来，形成具有使用价值的产品的过程。为衡量各省（区、市）海洋文化对区域海洋综合实力的贡献，将海洋文化开放度、海洋文化协调度、海洋文化适应度、海洋文化创新度和海洋文化共享度作为衡量海洋文化繁荣的五大维度，作为提高海洋文化繁荣建设的重点方向。

海洋文化开放度主要从环境开放度和要素开放度指标进行评价，其中要素开放度又包括资金开放度、贸易开放度和人力资源开放度（曲金良，2019）。海洋文化协调度主要从组织机构协调度和过程协调度进行评价，其中协调过程包括协调运行效率和协调稳定程度（曲金良，2013）。海洋文化适应度主要从环境适应度和要素适应度指标进行评价（赵宗金、谢玉亮，2015），其中环境适应度包括产业发展和组织机构两个方面，要素适应度包括资源利用能力和人力资本效率（赵宗金，2017）。海洋文化创新度主要从环境创新度和要素适应度创新度指标进行评价，其中要素创新度又包括技术研发能力、资金融通能力和人力资本实力，环境创新度包括产业集群创新能力和组织机构创新能力（约翰森，2020）。海洋文化共享度主要从环境共享度和要素共享度指标进行评价，其中要素共享度又包括资金共享度、资源共享度和人力资源开放共享度，环境共享度包括自然环境共享度和人文环境共享度。

根据评价模型构建相应海洋文化繁荣评价指标体系，共包含海洋文化繁荣创新度、协调度、适应度、开放度和共享度等 5 个二级指标。具体评价指标体系如表 7－1 所示。

表 7－1　　　　　　　沿海省域海洋文化繁荣评价指标体系

一级指标	二级指标	三级指标	指标解释	打分参照数据
海洋文化繁荣度（Y_{3t}）	海洋文化繁荣创新度（X_{3t}^1）	技术研发能力	海洋文化评价主体技术研发能力	海洋科技创新指数 知识产权数量 专利数量
		资金融通能力	海洋文化评价主体的融资能力	全球金融中心城市或机构数量 投资总额
		人力资本实力	海洋文化评价主体的平均劳动力素质	平均人力资本指数 人才引进数量

一级指标	二级指标	三级指标	指标解释	打分参照数据
海洋文化繁荣度（Y_{3t}）	海洋文化繁荣创新度（X_{3t}^1）	产业集群创新能力	海洋文化评价主体产业集群创新能力	高新技术产业数量 知识密集型产品出口额
		组织创新能力	海洋文化评价主体领军企业（机构）与关联配套企业的创新能力	科研机构数量 高校数量
	海洋文化繁荣协调度（X_{3t}^2）	组织机构关联度	文化活动与宣传机构之间的联系紧密程度	文化组织机构数量（单主体，多主体）
		协调运行效率	文化领域组织、机构等召开会议频率，制定管理条例的及时性与实施效果	长期或短期组织、机构 有无受法律保护的条例如法律、法规等
		协调稳定程度	文化领域组织机构之间的协作稳定程度	文化相关领域多机构参会情况
	海洋文化繁荣适应度（X_{3t}^3）	资源利用能力	对海域资源的合理利用程度和保护程度	是否利用该资源 资源合理利用程度
		人力资本效率	海洋文化评价主体外来劳动力增长率	外来人员数量 留学生、人才引进增长率
		产业发展潜力	海洋文化评价主体的产业的发展潜力	文化产业增长率
		组织机构潜力	海洋文化评价主体的组织机构发展潜力	组织机构增产率
	海洋文化繁荣开放度（X_{3t}^4）	资金开放程度	海洋文化评价主体资金跨国、跨地区流动融通程度	各省（区、市）文化产业接受投资金额
		贸易开放程度	海洋文化评价主体贸易开放程度	各省（区、市）文化贸易额
		人力资源开放度	海洋文化评价主体外来劳动力数量和素质	外来人员数量 留学生、人才引进等指标
		环境开放度	海洋文化评价主体的产业合作分工及组织机构的对外开放程度	区域性企业还是全球性企业 文化产业总额 地方、国家、国际机构组织（单一还是多国参与组织） 国内旅游收入

续表

一级指标	二级指标	三级指标	指标解释	打分参照数据
海洋文化繁荣度（Y_{3t}）	海洋文化繁荣共享度（X_{3t}^5）	自然环境共享及保障程度	海洋文化评价主体的自然环境共享、保障的程度	海洋景观景区个数 文化服务法律法规制定、落实
		人文环境开放程度	海洋文化评价主体的人文环境共享程度	图书馆、市民活动中心及博物馆等公共文化场所个数
		资源共享程度	海洋文化评价主体的自然资源及公共资源共享程度	海洋产业聚集程度 海洋资源开发利用程度
		资金共享程度	海洋文化评价主体的资金流动能力	资金流通能力评价
		人力共享程度	海洋文化评价主体的人力流动能力	文化产业从业人员流动效率

（三）海洋文化繁荣评价指标体系权重和计算方法

采用德尔菲法对二级指标权重加以确定，邀请中山大学、中国海洋大学、浙江师范大学（特聘）、浙江大学、上海海洋大学、上海大学（特聘）、厦门大学、辽宁师范大学、国家海洋局海洋发展战略研究所、广东海洋大学、东北大学、大连海洋大学等高校和科研院所的23名海洋文化研究领域专家学者填写权重设置调查问卷，问卷调研共收回23份有效问卷，经加权平均统计，得到各二级指标权重如表7-2所示（保留3位小数）。

表7-2　　　　　　　海洋文化繁荣评价体系二级指标权重

指标	海洋治理秩序创新度	海洋治理秩序协调度	海洋治理秩序适应度	海洋治理秩序开放度	海洋治理秩序共享度
权重	0.234	0.180	0.178	0.202	0.206

海洋治理秩序评价指数的计算公式如下：

$$S_i = \sum_{n=1}^{n} w_i \times y_i \qquad (7-3)$$

其中，y_i 表示第 i 项指标的分值，在 $[0，10]$ 区间内分布，w_i 为第 i 项指标权重，S_i 代表某一个沿海省份（国家或地区）海洋文化繁荣水平，其数值越大表明该地区海洋治理有序度越高。

二、沿海省域海洋文化繁荣建设现状评价

（一）沿海省域海洋文化繁荣整体评价

基于表 7 - 1 构建的海洋文化建设现状评价指标体系，借助 2009 年、2013 年及 2016 年沿海省份截面数据对沿海省（区、市）海洋文化建设现状进行评价，数据源于《中国海洋统计年鉴（2010）》《中国海洋统计年鉴(2013)》《中国海洋统计年鉴（2017）》及相关省（区、市）2010 年、2013年和 2017 年统计年鉴。运用 ArcGIS 软件对经海洋文化建设现状评价指数得分进行可视化分析，采用自然断点法对 11 个沿海省（区、市）海洋文化建设分为三个等级，其中广东省、山东省、上海市、浙江省和江苏省海洋文化建设位于第一等级，指数得分分别为 7.45、7.30、7.07、6.87 和 6.86；福建省的海洋文化建设现状位于第二等级，指数得分为 6.40；河北省、天津市、辽宁省、广西壮族自治区和海南省海洋文化建设指数位于第三等级，指数得分分别为 5.84、5.71、5.64、5.22 和 4.96 。从各省份 3 年的动态指标变化来看，全国 11 个省（区、市）的海洋文化建设程度均有不同水平提升，但提升速度相对缓慢，等级变化不明显。

（二）沿海省域海洋文化繁荣分指标评价

海洋文化开放、海洋文化协调、海洋文化适应、海洋文化创新和海洋文化共享是支撑海洋文化建设的五大理念，是衡量沿海地区海洋文化建设现状的五大维度，是沿海地区实现海洋文化繁荣发展需攻坚克难的重点方向。因此对 2009 年、2013 年及 2016 年沿海省市海洋文化开放程度、海洋文化协调程度、海洋文化适应程度、海洋文化创新程度及海洋文化共享程度逐个进行

进一步分析和比较，是我国识别沿海各省份海洋文化建设发展短板、协调促进沿海各省市海洋文化建设、进一步整体提升我国海洋文化建设的基础与铺垫。基于表 7-1 构建的海洋文化建设现状评价指标体系，对 2016 年 5 个一级指标指数进行计算，并通过 ArcGIS 软件对结果进行可视化分析，按照自然断点法将海洋文化建设现状五大一级指标指数分为四个等级水平。

从海洋文化开放发展指数来看，沿海地区 11 个省（区、市）中以广东省海洋文化开放发展指数最高，为 8.41，从沿海地区海洋文化开放发展指数分级结果来看，同样处于最高等级的还有上海市和山东省，指数得分分别为 7.37、7.26；指数得分处于第二等级的为江苏省、福建省、浙江省、辽宁省、天津市和河北省得分分别为 7.12、6.60、6.37、5.91、5.75 和 5.17；指数得分位于第三等级的为广西壮族自治区和海南省，得分分别为 4.28 和 3.73。广东省在海洋开放性为最高得分，一方面广东是岭南文化中心地、海上丝绸之路发祥地，具备多元丰富的文化传承；另一方面是由于广东地区在"粤港澳"大湾区战略背景下的独特战略优势和地理优势，开放程度较高。上海市开放程度较高，开放意识与开放政策始终处于我国各省市发展前列。山东省近年来注重提升开放意识，学习沿海其他省份开放经验，加大对海洋文化的重视力度，增强海洋文化的宣传教育，签证政策灵活，开放性得以提升。广西壮族自治区和海南省较其他沿海地区海洋文化开放程度较低，有待提升。

从海洋文化协调发展指数来看，沿海地区 11 个省（区、市）中得分处于第一等级的是上海市、山东省和浙江省，得分分别为 7.63、7.52 和 7.28；指数得分处于第二等级的为江苏省、福建省和广东省，得分分别为 6.64、6.26 和 6.19；指数得分位于第三等级的为河北省、辽宁省、天津市、广西壮族自治区和海南省，得分分别为 5.57、5.32、5.12、4.97 和 4.55。上海市和浙江省地处长三角地区，其文化产业集聚程度较高，文化产业联动性较强即文化协调程度较高。山东省是中国儒家与道教的发源地，较高的海洋文化协调程度得益于对文化协调与包容的传承。河北省、天津市和辽宁省海洋文化协调性的评分较低，主要是文化产业分布不均衡，产业联动和产业集聚效应较小。

从海洋文化适应发展指数来看,沿海地区 11 个省(区、市)的适应性指数差异较小,从沿海地区海洋文化适应发展指数分级结果来看,处于第一等级的地区为浙江省、福建省、海南省和广西壮族自治区,指数得分分别为6.38、6.17、6.02 和 5.85;指数得分处于第二等级的为上海市、广东省、江苏省、山东省和天津市得分分别为 5.45、5.26、5.15、5.08 和 4.89;指数得分位于第三等级的为河北省和辽宁省,得分分别为 4.68 和 4.48。浙江省和福建省海洋文化适应性程度较强,即海洋文化资源的可持续发展程度较高,福建省省会厦门市是"首批中国优秀旅游城市""中国旅游休闲示范城市",海洋文化旅游资源丰富,厦门鼓浪屿被列入世界文化遗产。而广西壮族自治区与海南省在协调发展维度评分均较其他维度高,两者海洋自然资源和海洋人文资源的绿色环保可持续发展能力较强,当地注重海洋环境资源的保护与利用。上海市空气质量水平处于中等水平且生活成本较高,文化适应性程度相对自身其他维度评价指数较低。

从海洋文化创新发展指数来看,沿海地区 11 个省(区、市)中以广东省海洋文化创新发展指数最高,为 8.25,从沿海地区海洋文化创新发展指数分级结果来看,同样处于最高等级的还有上海市、山东省、浙江省、江苏省和天津市,指数得分分别为 8.18、7.73、7.63、7.54 和 7.5;指数得分位于第二等级的为辽宁省、福建省和河北省,得分分别为 6.83、6.75 和 6.62;海洋文化创新发展程度相对落后,指数得分位于最末等级的为广西壮族自治区和海南省,得分为 4.98 和 4.25。广东省注重"产学研"高度融合,促使其海洋文化创新性始终领跑全国。上海市、浙江省和江苏省处于长三角地区,文化产业联动性较强,有强劲研发动力作为文化创新的支撑,而广西壮族自治区与海南省的海洋文化创新程度较低。

从海洋文化共享发展指数来看,沿海地区 11 个省(区、市)中以广东省海洋文化共享发展指数最高,为 8.61,从沿海地区海洋文化共享发展指数分级结果来看,同样处于最高等级的还有山东省和江苏省,指数得分分别为8.58 和 7.52;指数得分处于第二等级的为河北省、浙江省、上海市和海南省,得分分别为 6.87、6.57、6.42 和 6.41;指数得分位于第三等级的为福建省、广西壮族自治区、辽宁省和天津市，得分分别为 6.12、6.09、5.32 和 4.88。广东省和山东省的海洋文化共享性在沿海地区 11 个省（区、市）指数得分较高，得益于文化包容与协调的传承，海洋文化资源环境的共享发展。广东省区位优势明显、海洋交通便利、海洋资源丰富，海洋经济发达，与西方海洋文化的碰撞使得广东海洋文化传统与海洋活动频繁；山东青岛是国家历史文化名城、中国道教发祥地，文旅资源丰富，是中国帆船之都、世界啤酒之城、联合国"电影之都"。

（三）评价结果分析

依据 ArcGIS 软件自然分段结果高低将 11 个沿海省（区、市）划分为 A、B、C 三种类型，其中，A 类型为海洋文化繁荣度较高地区，B 类型为海洋文化繁荣度居中地区，C 类型为海洋文化繁荣度较低地区（见表 7 - 3）。

表 7 - 3　　　　　2016 年沿海省域海洋文化繁荣建设水平分类型评价

类型	省份	创新度		协调度		适应度		开放度		共享度	
		得分	类型	得分	类型	得分	类型	得分	类型	得分	类型
A 类	广东省	8.25	高	6.19	中	5.26	中	8.41	高	8.61	高
	山东省	7.73	高	7.52	高	5.08	中	7.26	高	8.58	高
	上海市	8.18	高	7.63	高	5.45	中	7.37	高	6.42	中
	浙江省	7.63	高	7.28	高	6.38	高	6.37	中	6.57	中
	江苏省	7.54	高	6.64	中	5.15	中	7.12	高	7.52	高
B 类	福建省	6.75	中	6.26	中	6.17	高	6.60	中	6.12	中
	河北省	6.62	中	5.57	低	4.68	低	5.17	中	6.87	中
C 类	天津市	7.50	高	5.12	低	4.89	低	5.75	中	4.88	低
	辽宁省	6.83	中	5.32	低	4.48	低	5.91	中	5.32	低
	广西壮族自治区	4.98	低	4.97	低	5.85	高	4.28	低	6.09	中
	海南省	4.25	低	4.55	低	6.02	高	3.73	低	6.41	中

11个沿海省（区、市）的海洋文化繁荣度大小整体呈现不均等分布，处于不同海洋文化繁荣度类型的沿海省份的影响因子特征存在差异。A类型沿海地区的海洋文化繁荣度得分及其二级指标得分均值高于我国11个沿海省（区、市），除海洋文化适应度外，B、C类型沿海地区的海洋文化繁荣度得分及其二级指标得分均值均低于我国11个沿海省（区、市）海洋文化繁荣平均水平。

A类型沿海地区海洋文化繁荣度较高，其创新度、协调度、适应度、开放度与共享度均处于中高水平；B类型沿海地区海洋文化繁荣度居中，良好的创新度、开放度与共享度推动了区域海洋文化繁荣；C类型沿海地区的海洋文化繁荣度较低，创新度、协调度、开放度与共享度的普遍低下是导致其海洋文化发展落后的关键原因。A类沿海地区的各项二级指标等级普遍优于B类沿海地区，良好的创新度、开放度与共享度是B类沿海地区优于C类沿海地区的主要原因。

第三节　新时代我国海洋文化繁荣主要任务

一、借鉴历史海洋文化经验

中世纪以来，西班牙、葡萄牙、英国和法国等国家表现出的开放的海洋文化促使其综合国力迅速提升，具有一定借鉴意义，但并非要学习西方殖民主义，而是在开放包容的态度下推进海洋发展。同时，应该学习其他国家在海洋文化发展中表现出的协同合作精神，提升海洋文化合作协调性与共享性，认真总结提升我国长达几千年历史上以"天下一体""四海一家""天下大同"的文化理念，建构、发展"环中国海文化共同体"，树立全球海洋和平文化发展的先行样板。

新时代海洋文化传承及发展应当包含对传统海洋文化思想理念的传承与

发展。深度挖掘我国传统海洋文化历史内涵，认真塑造新时代中国海洋文化品牌，提升全国海洋文化美誉度。要从建设海洋强国和弘扬中华文化的高度，认识海洋文化建设的重要性和紧迫性，要把海洋文化建设纳入海洋强国战略和文化强国战略，加强新时代海洋文化价值观体系建设，开展海洋文化宣传等。

二、协调国内海洋文化发展

沿海省区市应当充分发挥自身海洋文化建设优势及特色，形成我国独具特色的海洋文化产品形态、产业模式以及错位发展格局。强化珠三角地区及长三角地区海洋文化繁荣的带动作用，推动沿海各省（区、市）海洋文化协同发展。

推进沿海地区海洋文化协调发展。鼓励各省在滨海、近海、近岸以及海岛等区域举办海洋文化产业展，建立海洋文化产业功能园区和创意园区，发挥好政府在海洋文化产业发展中的主导作用和引导作用、科技在产业发展中的助推器作用以及市场在资源配置中的决定性作用，采用多种方式吸引竞争优势明显且综合实力较强的海洋文化创意产业在各省市内外形成集聚，打造规模化、集群化的发展模式，逐步缩小内陆文化产业与海洋文化产业的发展差距。山东省海洋文化创意产业应该加强与长江三角洲经济圈和辽东半岛经济圈的区域间交流与协调，长三角经济圈加强和"粤港澳"大湾区的互动协调，形成沿海省份的海洋产业集群与关联效应。各省份政府部门之间要强化合作意识，共同抵制地方保护主义，保障各省份在自由、平等的环境中开展合作。海洋文化产业相关的行业协会应加强合作交流，进一步延伸产业链，实现区域资源的高效整合，合理避免产品与服务的雷同化，减轻资源浪费的同时形成自身的独特优势，最终达到优势互补的双赢局面。

我国沿海各地区应注重海洋文化创新发展，紧抓海洋文化教育重大工程，高度重视海洋科教工程，重点建设与开发中国海洋大学等涉海高等院校及科研院所，进一步完善提升海洋专业技术人员的培养体系，通过组建高水平、跨学科的学术委员会，整合全球涉海智库资源，形成服务海洋强国和海洋强省战略的核心智库群。整合海洋科研力量，培养海洋科技人才，推进海洋科技创新体系建设，加快海洋高新科技发展。加强产学研合作，进一步推动海洋教育、海洋科研的体制机制完善，整合科技资源，集聚创新要素，加快构建以企业为载体、以资产为纽带，产学研相结合的海洋科技创新体系，为提升海洋传统产业提供技术支撑。

我国沿海地区要努力提升海洋文化政策与制度的开放程度，积极推进海洋人才引进及国际人才交流，加强开放意识。重点关注各省海洋文化资源可持续发展现状，注重绿色发展，塑造正确的"人海关系"意识，强化海洋生态文明建设。借助各省海洋文化产业发展的优势对特色产业进行精准定位，加强对其特色海洋文化品牌的宣传与推广工作，进一步扩大品牌效应，提升品牌保护意识，重视维护品牌形象。加强海洋自然资源、人文资源以及要素资源（资金、技术及人力）的共享性，强化海洋文化建设的省际协调联动机制。

三、增进国际海洋文化协作

我国同世界海洋文化繁荣程度较高的国家（地区）仍存在差距，应当在传承我国海洋文化的基础上，充分汲取他国先进经验，增强国际合作交流。应该吸取世界上"海洋强国"发展的经验教训，走海洋和谐、和平以及海洋文化繁荣之路。借鉴美国与欧洲海洋文化，提升海洋文化创新程度，注重创新科技驱动及创新意识培育，继续解放思想，扩大开放程度；借鉴欧洲与日本海洋文化，提升海洋文化适应性和共享性，健全完善利益相关者内部共享模型机制，重视海洋资源可持续发展。

强化新时代中国海洋文化的国际传播与交流战略，包括中国与世界主要文明区域的海洋文化群体交流与互鉴模式、中国与沿海周边国家（地区）的海洋文化共存与共享发展，中国与海上丝绸之路沿线海洋文明的溯源与再造等。中国建设海洋强国的实现，需要对内增强国民海洋意识，自觉维护海洋和谐和平，对外宣传并倡导海洋和平理念和促进国际合作机制，创新海洋文化传承与国际传播模式，推动海洋文化与科普教育、文化旅游、休闲娱乐、影视出版等领域的融合发展与国际交流互鉴，打造国际知名的海洋文化特色，促进海洋文化事业进步。

第四节　本 章 小 结

　　繁荣海洋文化是海洋强国软实力建设的重要支撑，海洋文化繁荣对国民经济发展的贡献稳步提升。新时代海洋文化内涵由单纯的涉海生活和文化活动提升至海洋文化环境创新引领及要素挖掘、海洋文化主体和过程协调、海洋环境和要素适应、海洋文化环境和要素开放、海洋文化成果和社会共享等多方面内容。我国沿海省市区海洋文化繁荣尚存在新发展理念评价指标体系视角下的区域差异，表现为不同地区海洋文化繁荣与创新水平、对外开放与包容性等方面的矛盾。我国需要辩证借鉴海洋文化繁荣及其支持强国建设的历史与国际经验，积极寻求具有新发展理念导引下的中国特色海洋文化繁荣道路，增进与国际海洋文化的交流与协作，为海洋强国建设提供重要支撑。

第八章

海洋社会保障与海洋强国建设

　　海洋社会保障是海洋强国战略目标实现的关键环节，是新时代中国特色社会主义强国建设坚持人民主体地位的现实体现，对内反映为协调、保障各类海洋社会主体利益和总体国家安全观视域下的海上安保力量建设，对外则反映为海洋命运共同体视域下的全球海洋社会保障共建。通过探讨海洋社会概念，厘清海洋社会保障内涵，尝试构建海洋社会保障评价体系，开展我国沿海省域海洋社会保障发展特征评价，对比分析我国与世界海洋强国的海洋社会保障建设状况，为新时代海洋社会保障强国建设提出发展对策。

第一节　海洋社会保障及其与海洋强国建设关系定位

一、海洋社会保障概念与内涵

（一）海洋社会保障的概念

杨国桢（2000）指出海洋社会是海洋活动中形成的人与人、人与海洋的关系总和。庞玉珍（2004）认为海洋社会是人类缘于海洋、依托海洋而形成的特殊群体。崔凤（2006）指出海洋社会是人类基于开发、利用和保护海洋的实践活动所形成的区域性人与人关系的总和。张开城（2007）强调海洋社会是人类社会的重要组成部分，基于海洋地理环境所形成的人海关系和人海互动、涉海生产和生活实践中的人际关系和人际互动加之在此基础上形成的政治、经济、文化结构共同构成海洋社会。

海洋社会互动关系所蕴含的"和平"与"冲突"两大意涵决定海洋社会具有结构不稳定的可能性，在总体安全观视域下引申出海洋安全概念（胡荣，1993）。海洋安全是指国家海洋权益不受侵害或不遭遇风险的状态（金永明，2012），反映海洋社会运行的稳定程度，是国家安全在地理空间上的重要构成部分（高子川，2006），健全的海洋社会保障体系是消解海洋社会不稳定的根本路径。海洋社会保障是指致力于维护海洋社会主体权益、协调海洋社会主体利益、消解海洋社会发展不稳定不和谐因素的制度措施，维护海洋社会主体权益，统筹海洋社会主体关系协调和海洋社会主体与海洋环境关系协调构成海洋社会保障的基本内容（同春芬、吴楷楠，2018）。

（二）海洋社会保障的内涵

习近平总书记在党的十九大报告中指出，要"推进覆盖城乡居民的社会保障体系基本建立，社会治理体系更加完善，社会大局保持稳定，国家安全全面加强"①。新时代社会保障体系建设需立足内外保障统筹，对内强调建成覆盖全民、城乡统筹、权责清晰、保障适度、可持续的多层次社会保障体系，提高社会治理社会化、法治化、智能化、专业化水平，加强预防和化解社会矛盾机制建设，正确处理人民内部矛盾，树立安全发展理念，健全公共安全体系，加强社会心理服务体系建设，加强社区治理体系建设，对外呼吁完善

---

① 习近平. 决胜全面建成小康社会 夺取新时代中国特色社会主义伟大胜利［N］. 人民日报，2017 – 10 – 28（1）.

国家安全战略和国家安全政策，健全国家安全体系，加强国家安全法治保障，提高防范和抵御安全风险能力。

落实人民主体地位是新时代中国特色社会主义建设发展必须遵循的根本原则（董朝霞，2016）。海洋强国系统工程植根于习近平新时代中国特色社会主义思想指导下的现代化强国建设目标体系中，构建健全的海洋社会保障体系以维护多元海洋主体参与海洋强国建设过程，共享海洋强国发展成果是新时代强国建设的题中应有之义（韩庆祥、黄相怀，2017）。海洋社会保障强调海洋社会主体权益的维护与调节，深刻植根于以人为本的共享发展理念中，其考察范畴主要围绕海洋社会主体利益维护和关系调节，以及海洋社会主体与海洋环境之间的关系适应性（同春芬、吴楷楠，2018）。海洋社会保障对内强调维护海洋社会主体的生产生活权益，调节海洋社会主体的复杂利益关系，其核心在于构建良性有序的海洋社会秩序。海洋社会保障对外强调应对海洋国际环境复杂多变带来的自然灾害和海上安保问题，其核心在于构建公平正义的海洋社会环境和稳定有序的海洋社会运行过程（同春芬、严煜，2016）。

二、海洋社会保障与海洋强国关系定位

海洋社会保障与海洋经济、海洋文化、海洋生态和海洋治理紧密结合，良性的海洋社会保障在促进海洋强国其他维度建设发展的进程中为海洋强国总目标的实现筑牢基础（朱坚真、岳鑫，2015）。海洋社会保障致力于调节人与海洋的关系和不同区域海洋活动中多种利益主体间的关系，有效调节不同利益群体间的复杂关系，从而形成公平公正的社会氛围，为海洋经济发展布局创造有序环境（李博、杨智、苏飞等，2016）。海洋社会保障致力于构建公平正义的海洋社会环境，一方面关注海洋社会主体参与涉海活动的利益维护和利益调节，另一方面也注重海洋社会贫弱群体的保障和救助，由此推动了海洋社会保障工作的学科细化，进一步丰富了海洋治理体系的意涵（唐国建，2015）。以人为本的海洋社会保障理念的推行与扩散有助于加深国

家社会的良好印象，为我国海洋强国战略的推进构建良好的内外环境保障，有助于实现人海和谐共处、双向给予，丰富海洋文化内涵，推动海洋文化国际传播（同春芬、韩栋，2013）。大力发展海洋社会保障工作，健全海军现代化水平，为海洋社会主体生产生活提供优质、可靠的社会管理与服务职能，有利于海洋社会主体在安全可靠、公平正义的国际国内环境中有序参与海洋强国建设过程（张俏、吴长春，2014）。海洋社会保障建设过程关注人海关系的协调发展，深入探析海洋社会主体的涉海活动与海洋生态环境的相互作用，形成了海洋生态保障的生态视野和绿色思维（严骏夫、徐选国，2019）。此外，海洋社会保障的对外建设注重在总体国家安全观视域下强化海军现代化保障能力，为我国海洋强国各维度建设布局安全有序的外部环境（杨震、方晓志，2015）。

第二节　我国海洋社会保障建设现状评价

一、海洋社会保障评价体系构建

（一）评价模型构建

海洋社会保障体系建设作为我国社会保障事业总体布局中的重要一环，其发展过程需遵从新发展理念指导，将海洋社会环境与海洋社会要素综合体看作是具有自组织系统特征的区域性社会系统，将海洋社会保障建设状态理解为海洋社会系统发展状态程度，将表征复杂系统运行特征的主要参量引申为海洋社会保障建设状态的影响因子，进而成为评价海洋社会保障状态及其模式的特征因子 X_{4t}^i，并将特征因子 X_{4t}^i 进一步划分为：海洋社会保障创新度（X_{4t}^1）、海洋社会保障协调度（X_{4t}^2）、海洋社会保障适应度（X_{4t}^3）、海洋社会保障开放度（X_{4t}^4）、海洋社会保障共享度（X_{4t}^5）等五类特征指标，即：

$$Y_{4t} = F_4(X_{4t}^i) \tag{8-1}$$

$$X_{4t}^i = \{X_{4t}^1, X_{4t}^2, X_{4t}^3, X_{4t}^4, X_{4t}^5\} \tag{8-2}$$

根据一般系统评价模型假设，假定函数满足 X_{4t}^i 大于零，其中主要特征因子水平任一维度的提高都会促进海洋社会保障状态水平函数 Y_{4t} 的提高，而且这种正向作用满足边际递减效用。

（二）沿海省域海洋社会保障评价指标体系

海洋社会保障创新度、海洋社会保障协调度、海洋社会保障适应度、海洋社会保障开放度、海洋社会保障共享度作为衡量沿海地区海洋社会保障的五大维度，是沿海地区提高海洋社会保障能力的重点方向。因此，对沿海地区海洋社会保障创新度、海洋社会保障协调度、海洋社会保障适应度、海洋社会保障开放度、海洋社会保障共享度进行进一步分析与比较，是识别各省份海洋社会保障能力提升短板、借鉴其他省份海洋社会保障经验、进一步提升海洋社会保障能力的基础。海洋社会保障指标体系架构共分为三级：一级指标为海洋社会保障度评价指标；二级指标包括海洋社会保障的开放度、协调度、适应度、创新度和共享度 5 类指标；每个二级指标又根据各自支撑因子分为三级子特征指标，三级指标既体现对二级指标的等权重支撑，又对接具体可量化及标准化的具体指标。

海洋社会保障创新度是指海洋社会管理服务组织架构和运行过程的创新水平，其创新和运行过程创新能够提升海洋社会保障效率，为海洋社会可持续发展提供动力。海洋社会保障创新度由组织架构创新度和运行过程创新度 2 个三级指标加以衡量，组织架构创新度由海洋社会管理服务组织形式创新水平和内容创新水平 2 个具体指标权衡，运行过程创新度由海洋社会管理服务制度创新水平、海洋社会管理服务理念创新水平和海洋社会管理服务技术创新水平3个具体指标权衡。

海洋社会保障协调度是指不同海洋地理单元海洋社会发展协调水平和不同海洋社会主体间的利益协调水平，海洋社会主体的多元性要求协调国内及多元主体利益关系，有序的海洋社会管理服务组织架构和协调的海洋社会管理服务制度体系有助于提升海洋社会发展的稳定性和效率水平。海洋社会保障协调度由空间发展协调度和运行体系协调度2个三级指标衡量，空间发展协调度由城乡、陆海、国内外海洋社会管理服务协调水平3个具体指标权衡，运行体系协调度由海洋社会管理服务组织架构协调水平和制度政策协调水平2个具体指标权衡。

海洋社会保障适应度是指海洋社会发展对海洋环境变化的适应程度及海洋社会管理服务运行机制对海洋社会发展需求的适应程度，良性的海洋社会管理服务体系强调对海洋环境变化的有效响应，有效的海洋社会管理服务运行机制强调对海洋社会运行过程需求的适应性。海洋社会保障适应度由环境变化适应度和运行过程适应度2个三级指标加以衡量，海洋社会保障环境变化适应度由海洋社会管理服务的自然环境适应水平、国际环境适应水平和人文环境适应水平3个具体指标权衡，运行过程适应度由海洋社会管理服务组织有序水平、内容丰富水平和公众满意水平3个具体指标权衡。

海洋社会保障开放度是指海洋社会的发展环境和管理服务体系的开放性，海洋社会根植于一定的海洋地理单元，海洋社会环境的开放性使得海洋社会发展呈现不同特色，主体多元性要求其构建覆盖多元海洋社会主体的制度体系并公开其制度形成和运行过程。海洋社会保障开放度以发展环境开放度和管理服务开放度2个三级指标加以衡量，发展环境开放度由海洋社会发展的空间开放水平和文化开放水平2个具体指标权衡，管理服务开放度由海洋社会管理服务覆盖对象开放水平、政策制定开放水平和制度运行开放水平3个具体指标权衡。

　　海洋社会保障共享度是指海洋社会发展对海洋社会主体差异性需求的满足程度，高质量的海洋社会管理服务体系注重主体利益共享水平，强调契合国内和国际直接、间接利益相关者的多元利益保障需求。海洋社会保障共享度由海洋社会保障的国内和国际共享度2个三级指标加以衡量，海洋社会保障的国内共享度由海洋社会保险、海洋救济救助、海洋群体就业、海洋社会教育、海洋社会医养、海洋社会安保和海洋社会保障对非涉海群体的溢出水平等7个具体指标权衡，海洋社会保障国际共享度由海上安全国际共同应对水平、海洋社区国际共同服务水平、海洋作业国际共同保障水平、海洋科研活动国际共同保障水平和海洋社会保障对国际其他利益相关者的溢出水平等5个具体指标权衡。综合上述分析，构建评价指标体系如表8-1所示。

表8-1　　　　　　　　　　　　沿海省域海洋社会保障评价指标体系

一级指标	二级指标	三级指标	具体指标	指标解释
海洋社会保障度（Y_{4t}）	海洋社会保障创新度（X_{4t}^1）	组织架构创新度	海洋社会管理服务组织形式创新水平	从事海洋社会管理服务的相关机构和组织开展海洋社会管理服务活动的形式创新水平
			海洋社会管理服务组织内容创新水平	从事海洋社会管理服务的相关机构和组织开展海洋社会管理服务活动的内容创新水平
		运行过程创新度	海洋社会管理服务制度创新水平	海洋社会管理服务的制度体系创新水平
			海洋社会管理服务理念创新水平	海洋社会管理服务的发展理念创新水平
			海洋社会管理服务技术创新水平	海洋社会管理服务的创新技术应用水平

续表

一级指标	二级指标	三级指标	具体指标	指标解释
海洋社会保障度（Y_{4t}）	海洋社会保障协调度（X_{4t}^2）	空间发展协调度	海洋社会管理服务城乡统筹水平	城市与乡村海洋社会发展的协调水平
			海洋社会管理服务陆海统筹水平	陆地社会与海洋社会发展的统筹水平
			海洋社会管理服务国内外统筹水平	国内与国际海洋社会发展的协调水平
		运行体系协调度	海洋社会管理服务组织架构协调水平	海洋社会管理服务机构和组织开展社会管理服务活动的协调水平
			海洋社会管理服务制度政策协调水平	海洋社会管理服务机构和组织制定出台的各项制度政策的协调发展水平
	海洋社会保障适应度（X_{4t}^3）	环境变化适应度	海洋社会管理服务的自然环境适应水平	海洋社会管理服务组织架构和运行过程对自然环境变化的有效响应水平
			海洋社会管理服务的国际环境适应水平	海洋社会管理服务组织架构和运行过程对国际环境变化的有效响应水平
			海洋社会管理服务的人文环境适应水平	海洋社会管理服务组织架构和运行过程对区域差异性人文环境（政治、经济、文化）的适应水平
		运行过程适应度	海洋社会管理服务组织有序水平	海洋社会管理服务组织架构的协调水平
			海洋社会管理服务内容丰富水平	海洋社会管理服务体系的内容丰富水平
			海洋社会管理服务公众满意水平	海洋社会管理服务对海洋群体需求的适应水平

续表

一级指标	二级指标	三级指标	具体指标	指标解释
海洋社会保障度（Y_{4t}）	海洋社会保障开放度（X_{4t}^4）	发展环境开放度	海洋社会发展的空间开放水平	国内区域间和国际海洋社区规模及海洋群体的互动交流水平
			海洋社会发展的文化开放水平	国内区域间和国际海洋社会的文化多样性和互动交流水平
		管理服务开放度	海洋社会管理服务覆盖对象开放水平	海洋社会管理服务受众的覆盖程度
			海洋社会管理服务政策制定开放水平	海洋社会管理服务制度政策制定过程的公开水平
			海洋社会管理服务制度运行开放水平	海洋社会管理服务运行过程的社会参与水平
	海洋社会保障共享度（X_{4t}^5）	海洋社会保障国内共享度	海洋社会保险共享水平	海洋社会保险覆盖水平
			海洋救济救助共享水平	海洋社会救助应急水平
			海洋群体就业共享水平	海洋社会就业保障水平
			海洋社会教育共享水平	海洋社会教育共享水平
			海洋社会医养共享水平	海洋社会卫生发展水平
			海洋社会安保共享水平	海上和沿海社区治安、军事保障水平
			海洋社会发展溢出水平	海洋社会发展对非涉海群体的溢出水平
		海洋社会保障国际共享度	海上安全国际共同应对水平	海洋社会安全国际共同保障参与度
			海洋社区国际共同服务水平	国际海洋社区服务参与度
			海洋作业国际共同保障水平	国际海上作业活动保障和服务参与度
			海洋科研活动国际共同保障水平	国际海洋科研活动保障和服务参与度
			国际其他利益相关者溢出水平	国际海洋社会共同管理服务对非涉海群体溢出水平

（三）海洋社会保障评价指标体系权重和计算方法

采用德尔菲法对二级指标权重加以确定，邀请北京大学、大连海事大学、广东海洋大学、国防科技大学、哈尔滨工程大学、青岛海洋科学与技术国家实验室、厦门大学、上海对外经贸大学、上海海洋大学、云南大学和中国海洋大学等高校和科研院所的 22 名海洋社会研究领域专家学者填写权重设置调查问卷，问卷调研共收回 22 份有效问卷，经加权平均统计，得到各二级指标权重如表 8－2 所示（保留 3 位小数）。

表 8－2　　　　　　　　海洋社会保障评价体系二级指标权重

指标	海洋社会保障创新度	海洋社会保障协调度	海洋社会保障适应度	海洋社会保障开放度	海洋社会保障共享度
权重	0.199	0.213	0.191	0.179	0.217

海洋社会保障评价指数的计算公式如下：

$$S_i = \sum_{n=1}^{n} w_i \times y_i \qquad (8-3)$$

其中，y_i 表示第 i 项指标的分值，在 [0，10] 区间内分布，w_i 为第 i 项指标权重，S_i 代表某一个省份（国家或地区）海洋社会保障水平，其数值越大表明该地区海洋社会保障程度越高。

二、沿海省域海洋社会保障建设现状评价

（一）沿海省域海洋社会保障整体评价

基于表 8－1 构建的海洋社会保障评价指标体系，借助 2009 年、2013年、2016 年沿海省份截面数据对沿海省（区、市）海洋社会保障进行评价，数据源于《中国海洋统计年鉴（2010）》《中国海洋统计年鉴（2014）》《中

国海洋统计年鉴（2017）》，各省（区、市）2010 年、2014 年、2017 年统计年鉴及海洋社会相关核心论文。通过对沿海地区海洋社会保障的时间趋势分析发现，2009～2016 年，各沿海省份海洋社会保障进一步得到完善。运用 ArcGIS 软件对海洋社会保障的空间分异格局进行可视化分析，采用自然断点法对 2016 年 11 个沿海省（区、市）海洋社会保障能力分为三个等级。其中，广东省、上海市、江苏省、山东省和浙江省海洋社会保障水平最高，处于第一等级，得分分别为 7.83、7.37、7.31、7.29 和 7.22；福建省和天津市的海洋社会保障水平处于第二等级，得分分别为 6.71 和 6.62；河北省、辽宁省、广西壮族自治区和海南省的海洋社会保障水平较低，位于第三等级，得分分别为 5.71、5.70、4.68 和 4.54。

（二）沿海省域海洋社会保障分指标评价

基于表 8-1 构建的海洋社会保障评价指标体系，对 5 个一级指标指数进行计算，并通过 ArcGIS 软件对结果进行可视化分析，按照自然断点法将海洋社会保障的 5 大二级指标指数分为三个等级水平。

从海洋社会保障创新度来看，2016 年沿海地区 11 个省（区、市）中广东省、山东省和上海市海洋社会保障创新水平最高，创新指标得分分别为 7.55、7.24 和 6.74，处于第一等级。创新指标得分处于第二等级的为江苏省、天津市、浙江省、辽宁省和福建省，指标得分分别 6.41、6.22、6.22、5.86 和 5.64。河北省、广西壮族自治区和海南省的社会保障创新水平较低，位于第三等级，得分分别为 5.22、4.95 和 4.55。广东于 2013 年起即着手筹建结构完整、技术先进、功能完善的海洋功能区划管理信息系统，山东省则从 2016 年初开始启动搭建"智慧海域"管理信息平台，这两个省海洋管理创新成果突出。地处广东的广东海洋大学和地处山东的中国海洋大学围绕海洋社会建设与主体利益维护形成了诸多文献研究成果，成为海洋社会保障理念创新的"领头羊"。河北省、辽宁省和海南省虽具有较长的海洋开发历史，但其海洋社会群体较为固定和原始，渔民群体在其海洋社会构成中占据主要位置，这也使得其海洋社会保障的政策制定主要面向渔民保障，在制度革新、理念革新等方面与东部沿海发达省份相比存在一定差距。

从海洋社会保障协调度来看，2016 年海洋社会保障协调程度在沿海地区存在较明显的空间差异，其中，浙江省、福建省、广东省和上海市海洋社会保障协调指标得分最高，处于所有沿海地区中的第一等级，协调指标得分为 8.24、8.23、8.02 和 7.75；山东省、江苏省、天津市和河北省协调指标得分分别为 7.14、7.02、6.77 和 6.22，位于第二等级。辽宁省、海南省和广西壮族自治区协调指标的得分分别为 5.27、4.96 和 4.55，指标得分较低，位于第三等级。舟山渔场辐射下的海洋渔业集聚区促成了福建省、浙江省、上海市和广东省等主要省份关注海洋群体特别是从事渔业活动的海洋群体的协同保障，四省沿海地区的海洋经略历史促使渔业产业化程度不断提升，融合现代加工业演化形成了区域产业链集聚的生产格局，这也促使四省份在海洋社会保障的制度制定中高度关注区域协同规划。受地理位置制约，海南省和广西壮族自治区的海洋社会群体集中分布在北部湾海域内，濒临中南半岛东岸，与沿海其他省份的海洋社会群体集聚区关联性较弱，加之与越南等中南半岛沿线国家存在长期利益冲突，其对外海洋社会保障的区域协调规划服从于国家南海开发的整体规划布局中，使得其海洋社会保障整体协调度较低。

从海洋社会保障适应度来看，2016 年沿海地区 11 个省（区、市）中以广东省、天津市、江苏省和福建省的海洋社会保障适应程度最高，指标得分分别为 8.01、7.84、7.53 和 7.31，处于所有沿海地区中的第一等级。上海市、浙江省、辽宁省和山东省处于第二等级，适应指标得分分别为 7.02、6.75、6.62 和 6.14。河北省、广西壮族自治区和海南省适应指标得分较低，3 个地区均位于第三等级，协调指标得分分别为 4.64、4.41 和 4.24。广东省、天津市、江苏省和福建省 4 个省份的海洋社会保障组织机构完善，构建了政府主导、社会参与的共同保障机制，充分发挥了政府制度保障与社会服务工作的互补作用，围绕海洋社会保障发生的信访与投诉案例较少，收获了较好的社会满意度，反映出其高效的海洋社会保障效率和社会满意水平。广西壮族自治区和海南省的海洋社会保障体系政府主导性强，社会组织参与程度较低，不能很好地满足多元化的海洋社会群体的社会保障需求，在海洋社会保障运行过程中,近海沿岸地区人海关系矛盾没有得到良性化解,部分地区的生态状况有恶化趋势,海洋社会保障工作未能适应海洋自然环境的修复需求,使其海洋社会保障的整体适应度较弱。

从海洋社会保障开放度来看,2016 年该指标得分在沿海地区呈现出明显的空间分异格局,沿海地区 11 个省(区、市)中以山东省、广东省、浙江省和江苏省的海洋社会保障开放程度最高,开放指标得分分别为 8.12、8.08、7.77 和 7.43,4 个地区均处于所有沿海地区中的第一等级。福建省、上海市和天津市开放指标得分分别为 6.98、6.74 和 6.22,处于第二等级。辽宁省、河北省、广西壮族自治区和海南省海洋社会保障开放度得分较低,指标得分分别为 5.86、5.55、5.16 和 4.77,四省份位于第三等级。所辖海域面积及其文化多样性一定程度上反映出各省开展社会保障工作所植根的环境开放度,山东省、广东省、浙江省和江苏省的海洋文化多样性水平较高,所辖可开发的海域面积较广且资源丰富,海洋社会群体类型丰富人员数量多,加之海域连通性强促使海洋社会群体跨省参与海洋社会活动的频率高,由此构成了高度开放的海洋社会保障体系。河北省和广西壮族自治区虽辖有较大海域面积,但其均为环状内海,与周边地区的海域连通性较差,对外辐射作用弱,而海南省所辖南海海域地缘形势复杂,主权纠纷尚未化解,制约了其海洋群体活动的丰富性,促使三省海洋社会保障的开放程度较低。

从海洋社会保障共享度来看,2016 年沿海地区 11 个省(区、市)该指标得分差异较大,其中上海市的海洋社会保障共享度最高,共享指标得分为 8.43,同样处于第一等级的还有江苏省、山东省和广东省,共享指标得分分别为 8.17、7.83 和 7.57;浙江省、河北省和天津市指标得分处于第二等级,共享指标得分依次为 7.13、6.74 和 6.11。福建省、辽宁省、广西壮族自治区和海南省均为海洋社会保障共享度的第三等级,指标得分较低,分别为 5.47、5.06、4.44 和 4.22。改革开放以来,上海市海洋经济的现代化程度不断提升,涌现出丰富的海洋社会群体类型,多外海洋交流与合作覆盖领域广泛,这促使上海市海洋社会保障高度重视群体的利益分配,对国内海洋直接与间接利益群体构建了较为平衡的海洋社会保障共享机制,在制度制定和执行过程中关注不同海洋群体的保障需求，较好地满足了多元海洋社会主体从事海洋活动的生产生活制度保护和社会服务。广西壮族自治区和海南省海洋事业发展相较于东部发达沿海省份仍有一定差距，但随着海洋经济的持续发力，两省份海洋社会群体的丰富程度不断提升，但对新兴海洋社会群体的社会保障需求未能及时满足，在制定海洋社会保障的过程中对与海上周边国家利益相关群体的关注度较低，使其海洋社会保障的整体共享性与其他省份存在较大差距。

（三）评价结果分析

依据 ArcGIS 软件自然分段结果高低将 11 个沿海省（区、市）划分为 A、B、C 三种类型，其中，A 型为海洋社会保障度较高地区，B 型为海洋社会保障度居中地区，C 型为海洋社会保障度较低地区（见表 8 - 3）。

表 8 - 3　　　　　2016 年沿海省域海洋社会保障建设水平分类型评价

类型	省份	创新度		协调度		适应度		开放度		共享度	
		得分	类型	得分	类型	得分	类型	得分	类型	得分	类型
A 类	广东省	7.55	高	8.02	高	8.01	高	8.08	高	7.57	高
	上海市	6.74	高	7.75	高	7.02	中	6.74	中	8.43	高
	江苏省	6.41	中	7.02	中	7.53	高	7.43	高	8.17	高
	山东省	7.24	高	7.14	中	6.14	中	8.12	高	7.83	高
	浙江省	6.22	中	8.24	高	6.75	中	7.77	高	7.13	中
B 类	福建省	5.64	中	8.23	高	7.31	高	6.98	中	5.47	低
	天津市	6.22	中	6.77	中	7.84	高	6.22	中	6.11	中
C 类	河北省	5.22	低	6.22	中	6.22	低	5.55	低	6.74	中
	辽宁省	5.86	中	5.27	低	6.62	中	5.86	低	5.06	低
	广西壮族自治区	4.95	低	4.55	低	4.55	低	5.16	低	4.44	低
	海南省	4.55	低	4.96	低	4.96	低	4.77	低	4.22	低

11 个沿海省（区、市）的海洋社会保障度整体分布不均，处于不同海洋社会保障度类型的沿海省（区、市）的影响因子特征存在差异。A 类型省份的海洋社会保障创新度、协调度、开放度和共享度均高于我国 11 个沿海省（区、市）海洋社会保障度平均水平。B 类型省份的海洋社会保障协调度和适应度高于我国 11 个沿海省（区、市）海洋社会保障度平均水平，而共享度则低于我国 11 个沿海省（区、市）海洋社会保障度平均水平。除河北省外，C 类型其他沿海地区的海洋社会保障指数得分及其二级指标得分均低于我国 11 个沿海省（区、市）海洋社会保障度平均水平。

A 类型沿海地区海洋社会保障度较高，其创新度、协调度、适应度、开放度与共享度均处于中高水平；B 类型沿海地区海洋社会保障度居中，中高水平的协调度与适应度一定程度上提升了海洋社会保障度，创新与开放程度均处于中等水平，需要进一步提升治理社会保障创新能力、开放程度和共享水平；C 类型沿海地区的海洋社会保障度较低，普遍的协调度、适应度、开放度与共享度低下是导致其海洋社会保障度较差的重要原因。创新性较强、开放度较高和共享度较高是 A 类沿海地区优于 B 类沿海地区的主要原因，B 类沿海地区的多数二级指标等级均优于 C 类沿海地区。

第三节　新时代我国海洋社会保障主要任务

一、提升海洋社会保障创新发展能力

习近平总书记于 2021 年中共中央政治局第二十八次集体学习时强调，要"坚持与时俱进，用改革的办法和创新的思维解决发展中的问题，坚决破除体制机制障碍，推动社会保障事业不断前进"[①]。推进海洋社会保障建设，

[①]　习近平. 促进我国社会保障事业高质量发展、可持续发展［J］. 求是，2022（8）：4 - 10.

要持续增加政府对海洋社会保障理论研究的经费投入，重视海洋理念和技术的创新与升级，坚持新发展理念，遵循高质量发展要求，大力推进海洋社会保障体系改革创新，积极建立政府引导、民间参与的各类形式的海洋社会保障组织体系，促进海洋社会保障人才交流与沟通，加大政府对海洋教育的投入，高度重视海洋科教工程，加大人力资本投入，积极培育孵化海洋高素质人才，促进海洋教育升级与创新，不断提升海洋社会主体经略海洋能力。

二、增强海洋社会保障国内国际统筹能力

海洋命运共同体视域下的海洋社会保障建设是统筹国内、国际两个大局的发展方略。"建设强大的现代化海军是建设世界一流军队的重要标志，是建设海洋强国的战略支撑，是实现中华民族伟大复兴中国梦的重要组成部分"[1]，"构建人类命运共同体，建设持久和平、普遍安全、共同繁荣、开放包容、清洁美丽的世界"[2]。实现海洋社会的普遍安全，一方面要持续推进海上防卫力量建设，"统筹近海和远海力量建设，统筹水面和水下、空中等力量建设，统筹作战力量和保障力量建设，确保形成体系作战能力"[3]。另一方面需致力于构建协调有序的国际海洋社会保障运行体系，重视同有关国家加强海上安保合作，共同应对海上非传统安全带来的复杂风险，着力构建命运共同体视域下的海洋社会全球共同保障格局。

---

① 新华社. 习近平在视察海军机关时强调 努力建设一支强大的现代化海军 为实现中国梦强军梦提供坚强力量支撑 [EB/OL]. http://www.xinhuanet.com/politics/2017-05/24/c_1121029720.htm, 2017－05－24.

② 习近平. 决胜全面建成小康社会 夺取新时代中国特色社会主义伟大胜利 [N]. 人民日报, 2017－10－28（1）.

③ 新华社. 习近平在视察海军机关时强调 努力建设一支强大的现代化海军为实现中国梦强军梦提供坚强力量支撑 [EB/OL]. http://www.xinhuanet.com/politics/2017-05/24/c_1121029720.htm, 2017－05－24.

三、夯实海洋社会保障多元适应能力

社会保障关乎人民最关心最直接最现实的利益问题，发展和完善海洋社会保障制度体系，应坚持以人为本的根本理念，夯实完善海洋社会保障制度和政策体系，构建适宜社会发展需求的海洋社会保障体系，统筹兼顾海洋社会主体利益维护、调节和人海关系协调有序，构建有效机制精准甄别与化解海洋社会风险，针对域内、域外和自然、人文等不同类别的海洋社会安全问题制定差异化应对策略，不断完善海洋社会公共服务供给，协调海洋社会主体涉海活动利益关系，健全海洋保险制度，制定最低生活保障标准，解决海洋社会主体最低生活保障问题，加大对海洋医疗卫生事业的投入，加强海洋医疗卫生机构建设，完善海洋医疗卫生服务体系和医疗保障体系。

四、激发海洋社会保障法规支撑合力

推进海洋社会保障建设要做到有法可依，重视以立法形式维护海洋社会群体的利益，加强海洋社会保障立法依据研究，加快海洋社会保障基本法立法进度，健全海洋社会保障管理机构以及规范海洋执法队伍，合理利用海洋社会保障法律法规来维护海洋社会群体的利益，减少海洋社会主体间利益冲突。坚持用系统思维统筹考虑国家社会保障体系建设与海洋社会保障体系建设的关系，加快规划与实施同国家社会保障体系紧密衔接，符合海洋社会发展特征的保障制度和政策体系。

五、强化海洋社会主体权益维护能力

新时代海洋社会保障强国建设要将海洋社会保障制度政策制定与落地实施相统筹，一方面要以系统化和综合化眼光看待海洋社会保障体系建设，明确海洋社会保障的层次和主体，加大海洋社会保障覆盖范围，完善海洋社会

保障政策体系多样化建设。另一方面通过改善海洋社会保障服务方式，加大对海洋社会主体的海洋意识宣传，提高公众海洋意识，激发与培育海洋社会主体的开拓探索精神，加大对海洋事业参与的扶持力度，积极鼓励群众投身海洋事业，增强海洋社会主体的权益维护意识，确保海洋社会主体切实获得应有保障，

第四节　本 章 小 结

海洋社会保障是新时代海洋强国战略体系的关键一环，是海洋强国建设坚持人民主体地位的核心体现，以锻造创新能力提升、空间与过程协调、内容同需求适应、覆盖主体开放和发展成果多元主体共享的海洋社会服务管理和发展体系为基本内涵，强调协调、维护国内海洋社会主体利益，保障海洋社会主体安全，并以构建海洋命运共同体视域下的全球海洋社会普遍安全为价值指向。我国沿海省域海洋社会保障建设水平差异显著，发展状态不协调，海洋社会保障创新能力存在短板，海洋社会保障开放水平提升同适应能力改善、成果共享共建之间等尚存矛盾。

第九章

海洋生态文明与海洋强国建设

海洋生态文明建设以人与海洋和谐共生、良性循环、可持续发展为主题，是我国海洋事业健康发展的必由之路，是海洋强国战略实施的客观需要。通过探讨海洋生态文明概念，构建海洋生态文明发展评价指标体系，开展我国沿海省（区、市）海洋生态文明发展特征评价，为新时代海洋生态文明强国建设提出发展对策。

第一节　海洋生态文明及其与海洋强国建设关系定位

一、海洋生态文明概念与内涵

（一）海洋生态文明的概念

"文明"一词源自拉丁文"civis"，本意指人民生活在集团中的能力，引申为先进的社会和文化发展状态及其过程（Dezzani，2017），由梁启超等引入国内。西方大规模的海洋探索逐渐形成"海洋文明"，包括物质、精神、制度、政治和生态五个层面（鹿红，2018）。"生态"一词来自古希腊语，叶谦吉先生（1987）最早将这一概念引入国内，将其定义为人与自然和谐统一的关系（Hansen Li and Svarverud et al.，2018）。

刘家沂（2007）将海洋生态文明概括为延续生存而更新的海洋文明形态，形成人与海洋、人与人、人与社会和谐共生的格局。俞树彪（2012）认为海洋生态文明最终要推动海洋生产与生活方式转变，海洋资源综合开发和海洋经济科学发展至关重要。陈凤桂等（2014）从人与海洋可持续发展角度对海洋生态文明进行界定。杨英姿等（2020）将海洋生态文明发展的终极目标界定为人的全面发展与海洋的生态平衡之间达到和谐统一。

海洋生态文明建设是要通过海洋生态系统维护、陆海统筹治理、海洋生态红线划定和海洋生态制度设立等方式（沈满洪、毛狄，2020），保护海洋水体、海岸带、海洋中的各种生物和非生物资源（张德贤、戴桂林、孙吉亭等，2000），重视围海造地对海洋环境功能的巨大破坏（郭伟、朱大奎，2005），明确海洋生态系统的重要价值与意义（王友绍、孙翠慈等，2019；石洪华、郑伟等，2008），开展近海生态系统长期观测与系统研究（孙晓霞、孙松，2019），最终建成"水清、岸绿、滩净、湾美、物丰、人悦"的美丽海洋（关道明，2015）。

（二）海洋生态文明的内涵

海洋生态文明要求协调海洋环境保护与海洋经济发展，坚持开发与保护并举，海洋经济要实现可持续发展必须确保海洋生态保护与海洋资源开发相平衡，高质量的海洋生态环境会推动更大规模与层次的海洋经济发展，以科学的资源开发方式与活动推动海洋产业发展与海洋生态维护双效并举（刘健，2014）。坚持"陆海统筹"开展沿海空间规划（李彦平、刘大海、罗添，2020），推动形成陆海协调、人海和谐的生态文明大格局（石洪华、郑伟等，2008）。陆域经济辐射和带动海洋经济，海洋经济拓展和提升陆域经济（刘赐贵，2012），应建设蓝色粮仓，确保沿海产业布局与海洋资源环境承载能力相适应，推动近岸海域生态化、农牧化和海洋捕捞远洋化（李大海，韩立民，2019），加强污染物入海监管。牢固树立海洋生态安全意识，最大限度降低和控制人类活动对海洋生态环境的影响，并采取补救措施修复现有被破坏的海洋生态系统（杨振姣、姜自福，2010），巩固海洋系统和自然系统良性循环发展基础地位（柯昶、曹桂艳等，2013）。扩大公众参与，完善海洋生态教育机制，开展海洋生态文明宣传教育和社会公益活动、海洋生态文化节、创意海洋生态纪念品展，推动国家海洋公园建设及门票价格最优（蒋小翼，2019；李京梅、丁中贤等，2020），将海洋生态文明理念引入日常生活，提高公众自觉保护海洋意识。

二、海洋生态文明与海洋强国建设关系定位

海洋生态文明建设是我国海洋事业健康发展的必由之路，是海洋强国战略的客观需要，是人海和谐关系的必然选择（Beninger，Boldina and Katsane-vakis et al.，2012），是海洋强国战略的基础。海洋生态文明建设要求转变海洋经济发展方式，必须坚持陆海统筹、实施科技兴海、加强行政管理（Port-man，2014）和积极探索发展海洋碳汇（赵云、乔岳、张立伟，2021）。海洋生态文明保证海洋治理体系建设，要完善生态红线等一系列制度，不断夯实海洋生态环境法治基础，积极参与并做好海洋空间规划和海洋保护区建设（Retzlaff and Lebleu，2018），增加禁渔区（Almany，2015），发挥新技术对维护海洋生物多样性的作用（Thompson，2017）。海洋生态文明是海洋文化的子体，海洋生态文明的核心是海洋生态文化，而海洋生态文化是海洋文化的重要组成部分，要传承和创新海洋生态文化遗产（王苧萱、李震，2018），加强社会生态遗产保护（Otero，Boada and Tabara et al.，2013）。海洋生态文明有利于识别海洋生态环境安全风险，建设海洋生态安全屏障与海洋环境灾害预警，加强海洋安全风险业务化、制度化管理，要加强深海生态系统研究保护（Danovaro，Snelgrove and Tyler et al.，2014），加大海洋环境保护力度，提前应对海平面上升等气候变化灾害（Tamaki，Nozawa and Managi et al.，2017），加强海岸带生态保护机制建设。

第二节　我国海洋生态文明强国现状评价

一、海洋生态文明评价体系构建

（一）评价模型构建

针对"海洋生态补偿""海洋生态承载力""海洋可持续发展"等具体海洋生态问题进行研究的文献在国内并不少见。本书对目前海洋生态文明建设及相关领域评价指标体系构建情况进行了简要梳理，对海洋生态文明建设及相关研究的评价指标体系基本基于两种思路。一种是基于海洋生态文明建设面临的实际问题，另一种则是基于压力及压力－响应模型对评价指标体系进行构建。第一种思路在相关研究中使用更为广泛，然而由于研究侧重点的差异，在子系统设定及基础指标的选取中也存在一定的差异。从已有指标体系可以看出，海洋经济、海洋生态及海洋社会是子系统设定通常包含的三个方面。第二种思路在对海洋生态承载力的相关研究中较为常见，如高乐华（2012）引入压力响应模型。

基于前文分析，将海洋生态文明建设状态理解为海洋生态系统发展状态程度，将表征复杂系统特征的主要因子引申为海洋生态文明建设状态的影响因子，进而成为评价海洋生态文明状态及其模式的特征因子 X_{5t}^{i}。计算公式如下：

$$Y_{5t} = F_5(X_{5t}^{i}) \qquad\qquad (9-1)$$

$$X_{5t}^{i} = \{X_{5t}^{1},\ X_{5t}^{2},\ X_{5t}^{3},\ X_{5t}^{4},\ X_{5t}^{5}\} \qquad\qquad (9-2)$$

其中，X_{5t}^{1}、X_{5t}^{2}、X_{5t}^{3}、X_{5t}^{4}、X_{5t}^{5}分别为海洋生态文明创新度、海洋生态文

明协调度、海洋生态文明适应度、海洋生态文明开放度及海洋生态文明共享度因子。

（二）沿海省域海洋生态文明评价指标体系

总体来看，现有的评价指标虽然在研究思路上大体一致，但在指标选取中仍存在一定的差异。对现有指标体系的梳理可见，对海洋生态文明建设的评价指标体系对海洋生态的侧重较大，对海洋生态文明进行系统性研究的较少；针对沿海地区海洋生态文明建设的研究以11个省（区、市）的对比性研究较多，对地区间协调度的研究较少；以海洋经济、海洋环境治理、海洋资源开发等定量评价的研究居多，综合考虑海洋生态管理水平、海洋生态文化宣传等定性指标的研究较少。基于以上对海洋生态文明建设及相关领域评价指标体系构建的研究梳理，依据新发展理念构建海洋生态文明指标体系（如表9－1所示），包括海洋生态文明创新度、海洋生态文明协调度、海洋生态文明适应度、海洋生态文明开放度和海洋生态文明共享度5个二级指标。在对具体指标选取中，参考学者们（鹿红、王丹，2017；杜岩、秦伟山，2019）对海洋生态文明创新、协调、适应、开放、共享等相关维度的研究成果，下设28个三级指标，作为海洋生态文明建设评价的基础。

表9－1　　　　海洋生态文明建设评价指标体系

一级指标	二级指标	三级指标	具体指标	指标解释
海洋生态文明度（Y_{5t}）	海洋生态文明创新度（X_{5t}^1）	组织结构创新度	海洋生态文明机构创新水平	涉海科研机构设置水平
			海洋生态文明组织创新水平	海洋生态环境观测站点建设水平
		运行过程创新度	海洋生态文明技术投入水平	涉海科研机构经费投入情况
			海洋生态文明理念创新水平	各省发表的与海洋生态文明建设相关的论文数

续表

一级指标	二级指标	三级指标	具体指标	指标解释
海洋生态文明度（Y_{5t}）	海洋生态文明协调度（X_{5t}^2）	空间发展协调度	陆地与海洋生态文明协调水平	海洋生态文明政策文件中涉及陆海统筹规划的条目数量
			国内海洋生态文明协调水平	海洋生态文明政策文件中涉及国内协调规划的条目数量
			国际海洋生态文明协调水平	海洋生态文明政策文件中涉及国际协调规划的条目数量
		运行过程协调度	海洋生态文明制度协调水平	省级及以上海洋生态文明规划数量
			海洋生态文明机构协调水平	海洋生态治理实施机构数量
			海洋生态文明运行协调水平	沿海地区海洋保护区建设情况
	海洋生态文明适应度（X_{5t}^3）	环境变化适应度	海洋生态环境压力水平	沿海地区向海排污状况
			海洋生态环境状态水平	海洋生态环境污染指数
			海洋生态环境响应水平	沿海地区污染治理项目情况
		运行机制适应度	海洋生态文明组织机构水平	海洋生态文明机构层次与运行水平
			海洋生态文明公众满意水平	涉及海洋生态文明信访、投诉频次
	海洋生态文明开放度（X_{5t}^4）	运行环境开放度	海洋资源空间开发水平	海岸带、海岛等资源开发状况
			海洋生态文明传递水平	海洋经济对外发展状况
		运行过程开放度	海洋生态文明服务相关者多样化水平	海洋生态文明覆盖国内外海洋直接、间接利益海洋主体种类、数量
			海洋生态文明政策制定公开水平	海洋生态文明制度草案、制度公布相关新闻数量
			海洋生态文明运行过程公众参与水平	政府出台的海洋生态文明文件数和非政府社会组织及个人参与海洋生态文明频次

一级指标	二级指标	三级指标	具体指标	指标解释
海洋生态文明度（Y_{5t}）	海洋生态文明共享度（X_{5t}^5）	国内海洋生态文明共享度	海洋生态环境共治水平	区域间海洋生态环境治理合作水平
			海洋生态文明共建水平	区域间海洋生态文明建设合作项目等数量
			海洋生态福利共享水平	海洋生态补偿水平
			国内其他利益相关者溢出水平	海洋生态文明发展对国内其他利益相关者的溢出水平
		国际海洋生态文明共享度	国际海洋生态灾害共同应对水平	国际共同治理海洋生态水平
			国际 NGO 组织海洋生态合作治理水平	国际 NGO 组织共同参与海洋生态治理水平
			国际海洋科研活动共同参与水平	国际海洋科研活动共同参与水平
			国际其他利益相关者溢出水平	国海洋生态文明发展对其他国际利益相关者的溢出水平

　　基于新发展理念从海洋生态文明创新、海洋生态文明协调、海洋生态文明适应、海洋生态文明开放及海洋生态文明共享五个子系统构建指标体系。许妍等（2016）指出海洋科技创新作为海洋生态文明建设基础研究的支撑，在海洋监测、生态修复与资源开发等方面占重要席位，但当前国内在海洋科技研发中仍处于国际相对落后水平，如何实现科技创新并为海洋生态文明建设所用是海洋生态文明建设中需克服的一大障碍。海洋生态文明创新度是指海洋生态组织结构和运行过程的创新程度，二级指标下设组织结构和运行过程创新度两个维度，具体通过海洋生态机构创新水平、组织创新水平、技术投入水平和理念创新水平四个方面加以衡量。

　　海洋生态文明协调度是指海洋生态系统空间发展以及运行过程中系统或要素间和谐一致的程度，二级指标下设空间发展和运行过程协调度两个维度，具体通过陆海生态协调水平、国内协调水平、国际协调水平、海洋生态文明制度协调水平、海洋生态文明机构协调水平、海洋生态文明运行协调水平六个方面加以衡量。

海洋生态文明适应度是指海洋生态的环境变化适应和运行机制适应程度，二级指标下设环境变化和运行机制适应度两个维度，具体通过对海洋生态环境压力水平、海洋生态环境状态水平、海洋生态环境响应水平、海洋生态文明组织机构水平和海洋生态文明公众满意水平五个方面加以衡量。

海洋生态文明开放度是指海洋生态文明的运行环境和运行过程的开放水平，二级指标下设运行环境和运行过程开放度两个维度，具体通过海洋资源空间开发水平、海洋生态文明传递水平、海洋生态文明服务相关者多样化水平、海洋生态文明政策制定公开水平和海洋生态文明运行过程公众参与水平方面加以衡量。

海洋生态文明共享度是指各参与方对于海洋生态事务的参与程度，具体从国内和国际维度通过海洋生态环境共治水平、海洋生态文明共建水平、海洋生态福利共享水平、国内其他利益相关者溢出水平、国际海洋生态灾害共同应对水平、国际非政府组织海洋生态合作治理水平、国际海洋科研活动共同参与水平和国际其他利益相关者溢出水平 8 个方面加以衡量。

（三）海洋生态文明评价指标体系权重和计算方法

采用德尔菲法对二级指标权重加以确定，邀请辽宁师范大学、中国海洋大学、自然资源部第一海洋研究所、国家海洋环境监测中心、厦门大学、中国科学院南海海洋研究所、上海海洋大学和宁波大学等高校和科研院所的 23 名海洋生态研究领域专家学者填写权重设置调查问卷，问卷调研共收回 23 份有效问卷，经加权平均统计，得到各二级指标权重如表 9-2 所示。

表 9-2　　　　　　　　海洋生态文明评价体系二级指标权重

指标	海洋生态文明创新度	海洋生态文明协调度	海洋生态文明适应度	海洋生态文明开放度	海洋生态文明共享度
权重	0.224	0.197	0.213	0.178	0.188

本书依据专家打分所得权重，对整体生态文明建设状态进行评价，计算公式如下：

$$S_i = \sum_{n=1}^{n} w_i \times y_i \qquad (9-3)$$

其中，y_i 表示第 i 项指标的分值，在 [0，10] 区间内分布，w_i 为第 i 项指标权重，S_i 代表某一个省市（国家或地区）的海洋生态文明建设水平，其数值越大表明该地区海洋生态文明建设水平越高。

二、沿海省域海洋生态文明建设现状评价

（一）沿海省域海洋生态文明整体评价

基于表 9-1 构建的海洋生态文明评价指标体系，借助 2009 年、2013 年、2016 年沿海省份断面数据对沿海省份海洋生态文明建设现状进行评价，数据源于 2010 年、2014 年和 2017 年《中国海洋统计年鉴》，相关年份《海域环境质量公报》，各省份 2010 年、2014 年、2017 年统计年鉴及相关领域核心论文。通过对沿海地区海洋生态文明建设的时间趋势分析发现，各省份海洋生态文明建设呈不断改善状态。运用 ArcGIS 软件对海洋生态文明的空间分异格局进行可视化分析，采用自然断点法对 2016 年 11 个沿海省份海洋生态文明度分为三个等级。其中山东省、广东省、浙江省和上海市海洋生态文明建设位于第一等级，指数得分分别为 8.02、7.95、7.84 和 7.73；江苏省、天津市和河北省、天津市海洋生态文明建设位于第二等级，指数得分分别为 7.59、7.55 和 7.29；福建省、辽宁省、广西壮族自治区和海南省海洋生态文明建设较差，位于第三等级，指数得分分别为 7.14、7.02、6.96 和 6.63。从时间演变上来看，山东省、广东省、浙江省和上海市三个年份内均位于第一等级，广西壮族自治区和海南省尽管生态文明指数有所提升，但仍处于沿海地区较落后水平。

对各省份海洋生态文明的指标进一步分析发现，山东省、广东省及浙江

省在海洋资源禀赋、海洋水质及海洋生态保护制度建设等方面存在一定优势。例如，山东省的青岛、烟台、威海等地海洋水质处于国内沿海较高水平，海洋旅游资源优势突出；广东省海洋经济发展、海洋环境保护及海洋生态政策实施等方面均处于较为领先水平；浙江省拥有沿海地区最为丰富的海岛资源。天津、江苏及福建因本身海域海洋水质问题比较突出，一定程度上对整体海洋生态文明建设产生了影响。河北省、辽宁省、海南省和广西壮族自治区等地海洋生态文明建设相对落后，一方面是因本身海洋资源禀赋导致的海洋经济发展相对落后，另一方面则是后期海洋生态文明监管及配套政策实施建设也处于相对落后水平所致。对于海洋生态文明建设空间差异的形成原因，将基于一级指标进行进一步分析。

（二）沿海省域海洋生态文明分指标评价

海洋生态文明创新度、海洋生态文明协调度、海洋生态文明适应度、海洋生态文明开放度、海洋生态文明共享度作为衡量沿海地区海洋生态文明的五大维度，是沿海地区提高海洋生态文明度的重点方向。因此对沿海 11 个省（区、市）海洋生态文明创新度、海洋生态文明协调度、海洋生态文明适应度、海洋生态文明开放度、海洋生态文明共享度进行进一步分析与比较，是识别各省市在海洋生态文明建设中的短板所在，从而借鉴高水平地区发展经验，为实现海洋生态文明建设的协同提升提供依据。在表 9 - 1 所建立的指标体系的基础上，对各一级指标的综合指数得分进行测算，使用 ArcGIS 软件对结果进行可视化分析，按照自然断点法将一级指标指数分为三个等级水平。

从海洋生态文明创新度来看，沿海地区 11 个省（区、市）中山东省指数最高，指数得分为 8.79，海南省指数最低，得分仅为 5.73。依据自然断点法进行的等级划分来看，处于最高等级的还有广东省和浙江省。创新指标得分处于第二等级的为上海市、天津市和河北省，指数得分位于 8.00 ~ 8.29 之间。福建省海洋生态创新水平仅次于第二等级的各地区，辽宁省、广西壮族自治区和海南省在海洋生态文明创新方面仍处于相对落后水平，尤其对海洋生态创新人才储备及科技成果转化中处于相对落后水平。结合李晓璇和刘大海

（2018）等对涉海科研机构空间布局的相关研究，山东省、上海市、广州市、天津市在海洋科研人员及涉海科研经费投入中都处于优势地位；辽宁省尽管涉海科研机构及科研人员储备优厚，但科研投入相对落后，一定程度上制约了海洋生态文明的建设，广西壮族自治区和海南省则处于我国海洋科研队伍建设的边缘地带，对海洋生态文明建设的创新处于落后地位。

从海洋生态文明协调度来看，浙江省在沿海地区中指数得分最高，为8.27，且在研究时段内改善显著。同样位于第一等级的还有江苏省、山东省、广东省和上海市，协调指标得分在7.80～8.12之间，上述地区在海洋生态文明协调方面差异较小。天津市、福建省、河北省和辽宁省位于第二等级，协调指标的得分分别为7.45、7.18、7.16和6.97。广西壮族自治区和海南省的指标得分较低，位于第三等级，海南省因其特殊的海岛属性，具有一定的地理分离属性，如何克服地域困难，提升海洋生态文明建设的协调度成为其未来发展需要克服的一大难题。

从海洋生态文明适应度来看，广东省、山东省、浙江省、上海市和天津市的指标得分较高，位列第一等级，一方面得益于海域环境及资源禀赋，另一方面也是在海洋生态相关治理中的成果体现。其余地区中，除广西壮族自治区海洋生态文明适应处于第三等级外，其余7个省（市）均属于第二等级，指数得分在7.13～7.37之间。可见沿海大部分地区海洋生态文明建设尚需要，在海洋生态适应中强化人海协调关系、海域开发能力、海洋生态修复等。广西壮族自治区在海洋生态文明适应打分结果中处于落后地位，结合广西在海洋经济发展中处于落后水平的现状，可见广西壮族自治区海洋资源开发水平较低，人海关系的建设较其他地区起步较晚，资源开发与环境保护意识需进一步加强。

从海洋生态文明开放度来看，除广东省和上海市海洋生态文明开放水平较高外，其他地区海洋生态系统的开放度仍处于相对较低水平，大部分地区指数得分集中于7.16～7.85之间。按照等级划分来看，位于第二等级的省份有4个，分别为天津市、山东省、浙江省和广西壮族自治区。福建省、河北省和海南省开放指数得分较低，位于最低等级。上海市和广东省因历史及地理原因，在经济整体开放水平上本身处于领先水平，相应地，对海洋经济发展及海洋生态文明建设产生了一定影响。天津市、江苏省、山东省及浙江省在海洋生态文明建设实施中，一定程度上对部门间、地区间合作有所注重，海洋生态文明开放逐步推进。广西壮族自治区、海南省、福建省等地在当前状态下，如何借助海洋历史文化资源优势，推广海洋生态文明宣传，加强区域间合作是海洋生态文明建设开放水平提升的方向所在。

从海洋生态文明共享水平来看，沿海地区 11 个省（区、市）该指标得分差异较大，其中山东省的共享度最高，共享指标得分为 7.92，同样处于第一等级的还有广东省和浙江省，共享指标得分分别为 7.74 和 7.73。除辽宁省和广西壮族自治区外，其余省份位于第二等级，指标得分在 7.45～7.71 之间。沿海 11 个省（区、市）的共享指数偏低，可见提升居民对海洋生态文明建设的参与度仍是大多数地区在生态文明建设领域的短板所在。

（三）评价结果分析

依据 ArcSGIS 软件自然分段结果高低将 11 个沿海省（区、市）划分为 A、B、C 三种类型，A 型为海洋生态文明建设水平较高地区，B 型为海洋生态文明建设水平居中地区，C 型为海洋生态文明建设水平较低地区（见表 9-3）。

表 9-3　　　　　2016 年沿海省域海洋生态文明建设水平分类型评价

类型	省份	海洋生态文明建设水平									
		创新度		协调度		适应度		开放度		共享度	
		得分	类型	得分	类型	得分	类型	得分	类型	得分	类型
A 类	山东省	8.79	高	8.12	高	7.75	高	6.99	中	7.92	高
	广东省	8.63	高	8.10	高	8.04	中	7.42	高	7.73	高
	浙江省	8.49	高	8.27	高	7.61	高	6.94	中	7.74	高
	上海市	8.29	中	8.07	高	7.73	高	7.15	中	7.22	中

类型	省份	海洋生态文明建设水平									
		创新度		协调度		适应度		开放度		共享度	
		得分	类型	得分	类型	得分	类型	得分	类型	得分	类型
B类	江苏省	8.12	中	7.80	中	7.37	中	7.14	高	7.42	中
	河北省	8.00	中	7.16	中	7.30	中	6.57	低	7.26	中
	天津市	8.18	中	7.45	中	7.66	高	6.82	中	7.50	中
C类	福建省	7.17	低	7.18	中	7.30	中	6.74	低	7.25	中
	广西壮族自治区	7.34	低	6.72	低	6.77	低	6.90	中	7.04	低
	辽宁省	6.90	低	6.97	中	7.13	中	7.10	高	7.02	低
	海南省	5.73	低	6.40	低	7.19	中	6.62	低	7.31	中

11个沿海省（区、市）的海洋生态文明建设水平整体呈现地区差异，处于不同海洋生态文明建设类型的沿海省份的影响因子特征存在差异。A、B类型沿海地区的海洋生态文明建设水平得分均值高于我国11个沿海省（区、市）海洋生态文明建设平均得分，B、C类型沿海地区的海洋生态文明建设水平得分均值低于平均得分。

A类型沿海地区海洋生态文明建设水平较高，除适应度和开放度处于中等水平外，其创新度、协调度与共享度均处于高水平；B类型沿海地区海洋生态文明建设水平居中，不同地区和指标分异较大，创新度水平较高，协调度、适应度、开放度处于中等水平，共享性普遍较差，拖累海洋生态文明建设；C类型沿海地区的海洋生态文明建设水平较低，创新性、协调性和适应性优于开放性和共享性，开放度与共享度低是导致其海洋生态文明建设落后的重要原因。A类沿海地区的各项二级指标等级普遍优于B类沿海地区；B类沿海地区普遍在共享性方面存在短板；创新性较强、协调度较高是B类沿海地区优于C类沿海地区的主要原因。

第三节 新时代我国海洋生态文明主要任务

一、创新引领海洋生态产业升级

加速海洋生态产业核心技术突破，以"高新蓝"产业带动海洋生态产业发展。支持海洋生物制药、海洋发电、海水淡化等"蓝色"新兴行业发展，加速海洋服务业转型升级，通过科技创新改造、提升传统海洋产业。应用GIS技术、遥感技术、电化学传感等多种检测技术对海洋生物及海洋动力环境等进行实时动态监测。增强科研经费支撑能力，加大人才储备，鼓励海洋科研教学机构、海洋科技平台、海洋产业领域企业技术中心建设。海南省应加速渔业等传统海洋产业转型，发展外海养殖、远深海捕捞、全产业链模式运行，将旅游业与渔业结合打造热带休闲渔业，借助海洋科学技术学院、水产与生命学院等科研平台发展海洋增养殖业、药物和生物制品业等新兴海洋产业，挖掘海岛旅游资源优势升级休闲生态旅游，依托丰富的天然气资源和气电项目工程建设海洋能发电示范区。

二、协同推进海洋生态共治

强化海洋生态综合协调管理，打破地域限制，强化海洋生态综合协调管理是海洋生态文明建设的必然要求。应完善海洋产业发展的共生机制，立足于海洋资源优势和海洋开发、利用的实际需要，提高海域开发能力，依托各沿海省份的制造业基础和科学技术，构建以现代海洋产业为核心的海洋产业体系。在现有国家海洋职能部门框架下，加强部门协调沟通，明确区域内产业发展状况，基于现有海洋主导产业和支柱产业的已有或潜在污染物，布局废弃物回收利用的上下游企业。天津市在京津冀一体化发展的大背景下，应加强与北京市、河北省合作应对海洋生态问题。海南省因其特殊的海岛属性，具有一定的地理分离属性，应结合自身优势资源和产业基础，统筹全省总体规划和海洋事业专项规划，逐步健全海洋生态文明制度体系。

三、提升海洋生态监管效率

全方位开展海洋生态治理，构建规划管控、资源配置、环境保护、生态修复等"四位一体"的全方位海洋生态治理模式。加强用海审批监管和服务，积极推进规划用海，组织编制形成较为系统的海洋规划体系，增强规划引领作用。坚持陆海统筹提升海洋环境质量，新建污水管网减少陆源污染，开展入海河流综合整治，短期应急治标和长期治本措施相结合。加快制定海域管理的基础性法规，建立长效保护机制，健全生态监控与管控机制，完善污染治理协调机制，强调系统修复与综合治理的结合。广西壮族自治区应提高城市污水处理率，规范海水养殖行为，加强船舶港口区、石油勘探开发区、海上倾废区监管，加大营盘马氏珍珠贝保护区等海洋自然保护区建设监管。

四、提升全民海洋生态保护意识

鼓励全民建设海洋生态文明，提升居民建设海洋生态文明的参与度是海洋生态文明建设的必由之路。居民对海洋生态文明建设的参与度低仍是大多数地区在生态文明建设领域的短板，要依托世界海洋日暨全国海洋宣传日等宣传节日，利用"海洋公益形象大使"，提高节日知名度和影响力。动员全民参与海洋生态文明建设，开展海洋放鱼节、沙滩文化节等丰富多彩的具有教育意义的公益活动，增强公民参与获得感与满足感。

五、提升海洋碳汇能力

中国作为世界上拥有较大海洋碳汇发展潜力的国家，为适应和应对海洋气候变化，应稳步发展海洋蓝色碳汇，提升海洋碳汇能力，从而为我国实现碳达峰碳中和目标助力。从海洋气候变化监测与评估入手，建立以海 – 气二氧化碳交换通量和重点海域碳储量监测为主要内容的评估体系。协同推进海洋减污与气候变化应对，通过控制污染物排海量，持续降低近海海域富营养化水平，缓解气候变化下海洋酸化等问题造成的生态压力。将碳中和与气候变化适应指标纳入海洋生态系统修复监管范畴，探索建立以提升蓝色碳汇总量和增强气候韧性为导向的海洋生态修复新模式。

第四节　本章小结

海洋生态文明以遵循海洋生态系统和人类社会系统的客观规律为基本前提，以海洋生产生活方式转变为基本途径，以构建人海和谐关系为目的，是我国实现经济高质量发展，推动强国建设的必由之路。基于海洋生态文明省域评价的结果可以看出，我国沿海省市海洋生态文明水平在不同省市之间仍存在显著差距，山东省、广东省、上海市等整体与分维度指数均维持在较高水平，海南省、广西壮族自治区和辽宁省则相对落后。新时代我国海洋生态文明的建设需以海洋生态产业的创新升级为着力点，推动海洋生态共治，提升海洋生态监管效率，不断增强气候变化等全球环境变化背景下海洋生态系统的韧性和适应能力，为海洋绿色发展与海洋强国建设助力。

第十章
我国海洋强国建设进展分析评价

海洋强国建设需以新发展理念为指引，通过海洋经济、海洋治理、海洋文化、海洋社会和海洋生态五大子系统统一于海洋强国建设的总任务之中。客观评价我国海洋强国建设整体进展，识别各地区海洋强国建设短板，诊断各子系统强国建设有序关系，是加快海洋强国建设进程、实现海洋强国战略目标的基础。

第一节　海洋强国建设影响因子分析

根据公式（4－4）构建的基于五大影响因子的海洋强国运行状态评价模型，结合表5－1、表6－1、表7－1、表8－1、表9－1构建的沿海省域海洋经济发展、海洋治理秩序、海洋文化繁荣、海洋社会保障和海洋生态文明的评价指标体系，加总沿海各省（区、市）子系统的创新度、协调度、适应度、开放度与共享度指标得分，得到海洋强国建设状态的创新度、协调度、适应度、开放度与共享度作为二级指标，再对11个沿海省（区、市）的各项二级指标得分进行平均化处理，得到2016年分省份的海洋强国建设影响因子得分，如表10－1所示。

表 10 –1   分省份的海洋强国建设影响因子得分

项目	创新度	协调度	适应度	开放度	共享度	平均得分
得分	32. 86	32. 44	31. 13	33. 26	32. 71	32. 48
排序	2	4	5	1	3	—

对各省（区、市）海洋强国建设的影响因子进行分析可知，5 个影响因子对海洋强国建设的贡献大小依次为开放度、创新度、共享度、协调度和适应度。其中，开放度、创新度得分均较高，共享度相对较弱，协调度和适应度指标得分较其他 4 个影响因子较低，表明我国海洋强国建设需要在协调性与适应性方面进一步提升。

第二节　海洋强国建设状态评价

一、海洋强国建设的国内评价体系和评价方法

根据公式（4 –2）构建的海洋强国建设评价模型，结合表 5 –1、表 6 –1、表 7 –1、表 8 –1、表 9 –1 构建的沿海省域海洋经济发展、海洋治理秩序、海洋文化繁荣、海洋社会保障和海洋生态文明的评价指标体系，进一步构建海洋强国建设的国内评价指标体系（见表 10 –2），包括海洋经济发展度、海洋治理有序度、海洋文化繁荣度、海洋社会保障度和海洋生态文明度 5 个二级指标，下设 25 个三级指标。

表 10 – 2　　　　　　　　　　海洋强国建设评价指标体系

一级指标	二级指标	三级指标	具体指标
海洋强国 指数（Z_t）	海洋经济发展度 （Y_{1t}）	海洋经济发展创新度	海洋经济发展创新投入
			海洋经济发展创新产出
			海洋经济发展创新环境
		海洋经济发展协调度	海洋经济发展区域协调度
			海洋经济发展产业协调度
		海洋经济发展适应度	海洋经济发展环境适应程度
			海洋经济发展资源适应程度
		海洋经济发展开放度	海洋经济发展对外开放度
			海洋经济发展对内开放度
		海洋经济发展共享度	海洋经济发展收入福利
			海洋经济发展保障度
			海洋经济发展就业水平
	海洋治理有序度 （Y_{2t}）	海洋治理秩序创新度	海洋治理制度创新度
			海洋治理组织创新度
			海洋治理技术创新度
		海洋治理秩序协调度	海洋治理主体协调度
			海洋治理空间协调度
			海洋治理环境协调度
		海洋治理秩序适应度	海洋治理环境适应度
			海洋治理资源适应度
		海洋治理秩序开放度	海洋治理环境开放度
			海洋治理结构开放度
			海洋治理功能开放度
		海洋治理秩序共享度	海洋治理主体参与度
			海洋治理过程共享度

续表

一级指标	二级指标	三级指标	具体指标
海洋强国指数（Z_t）	海洋文化繁荣度（Y_{3t}）	海洋文化繁荣创新度	海洋文化技术研发能力
			海洋文化资金融通能力
			海洋文化人力资本实力
			海洋文化产业集群创新能力
			海洋文化组织创新能力
		海洋文化繁荣协调度	海洋文化组织机构关联度
			海洋文化协调运行效率
			海洋文化协调稳定程度
		海洋文化繁荣适应度	海洋文化资源利用能力
			海洋文化人力资本效率
			海洋文化产业发展潜力
			海洋文化组织机构潜力
		海洋文化繁荣开放度	海洋文化资金开放度
			海洋文化贸易开放度
			海洋文化人力资源开放度
			海洋文化环境开放度
		海洋文化繁荣共享度	海洋文化自然环境共享及保障程度
			海洋文化人文环境开放程度
			海洋文化资源共享程度
			海洋文化资金共享程度
			海洋文化人力共享程度
	海洋社会保障度（Y_{4t}）	海洋社会保障创新度	海洋社会保障组织架构创新度
			海洋社会保障运行过程创新度
		海洋社会保障协调度	海洋社会保障空间发展协调度
			海洋社会保障运行体系协调度
		海洋社会保障适应度	海洋社会保障环境变化适应度
			海洋社会保障运行过程适应度

续表

一级指标	二级指标	三级指标	具体指标
海洋强国 指数（Z_t）	海洋社会保障度 （Y_{4t}）	海洋社会保障开放度	海洋社会保障发展环境开放度
			海洋社会保障管理服务开放度
		海洋社会保障共享度	海洋社会保障国内共享度
			海洋社会保障国际共享度
	海洋生态文明度 （Y_{5t}）	海洋生态文明创新度	海洋生态文明组织结构创新度
			海洋生态文明运行过程创新度
		海洋生态文明协调度	海洋生态文明空间发展协调度
			海洋生态文明运行过程协调度
		海洋生态文明适应度	海洋生态文明环境变化适应度
			海洋生态文明运行机制适应度
		海洋生态文明开放度	海洋生态文明运行环境开放度
			海洋生态文明运行过程开放度
		海洋生态文明共享度	海洋生态文明国内共享度
			海洋生态文明国际共享度

鉴于本书采用"五位一体"的海洋强国布局理念构建指标体系，采用等权重方法对各个指标赋权。

国内分省（区、市）海洋强国建设进展的计算公式如下：

$$Z = \sum_{i=1}^{n} W_i \times Y_i \qquad (10-1)$$

其中，Y_i 表示第 i 项指标得分，在 $[0, 10]$ 区间内分布，W_i 为第 i 项指标权重，Z 代表分省（区、市）海洋强国建设发展水平，其数值越大，则表明海洋强国建设的水平越高。

二、海洋强国建设的国内评价过程及结果

在前述相关章节分领域指标评价结果基础上，依据海洋强国评价指标体

系（见表 10 - 2），整理分析辽宁省、河北省、天津市等 11 个沿海省（区、市）海洋强国建设核心文献描述及相关定量背景数据资料，制作相应问卷量表，邀请海洋经济、海洋治理、海洋文化、海洋社会和海洋生态领域专家进行独立在线打分。通过对打分结果进行汇总和平均化处理，并结合专家提出的书面反馈意见，初步得出分省（区、市）海洋强国评价结果：沿海 11 个省（区、市）海洋强国发展指数排名依次为广东省、山东省、上海市、浙江省、江苏省、福建省、天津市、辽宁省、河北省、广西壮族自治区、海南省（见图 10 - 1）。

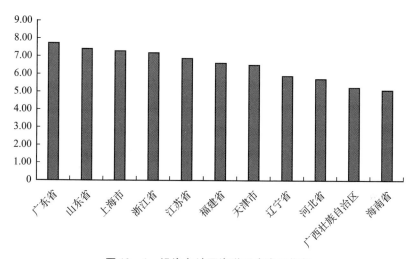

图 10 - 1 沿海各地区海洋强省发展指数

三、海洋强国建设的国内分等级评价

（一）第一等级指数评价

广东省海洋强省发展指数位列全国第一。从二级指标来看：广东省海洋经济发展度、海洋治理有序度、海洋文化繁荣度、海洋生态文明度和海洋社会保障度均高于全国平均水平，五大指标发展协调，尤其海洋经济发展表现优异，整体形成了"五高"型发展格局。

山东省海洋强省发展指数位列全国第二。从二级指标来看：山东省海洋经济发展度、海洋治理有序度、海洋文化繁荣度、海洋生态文明度和海洋社会保障度均高于全国平均水平，五大指标发展协调，海洋经济发展水平相对突出，海洋治理水平有待提升，但整体形成了"五高"型发展格局。

上海市海洋强省发展指数位列全国第三。从二级指标来看：上海市海洋经济发展度、海洋治理有序度、海洋文化繁荣度、海洋生态文明度和海洋社会保障度均高于全国平均水平，五大指标发展协调，海洋社会保障水平相对突出，海洋文化繁荣水平和海洋治理有序水平有待提升，但整体形成了"五高"型发展格局。

（二）第二等级指数评价

浙江省海洋强省发展指数位列全国第四。从二级指标来看：浙江省海洋经济发展度、海洋治理有序度、海洋文化繁荣度、海洋生态文明度、海洋社会保障度均显著高于全国平均水平，五大指标发展协调，海洋生态文明和海洋经济发展水平相对突出，海洋社会保障水平有待提升，但整体形成了"五高"型发展格局。

江苏省海洋强省发展指数位列全国第五。从二级指标来看：江苏省海洋生态文明度高于全国水平，海洋治理有序度、海洋文化繁荣度和海洋社会保障度略高于全国平均水平，海洋经济发展度几乎与全国平均水平持平，五大指标发展协调性不足，海洋经济生态文明发展水平有待提升，整体形成"一高四中"型发展格局。

福建省海洋强省发展指数位列全国第六。从二级指标来看：福建省海洋经济发展度、海洋治理有序度、海洋文化繁荣度和海洋社会保障度几乎均与全国平均水平持平，海洋生态文明度略低于全国平均水平，五大指标虽然发展相对协调但亮点不足，整体形成了"五中"型发展格局。

天津市海洋强省发展指数位列全国第七。从二级指标来看：天津市海洋经济发展度、海洋治理有序度、海洋生态文明度和海洋社会保障度几乎与全国平均水平持平，而海洋文化繁荣度显著低于全国平均水平，五大指标发展的协调性不足，尤其海洋文化发展水平有待提升，整体形成了"四中一低"型发展格局。

(三) 第三等级指数评价

辽宁省海洋强省发展指数位列全国第八。从二级指标来看：辽宁省海洋经济发展度、海洋治理有序度略低于全国平均水平，海洋文化繁荣度、海洋社会保障度和海洋生态文明度均显著低于全国平均水平，五大指标发展具有一定协调性但发展程度不同，整体形成了"两中三低"型发展格局。

河北省海洋强省发展指数位列全国第九。从二级指标来看：河北省海洋经济发展度、海洋治理有序度低于全国平均水平，而海洋文化繁荣度、海洋社会保障度、海洋生态文明度几乎与全国平均水平持平，且海洋治理水平显著低于其他指标，五大指标发展的协调性差，海洋经济发展和海洋治理水平有待提升，整体形成了"三中两低"型发展格局。

广西壮族自治区海洋强省发展指数位列全国第十。从二级指标来看：广西壮族自治区海洋经济发展度、海洋治理有序度、海洋文化繁荣度、海洋社会保障度、海洋生态文明度均显著低于全国平均水平，五大指标发展不协调，尤其海洋经济发展水平亟须提升，整体形成了"五低"型发展格局。

海南省海洋强省发展指数位列全国第十一。从二级指标来看：海南省海洋经济发展度、海洋治理有序度、海洋文化繁荣度、海洋生态文明度、海洋社会保障度均显著低于全国平均水平，五大指标发展严重不协调，尤其海洋治理、海洋文化繁荣和海洋社会保障水平有待提升，整体形成了"五低"型发展格局。

第三节 海洋强国建设进展问题诊断

一、海洋强国建设诊断方法

参照区域经济发展问题诊断一般程序（陈才，2009），结合海洋强国研究实际，设计海洋强国建设诊断程序如下：第一，集合各子系统指标数据并进行均值化处理，分析海洋强国建设过程中 5 个影响因子的贡献度大小；第二，建立融合 5 个子系统的海洋强国状态评价体系；第三，评价我国国内 11 个沿海省（区、市）的海洋强国发展指数及分项指标结构；第四，根据评价对比分析结果，诊断我国海洋强国建设存在的问题。

二、海洋强国建设省域问题诊断

我国海洋强国建设省际发展协调性较差，广东省、山东省和上海市省海洋强国建设水平远高于广西壮族自治区和海南省。海洋强国建设高水平地区海洋经济发展、海洋治理秩序、海洋文化繁荣、海洋社会保障和海洋生态文明建设能力较强，且各维度发展协同性较好，而海洋强国建设低水平地区表现为海洋经济、治理、文化、社会或生态任一个维度或多维度水平较低，且各维度发展水平失衡。

海洋经济方面，沿海各地区海洋经济产值差距悬殊，海洋经济结构和主导产业不同，海洋创新涉海高校及研究机构数量、海洋相关人才队伍建设存在差距，整体创新能力亟须加强。海洋文化方面，沿海各地区海洋文化发展开放性和协同性不足，珠三角地区及长三角地区海洋文化相对繁荣，海洋文化的创新性高于北方沿海地区。海洋治理方面，各地区海洋治理协调能力欠缺，海洋治理机构设置不一且管辖范围存在重叠区域，缺乏适应海洋治理需求的现代化海洋运行架构，难以实现沿海与腹地的有效衔接的海洋治理内外循环体系。海洋社会保障方面，各省（区、市）海洋社会保障管理和服务共享水平较低，海洋主体跨省流动从事涉海活动的社会保障机制不够完善，海洋社会主体利益冲突时有发生，海洋相关资源共享能力较低。海洋生态方面，各地区海洋生态文明建设缺乏环境适应能力，海洋生态综合协调管理存在地域限制，省域海洋生态治理合作协调性有待提升，海洋环境保护机制不健全。

三、海洋强国建设整体问题

我国海洋强国整体建设水平与美国、欧盟、日本等国际海洋强国存在较大差距。海洋强国建设高水平地区海洋经济发展、海洋治理秩序、海洋文化繁荣、海洋社会保障和海洋生态文明建设能力较强，且各维度发展协同性较好，而我国海洋强国建设表现为海洋经济、治理、文化、社会和生态维度能力较弱，且各维度发展水平失衡，海洋经济相对高于其他维度发展水平。

海洋经济方面，我国海洋产业产值增长迅速，但海洋经济创新能力依然低于对标国家，海洋产业结构不够优化，海洋高新技术产业发展能力有待提升。海洋治理方面，海洋治理协调机制不够健全，海洋法律体系建设相较发达国家不够完善，尚未出台海洋综合治理的海洋基本法，海洋权益的国际维护及协调经验有待提高。但随着我国海洋治理意识的提高，尤其是在建设海洋强国建设战略以及构建"蓝色伙伴关系"的影响下，海洋治理能力有所提升。海洋文化方面，我国自古以陆地为中心的思想体系讲求四海一家、天下大同的海洋文化思想，海洋文化的开放性低于欧盟和美国。海洋生态方面，我国部分地区海洋经济依然没有摆脱高资源消耗型发展模式，存在海洋环境污染问题，海洋生态环境治理需求和治理能力不匹配，海洋生态保护水平有待提升。

第四节 本章小结

海洋强国建设评价"五位一体"战略布局和新发展理念思维为指引,以海洋经济、海洋治理、海洋文化、海洋社会和海洋生态为系统维度,以创新、协调、适应、开放和共享为状态评价因子,推动海洋强国建设是协调海洋经济、海洋治理、海洋文化、海洋社会和海洋生态五大子系统的发展过程,也是优化创新、协调、适应、开放和共享五大状态参量的过程。通过对海洋强国建设影响因子的分析表明,我国海洋强国建设需要在协调性与适应性方面进一步提升,通过对海洋强国建设的五大子系统发展水平分析表明,我国海洋强国建设的省域层面五大子系统发展水平各不相同,存在显著的区域差异。

第三篇

海洋强国建设战略构想与布局策略

第十一章

新时代海洋强国建设方略整体构想

第一节　总体思路

以习近平新时代中国特色社会主义思想为总体指导，以"坚持陆海统筹，加快建设海洋强国"为总体目标，以新发展理念为总体原则和动力机制，将海洋发展事业融入国家"五位一体"总体布局和"四个全面"战略布局整体格局，协同推进海洋经济创新发展、海洋治理协调有序、海洋文化繁荣开放、海洋社会安全保障和海洋生态文明提升，强化海洋强国与陆地空天及网络强国建设战略融合，协调安排部署从内陆到沿海及海岸带、海洋专属经济区以及深远海和极地的海洋事业发展系列重大任务，积极参与联合国海洋可持续发展行动计划，全力推进全球海洋命运共同体建设。

第二节　重点任务

一、推进海洋经济发展与科技自主创新

坚持以创新引领海洋经济高质量发展，对标世界海洋经济发展前沿，推

动海洋经济新旧动能转换，培育海洋战略新兴产业集群；落实国家海洋创新体系建设，加强创新能力开放合作，打造产学研紧密互动的海洋科技创新格局；完善海洋企业科技创新主体地位，在资金供给、科技转换等方面提供便利，倡导企业树立科技创新风尚，健全知识产权创造、保护和应用机制；培育海洋科技创新人才，优化海洋科技人才培养机制和培育环境，强化高水平海洋科技团队创新引领能力。

二、构建海洋治理与协调整体和谐秩序

坚持依法治海理念，提升海洋治理能力的法治法规保障，健全国内依法治海体系和参与建设全球海洋治理体系；完善国内海洋治理制度建设，树立海洋治理法治理念，加快海洋治理法理依据研究，强化海洋立法、海洋执法与海洋司法的协调统筹；深化海洋治理体制综合配套改革，创新海洋治理监管与服务职能，科学配置部门权力与职责，赋予省级及以下政府部门自主规划权力，协调海洋治理过程的地方参与；参与构建以国际海洋法为基础的新型国际海洋治理体系，以和平友好方式理性处理海洋主权争端和国际海洋争端，积极融入符合海洋命运共同体建设理念的全球海洋治理进程。

三、促进海洋文化多元发展与开放繁荣

坚持海洋文化强国建设的社会主义核心价值观融入，深入挖掘、弘扬和继承中国传统海洋文化的精髓与特质，发展融合时代精神的海洋文化内容，培育高水平海洋文艺作品和文艺人才；健全海洋文化事业与海洋文化产业协同发展机制，完善海洋文化公共服务体系，加强海洋文化遗产传承保护，培育新型海洋文化业态；以开放包容姿态看待全球海洋文化，辩证审视全球化对我国海洋文化发展的机遇和挑战，积极汲取全球海洋文化有益成分，丰富新时代中国海洋价值观的包容与开放内涵。

四、健全海洋社会共享与安全保障体系

坚持总体国家安全观,加强国家海洋安全能力建设,坚决维护国家海洋主权完整与海洋权益,深化海防体系与海军现代化改革,提升海军装备创新水平,增进海洋传统安全领域和新型安全领域军事准备,强化海洋非传统安全整体防御与应急保障能力。提升海洋社会安全保障意识,加大国家海洋安全教育体系的建设,深入开展国家海洋安全宣传教育,创新国家海洋安全教育理念,提升沿海居民海洋安全素养与知识储备,培养国家海洋安全高素质人才,增强人民群众的海洋安全感。积极参与国际海洋社会安全保障建设,融入国际护航巡航、联合搜救等非传统海洋安全应对国际体系,提升我国海洋社会保障国际协调能力。

五、构筑环境适应性导向海洋生态文明

坚持海洋生态文明建设是我国海洋事业健康发展必由之路的信念,健全海洋生态文明需构建人海和谐共生的环境适应体系;推进海洋绿色发展,构建海洋现代化绿色经济体系、海洋绿色技术创新体系和海洋绿色能源资源开发利用体系;着力解决海洋生态环境问题,开展海岸带与近海生态环境治理行动计划,构建全社会共同参与的海洋生态治理体系;增加海洋生态保护力度,统筹实施海洋生态修复与保护,健全市场引导的多元化海洋生态补偿机制;加强海洋生态文明顶层设计,推进中国特色海洋生态文明建设国际化。

六、全力推进世界海洋命运共同体建设

坚持海洋命运共同体建设与海洋强国建设追求的内在统一,坚持以同舟共济精神推动海洋经济国际共赢合作,实现全球跨海经济可持续发展;建立海洋治理过程的平等相待、互商互谅新型伙伴关系,完善海洋冲突管控机制,

建立公平正义的全球海洋治理新秩序；尊重世界海洋文化多样性，以多元开放心态践行海洋文化国际交流互鉴；树立全球尺度新海洋安全观，共同维护海洋和平利用与保护，共同增进全球海洋社群福祉，共同抵御海洋非传统安全；坚持推进海洋生态文明体系构建，共建和谐、美丽、清洁的全球海洋环境。

第十二章
海洋强国建设任务的多维空间协调

海洋强国建设是强国建设在海洋空间的战略布局，与陆地强国、空天强国、网络强国建设相统一，推进新时代海洋强国建设应立足"陆 – 海 – 空 – 网"四维一体的空间统筹关系，以政治、经济、文化、社会和生态的"五位一体"发展布局为指引，尝试构建海洋强国建设的海域空间、陆域空间、空天空间和网络空间布局，架构海洋强国建设的多维空间布局集成战略体系。

第一节　海洋强国建设的海域空间布局安排

一、国内海洋强省建设推进

"海洋强省"统一于海洋强国建设的整体目标中，是海洋强国建设内容在省域空间的生动体现，反映着作为国家整体组成部分的沿海各省（区、市）对海洋强国在海洋经济、海洋治理、海洋文化、海洋社会和海洋生态等维度建设布局和建设任务的积极响应，新时代我国海洋强国建设使命可概括为沿海省（区、市）各项海洋事业协调与可持续发展（殷克东，2013）。加快推进海洋强省建设是落实海洋强国整体任务的必然要求，也是在海洋空间视域下推进强国目标实现的关键路径。沿海各省（区、市）应认真学习贯彻落实习近平总书记关于海洋强国建设的有关指示，坚定树立瞄准时代前沿和国际前沿的高远目光，立足海洋事业发展历史特征和优势，以统筹近海与海岸带建设为依托，集中优势资源参与海洋强国建设工程（沈满洪、余璇，2018）。

二、国际近邻海洋事务协调

海洋国际协调致力于解决海洋权益冲突，是处理我国与周边国家海洋主权争议、协调我国与海洋强国海洋利益冲突的必然选择（李增刚，2017）。我国需要从战略高度面对在黄海、南海、东海等主要海域存在的与周边国家的主权利益争端（胡波，2019）。密切关注以美国为代表的世界海洋强国对中国海洋强国战略实施的反应，主动应对其在太平洋、大西洋、印度洋等诸多海域的海洋霸权行径，反对不断干涉中国海洋发展合法权益，争取中国在远洋航道安全、公海资源开发与科考的合理权益（何奇松，2019）。发挥好中国与国际社会的海洋国际协作，推进海洋强国战略顺利实施，坚持多点协同的发展原则，不断调整我国与周边国家的海洋权益争议，增进与海洋强国的国际协调（石源华、陈妙玲，2020）。

三、全球海洋命运共同体建设参与

我们人类居住的这个蓝色星球，不是被海洋分割成了各个孤岛，而是被海洋联结成了命运共同体，各国人民安危与共。① 海洋孕育了生命、联通了世界、促进了发展，是联结各国人民的重要纽带。人类生存得益于海洋，人

---

① 习近平. 习近平谈治国理政（第三卷）［M］. 北京：外文出版社，2020：463.

类联通离不开海洋，人类发展必依靠海洋①，海洋命运共同体理念是中华文明与人类其他文明的良性互动，构建海洋命运共同体理念是百年未有之大变局下人类应对海洋领域挑战的必然抉择②，根据马克思"自由人联合体"思想，构建海洋命运共同体应以合乎自然发展规律的方式来开发利用海洋，在海洋资源开发、海洋环境保护、海洋和平安宁维护等方面携手合作，共同进退，实现人类共同利益的最大化，维护国际公平正义的实质化。③

第二节 海洋强国建设的陆域空间布局关系建设

一、陆地强国与海洋强国关系定位

海洋强国是陆地强国的空间延伸。陆地空间见证了中华文明的艰难复兴（黄仁宇，1997），宽广陆地空间孕育和承载了中华文明体系演进（罗兹墨菲，2004），推动着中华文明不断创新发展（斯塔夫里阿诺斯，2004），陆域强国深入国家建设核心（吴征宇，2018）。陆地资源有限性及空间隔离促进了我国对于海洋强国建设的关注（郑义炜，2018），海洋强国战略提出与发展体现陆海统筹过程的相互矛盾与相互依赖（林建华、祁文涛，2019）。统筹陆地与海洋经济、权益、文化、社会、环境成为海洋强国建设的逻辑起点（李彦平、刘大海、罗添，2020），提升陆海协同治理能力、促进陆海经济协调发展、改变"以陆为主、以海为辅"传统社会观念、形成陆海文化有机结合、促成陆海生态联动保障等五个方面共同构成海洋强国对陆地强国建设的战略支撑。

---

① 新华网评：齐力划桨，构建海洋命运共同体［EB/OL］. 中国日报网，https：//baijiahao. baidu. com/s?id=1631665744921363478&wfr=spider&for=pc，2019－04－24.
② 吴士存：构建海洋命运共同体是划时代的抉择［N］. 光明日报，2022－07－12.
③ 林晓芳，殷以宁. 共同构建海洋命运共同体［N］. 中国自然资源报，2022－07－22.

二、海洋强国建设的陆海统筹布局任务

（一）海陆资源统筹开发布局

以构建陆海资源开发一体化机制为导向，以沿海陆域空间和近海、海岸带地区为核心，以远海和内陆腹地为两翼，加快实施海洋资源开发与陆域资源开发的统筹规划，完善陆海资源开发一体化管理框架。充分发挥沿海城市的陆海资源开发一体化枢纽地位，以陆海关联产业为载体，厘清陆海资源统筹开发需求均衡点，合理规划海洋产业、陆域产业和临海关联产业，把握好临海港口的资源集中与扩散优势，依托港口和港口产业链，布局临港陆海资源加工利用集聚区，实现陆海资源开发统筹发展（尹建军，2021）。充分发挥海岸带衔接陆域空间和海洋空间的交汇优势，以科技创新引领海洋产业整体效能提升，通过运用海岸带陆域产业的基础优势，结合陆域资源需求，引导相关技术、装备和管理方案向海洋资源开发利用产业转移，持续提升海洋资源综合开发水平。

（二）海陆产业联动发展布局

以贯通陆海一体化经营的产业链条为导向，以陆域经济和技术为依托，以陆域空间为腹地和市场，充分利用临海的区位优势、海洋的开放性和海洋产业的经济技术扩散效应，带动海洋相关产业的发展，促进适宜临海发展的产业向沿海聚集，实现海陆双线双向的产业链条衍生（韩增林、夏康、郭建科等，2017）。以沿海城市为核心，加快推进陆海统筹的战略物资储运基地建设，以内陆主要货物集散城市为中心规划建设涉海加工贸易后方服务基地，完善储运、产品加工等服务和配套设施建设，积极建设大宗商品交易中心和平台，整合港口资源加强陆海金融服务一体化建设，支持金融机构积极参与陆海市场一体化建设、航运一体化建设等领域的金融服务创新，积极发展各类形式的陆海一体化金融服务，加快港城互动型滨海经济中心发展，建立海

陆复合型产业体系（李彦平、刘大海、罗添，2021）。

优化海陆产业空间布局，以完善陆海生产要素跨产业、跨区域高效流动与交换机制为导向，加快推进人流、物流、资金流、信息流等陆海经济要素资源双向合理配置，提升经济要素陆海统筹利用水平（程遥、李渊文、赵民，2019）。大力提升陆海产业间生产要素自由流动水平，积极发展产业关联度强、示范带动效应强、科技引领作用强的陆海一体化产业，以陆海产业上下游关联机制为载体，持续释放海洋资源开发空间效能，引导陆域资源开发资金、劳动力和先进技术向海洋资源开发和产业发展领域转移，以陆海连通性交通、信息等基础设施建设为载体，提升公路建设等级，强化港口运行效率，完善沿海地区与内陆经济腹地联动发展机制和公共服务水平，持续贯通陆海要素流动渠道（林小如、王丽芸、文超祥，2018）。

（三）海陆科技协同创新布局

大力实施陆海发展创新驱动战略，以新兴产业为导向，构建陆域技术向海洋领域转化的有机渠道，继续完善各类技术转移转化和保障平台建设，加快培养涉海科技人才，积极开展涉海领域技术攻关，为海洋资源开发、海水综合利用、海洋能源利用、海洋科考勘探等关键领域提供技术创新驱动力，以陆海关联产业为载体，结合高等院校和科研院所创新活力，建立集研发、中试、产业化发展为一体的科技创新陆海循环体系（徐静、王泽宇，2019）。完善陆海科技协同创新政策支撑机制，鼓励地方政府部门设立海洋科技和海洋发展基金，引导金融机构参与海洋科技研发风险投资，协调好陆域和海域科技创新资金利用需求，鼓励政府资金向创新性强、示范带动性强的海洋科技研发项目和产业项目适度倾斜（韩增林、蔡先哲、郭建科，2019）。

（四）海陆统筹治理体系布局

以陆海统筹思想指导沿海地区社会经济发展规划和国土空间规划等综合性规划，将海洋国土纳入国土资源开发利用规划体系中，建立并完善陆海一体国土资源开发利用体系（曹忠祥、高国力，2015），加快制定适应各海域及其对应省域发展特点的陆海统筹专项规划体系,探索完善山 – 河 – 海一体化生态协同保障规划体系,编制形成全国—沿海省域—地级市的三级海岸线保护与开发利用规划体系,增强陆海规划编制部门协调性。进一步完善陆海综合管理体制机制创新,尝试建立地方海洋委员会并纳入各级对应政府部门统筹管理,加强对陆海统筹发展的引导和协调,探索设立跨越海陆行政管理部门职权边界的陆海综合管理体制机制,通力打造推动陆海统筹发展的行政合力与长效促进机制,推进"河长制"和"湾长制"战略对接。加强围填海综合管理,实现围填海规划与地方土地利用需求相结合,出台措施增进用海与用地的管理衔接(李修颉、林坚、楚建群等,2020)。以"一带一路"建设为依托,密切同沿线重点节点城市合作,着力构建中国同"一带一路"共建国家的海陆立体大通道,努力实现陆海一体、互联互通的合作示范效应,全面提升陆海统筹治理国际协调能力(张远鹏、张莉,2019)。

(五)海陆文化共同繁荣布局

加快构建陆海文化统筹发展的顶层战略设计,充分挖掘陆海文化资源,鼓励滨海、近岸、近海、海岛文化资源统筹开发,整合陆海文化资源优势,将陆域传统历史文化、民俗文化、节庆文化、饮食文化等同渔业、港口文化与渔业生产民俗等特色海洋文化相结合(于慎澄,2013)。以文化产业为纽带,积极打造一批面向陆海协同开发的旅游产业园,提升陆海一体化旅游协作项目承载力,促进陆域文旅项目与滨海旅游项目的深度融合,打造融山、海、河和海陆文化为一体的全域文旅产业联动发展格局(周伟,2017)。加快现代科学技术在陆海文化遗产协同保护中的整合应用,统筹做好陆地文化遗产与海洋文化遗产的共同保护。

(六)海陆社会协同保障布局

统筹陆海多式联运交通、能源利用、水资源利用、防灾减灾、数据信息服务平台等重大基础设施协同布局,增强陆海基础设施连通性和运作协调性。增强"港产城"道路交通有机组织,实现内河水运、高速公路、轨道交通和海港运输间的有机联动，积极建设完善进港航道和疏港公路、铁路枢纽等集疏运网络，推进内河航道改造，拓展内陆港服务功能，构建沿海港口与铁路、公路、航空、内河航运相互衔接的多式联运体系（李彦平、刘大海、罗添，2020）。增强陆海产业能源供给协同保障，完善输电网络建设，积极建立完善跨陆域传统煤电、海岸带核电和近海、海上风电、潮汐发展的协调智能电网，统筹陆海水资源开发和综合配置，推进陆域河湖和地下水资源开发利用与海水淡化有机结合，建立健全陆海水资源协调管理制度，实现陆海能源资源项目统筹发展和互为支撑。健全陆海一体化防灾减灾预警预报体系，建立陆域防灾减灾部门与海洋防灾减灾部门的协调合作与应急机制，建成陆海灾情信息采集、传输、处理的一体化协同网络（蔡安宁、李婧、鲍捷等，2012）。建立健全陆海协同的国土安全防卫体系，着力搭建陆海协同的军事指挥体系、装备集成体系、联合作战体系和军民融合体系，实现陆域与海域国防安全的良性互动、协调有序和融合发展（张良福，2019）。

（七）海陆生态共同治理布局

加快建立陆海统筹的生态环境保护制度体系，打造陆海协调、区域统筹的生态环境综合保护机制，完善陆海统筹的生态补偿政策体系，完善海洋环境保护与陆地环境保护的一体化法律体系（张晓丽、姚瑞华、徐昉，2019）。加快构建海陆一体化的生态环境治理规划机制，创新陆海生态环境统筹治理机制，加强陆海生态环境治理统一规划，以辽河流域、黄河流域、淮河流域、长江流域、珠江流域等主要入海流域为轴，尝试建立沿海地区与内陆流域相协调的山－河（湖）－海生态一体化治理体系，搭建海域与流域统筹发展的生态环境大保护格局，积极开展河口生态环境综合治理。完善陆海统筹的生态环境维护制度体系，加快实施陆海一体的生态评估方案，增强部门通力协作，促进沿海区域海岸带、近海和海域生态系统的协同维护，着力打造多元共治、协调有序的陆海生态一体化维护格局（郭媛媛，2021）。建立健全陆海产业绿色化统筹发展机制，尝试设立陆海统筹的产业发展绿色示范区。以低碳经济为导向，充分运用海洋新兴产业生态优势，带动陆域传统产业绿色转型。

第三节　海洋强国建设的空天空间布局

一、空天强国与海洋强国关系定位

空天强国是海洋与陆地强国的纵向延伸。空天发展为海洋和陆地强国提供多元保障（李大海、吴立新、陈朝晖，2019）。空天强国引领治理改革和技术变革（吴季，2017）。空天技术民用化为陆海多式联运、陆海远程服务提供了便捷，高技术空天产业成为现代化经济发展引领（佘惠敏，2016），促进我国海洋和陆地技术密集型产业链形成，助推海洋经济转型升级（张璋、黎开颜、钟强等，2017）。空天卫星技术为陆地强国和海洋强国搭建新型国际交往平台（吴燕生，2020），推动陆域与海洋空间全球交往互鉴。

二、海洋强国建设的空海统筹布局

（一）海 – 空产业联动创新发展布局

以国家中长期科技发展规划为统领，建立健全空天技术与海洋技术协同发展、互为补充的科技规划体系，深度挖掘空天产业与海洋产业契合点，大力发展匹配海洋强国建设需求的先进空天科技和空天产业，加强超高分辨率、超高精度时空基准、超高速安全通信、高性能星上处理、大功率电源等关键技术研发[①]，突破新型材料、发动机关键部件等基础零部件的瓶颈，研制新

---

① 深圳"十四五"规划和二〇三五年远景目标纲要［EB/OL］．深圳市政府，http：//www. sz. gov. cn/cn/xxgk/zfxxgj/ghjh/content/post_8854038. html.

型应用卫星,超前部署具有高空间定位精度的空间飞行器自主导航和飞行技术,推进"空天地海"一体化通信定位、新型海洋观测卫星等关键技术突破,将空天科技研发过程中形成的新技术、新材料、新装备、新方案应用于海洋遥感与导航、水声探测、深海传感器、无人和载人深潜、深海空间站、深海观测系统等深海远海极地关键技术领域,为海洋监控监测体系建设和海工装备制造产业发展提供技术支撑。

(二)海-空立体交通网络布局

以内陆空中运输枢纽为支点,以沿海港口为支撑,进一步优化沿海地区海上客货运和航空运输统筹发展网络布局,加快建设若干关联紧密、分工明确的机场群,优化沿海港口与航空枢纽分工协作,以零距离无缝换乘为导向,强化港口与机场的综合交通规划和重大设施统筹布局,加强港口与机场间集疏运体系规划建设,推动空海多种运输方式综合衔接、一体高效发展,提高空海多式联运水平,通力打造综合性、多通道、立体化、大容量、快速化的空海一体化交通体系。提升空海联运体系综合服务效能,培育发展金融、保险、信息等空海运输一体化服务业,推进海运、空运客运服务联动运营,实现不同运输方式间的"一票到底"联运服务,大力培育多式联运经营主体,鼓励发展多样化、专业化、便捷化的航空运输和海洋运输中转服务方式,实现全程有序的一体化空海运输服务。加快空海交通一体化建设的信息服务支撑,广泛应用大数据、云计算等新兴技术,促进互联网与空海立体交通网融合,提高空海客运网和物流网快速运转效率①。

(三)海-空安保协作体系布局

习近平总书记在中共十九大报告中指出,"建设强大的现代化陆军、海军、空军、火箭军和战略支援部队,打造坚强高效的战区联合作战指挥机构,

---

① 国务院."十四五"现代综合交通运输体系发展规划[R].2022.

构建中国特色现代作战体系"①。推进空海立体军事作战能力建设，大力推进融会贯通的空海联合侦察体系、立体联动的空海联合指挥体系、实时高效的空海联合保障体系，围绕以航母战斗群为核心的现代海上综合军事安保力量发展要求，大力推进新型舰载机技术突破，发展无人机、新一代隐形战斗机等先进空军武器装备技术，围绕破除海空一体作战技术和装备壁垒，全面提升空军装备和空军装备的通用化水平，聚力发展陆海军事综合作战平台和武器装备，发展综合型作战平台和装备，持续提升保障海域安全的空军多平台精确制导装备水平，通过空海军事一体作战概念创新，牵引海洋军事技术、武器装备和作战策略发展。加快空海安保一体化建设的信息共享保障体系建设，以现代信息技术和大数据产业发展为支撑，完善陆海一体化的战术数据链在空海协同作战中的应用，提高空军对海空各类传感器和通信设备的兼容稳定性，破除空海协同作战的信息传递壁垒（李正军、于淼，2005）。

（四）海 – 空多维立体监测体系布局

强化水下机器人、海洋信息技术装备、空中监测装备等空海立体监测技术和装备协同研发，链接空海两大空间，发力空海监测数据共享与融合体系建设，围绕声学、光学等多手段联合监测探测等重点技术领域开展技术攻关，发力海上无人机监测系统等先进技术研发与应用，推动智能无人系统在空海联合监测中的应用，发展新型低海近空复杂环境下的无人机装备，实现对海洋目标的精准定位和调查取证，组建"网络化"联合监测体系（陈威屹、钱洪宝，2020）。以海域实时监测体系建设为导向，构建空海一体化的协同监测指挥体系，夯实无人机、无人艇和智慧监控平台等多个监控节点的联合监控能力，提升空海联合实时监控和远程指挥的能力，密集动用海上及空中监测力量，加强对海洋气象灾害和海域环境污染的实时监测，针对海域突发事件开展空 – 海立体实时监视监测，及时掌握海域突发事件进展状况，做好海域

---

① 习近平. 决胜全面建成小康社会 夺取新时代中国特色社会主义伟大胜利［N］. 人民日报，2017 – 10 – 28（1）.

突发事件影响评估（闫朝星、付林罡、郑雪峰等，2018）。

第四节　海洋强国建设的网络空间布局

一、网络强国与海洋强国关系定位

网络强国是陆海空强国对接平台。信息网络成为陆域、海洋和空天各空间维度互联互通的兼容平台（程骏超、何中文，2017；邹吉忠，2019）。网络强国是凝聚和宣传中国特色社会主义核心价值观的主阵地，更是陆地、海洋和空天保障国家总体安全的新领域（赵若云、武杰，2021）。工业互联网促成陆地、海洋和空天资源的自由流动与充分配置（李燕，2019），驱动陆地、海洋和空天经济转型与高质量发展活力释放（任贵祥，2019）。互联网更是全面政治、经济、文化、社会与生态合作新引擎，与海洋命运共同体建设休戚相关（李丽，2019）。

二、海洋强国建设的网海统筹布局

（一）智慧海洋产业布局

大力发展智慧海洋产业，加强海洋产业公共信息服务体系建设，依托物联网、云计算、大数据、移动互联等现代信息技术和装备，推动海工智能制造，持续夯实智能制造、智慧港口、智慧航运、智慧旅游等"智能＋"海洋产业，大力发展和移植适用于海工装备制造行业的智能制造装备和智能控制系统，加快推进海洋信息技术装备开发，集中力量突破一批关键核心技术，加强海洋信息感知技术装备、新型智能海洋传感器、智能浮标潜标、无人航行器、智能观测机器人、无人观测艇、载人潜水器、深水滑翔机等高技术装备研发，加快系统解决方案迭代创新与服务模式创新，合理移植通用制造业智能系统解决方案（付振华、李杰、季飞等，2021）。推进数据和信息整合共享，提高卫星遥感、移动互联网、物联网等现代信息技术手段在海洋产业管理中的应用，大力发展智慧渔业，推动养殖、育种、捕捞等现代渔业全过程智能化和信息化管理，大力实施智慧海洋牧场工程，积极运用大数据、云计算、人工智能等新一代信息技术赋能海洋牧场发展，提升海洋牧场装备化、自动化、智能化水平，加快智慧赋能监测应用，统筹渔业物联网技术和水质在线监测技术信息资源共享，提升产业链供应链资源共享和业务协同能力（黄琦、彭武，2018）。加快智能航运技术创新与综合实验基地建设，完善海上 5G 通信实验网络平台，提升航运智能化水平（张宏军、何中文、程骏超，2017）。

（二）海洋数字服务布局

强化海洋强国建设的多维数字基础设施支撑，全方位升级网络系统、数据库系统、存储系统、信息采集终端、环境监测监视设备等信息化基础设施，完善信息采集与传输体系，聚力打造与陆－海－空互联互通的智慧协同创新信息服务平台，完善跨空间大数据开放共享机制（易爱军、王利军、陈华，2020）。加快推进面向政府海洋主管部门、涉海涉渔企业与个人，涵盖海洋环境保护、海洋资源开发、渔业资源利用、海域海岛管理、海洋防灾减灾、海洋执法监察及行政综合管理等多个领域的智慧海洋综合管理标准平台，增强信息资源的共享和有效开发利用，强化信息系统对各部门核心职能和业务的支撑能力，重点打造海洋环境智慧监测与评价系统、海洋环境智慧预报系统、智慧经济监测评估系统、海洋资源一张图管理系统、海洋突发事件应急管理系统等重点工程（刘彦祥、欧阳永忠、修义瑞等，2021）。

（三）海洋监测网络布局

完善陆－海－空立体化智能监测网络，应用 GIS 技术、遥感技术、电化学传感等多种检测技术建设"一网、一图、一系统"的陆－海－空立体化监测信息平台（王权、刘清波、王悦等，2019），加强海洋、航空航天、环保、交通、海事、港务、水利、农业、林业、气象等涉海部门的协作，积极建设多分辨、多时效数据结合的卫星应用系统，对接海上北斗定位增强及应用服务系统，着力构建无线高精度服务网络，有序推进部门间立体监测、观测数据共享。强化陆－海－空环境协同监督管理，深入开展陆－海－空生境实时动态监测，推进入海河流交接断面及海域自动在线监测系统建设，加强对陆源入海主要排污口入海污染物总量监测，实现陆－海－空环境监测数据共享和信息公开，完善部门年度联合执法制度，加强对陆源排污口、海洋工程、违规倾废、船舶及海上养殖区生活垃圾排海污染等联合执法检查（何亚文、苏奋振、杜云艳等，2010）。

（四）蓝色智能交通布局

推进云计算、大数据、互联网、物联网、人工智能等信息技术与港口运输服务和监管的深度融合，推进大数据应用环境下港口管理和运营创新，探索建设智能化无人码头，加快推进港口信息数据联网和标准化建设，推进港口内部信息横向互联互通，构建集成化、一体化运营管理平台。[①] 以大数据赋能海－陆－空智慧立体交通网络建设，深入实施"大数据＋立体交通"工程，开发交通数据产品，缩短海－陆－空立体交通中转过程，提升港口－内陆航空、铁路枢纽节点的供应链一体化水平，加快建成"货运一单制、信息一网通"的海－陆－空物流运作体系，提升海－陆－空多式联运质量效益[②]。

第五节　海洋强国建设的多维度空间布局集成

海洋强国建设需要确立整体国家海洋强国战略与空天强国、网络强国、

[①]　山东省人民政府. 山东省"十四五"海洋经济发展规划［R］.2021.
[②]　国家发展改革委，交通运输部. 国家物流枢纽布局和建设规划［R］.2018.

陆地强国关系架构，海洋强国与空天强国、网络强国、陆地强国共同构成了国家强国建设体系中的基本维度和关键领域。陆海统筹发展是陆地、海洋、空天、网络等统筹发展的高度凝练和概括，是海洋强国战略在强国建设体系中的深度融入。海洋强国战略需以新发展理念为先导，树立现代海洋意识和空天意识，统筹发展的政治理念，在全社会凝聚陆海空网统筹兼顾、联动发展的共识。以规划为龙头，科学编制陆海空一体化发展的行动纲领和远景蓝图，研究形成陆域强国、海洋强国、空天强国和网络强国四维一体的发展格局。以科技为支撑，大力提升自主创新能力，全面发挥科技在统筹陆域经济、海洋经济、空天经济和网络经济发展中的引领和支撑作用。要稳步推进以海洋和空天高科技发展为主的自主创新之路，通过加强关键技术和共性技术攻关，不断提高原始创新和集成创新能力。以资源为基石，探索建立陆海空网资源全方位立体化的开发利用机制，在整体优化各种资源配置的同时着力提高海洋资源和空天资源承载力。在有效利用陆域资源的同时深挖海洋资源和空天资源的潜力，最大化地提高各种资源对国民经济的承载力。统筹谋划陆海空网产业布局，推动陆海空网产业结构优化升级，开辟陆海空网产业协同推进、联动创新的新途径。

第六节　本 章 小 结

新时代强国建设的陆地、海洋、空天和网络等空间维度辩证统一，"陆－海－空－网"统筹发展的战略思路为新时代海洋强国建设拓宽了实践场域和发展支撑，海洋强国建设过程是海域空间、陆地空间、空天空间与网络空间相互作用、相辅相成的系统发展过程，海洋强国建设以海域空间为核心，以陆地空间为技术和产业支撑，以空天空间为发展延伸，以网络空间为实体空间统筹纽带。推进海洋强国建设，需把握好陆地、海洋、空天和网络空间的多维空间统筹布局，着力构建与海洋强国发展需求相适应的"陆－海－空－网"治理、产业、技术、监测、生态和交通等领域的协作体系，以海洋强省建设、海洋国际协调和海洋命运共同体建设推动海域空间有序发展，强化资源开发、产业联通、科技创新、治理协调、文化繁荣、社会保障和生态治理等领域的多维度统筹布局，强化以智慧网络信息化建设搭建的海域空间、陆地空间和空天空间纽带关系。

第十三章

推进海洋强国建设的海岸带
与近海任务布局

海洋强国建设空间布局是海洋维度"五位一体"总体布局在海洋空间中的有序安排和合理配置。海岸带和主张管辖海域在我国海洋强国建设空间布局战略中占据首要地位。海岸带是海洋强国建设中陆海统筹的重要空间区域，主张管辖海域是国际海洋利益多元主体冲突频繁的海域，合理安排该空间范围海洋强国建设任务尤为重要和紧迫。

第一节　海岸带空间布局

一、优化海洋产业布局

基于现代系统科学思想，有序推动海岸带的统一规划和联动开发，合理配置海陆资源，借助海域和陆域功能分区的协调发展，推动海洋经济和陆域经济综合效益提升。重点扶持海洋高新技术产业发展，加大资金支持力度，建立和完善海洋高新技术产业扶持机制，引导政府、企业和社会资金多元化参与海洋科技投入。加快制定和完善科技兴海政策，发挥市场在海洋科技成果研发与转化中的基础性作用，加快形成以企业和科研机构为核心的海洋科技创新体系，鼓励涉海企业成立研发中心。培育海洋生物医药、高端装备制造等海洋新兴产业集群，配套发展关联海洋产业，促进海洋产业链条向内陆腹地延伸，推动海陆关联产业集聚区的形成。遵循产业与区域经济发展"点、线、面、圈、群"递进演变的空间规律，发挥沿海中心城市辐射拉动作用，实施"点－轴－面"梯度推进的海岸带经济开发策略，形成具有"极化－扩散"效应的经济网络。发挥上海、深圳、天津、青岛、宁波、大连等沿海大型港口城市的带动作用，以此作为地区经济增长的"极点"，完善交通、通信等基础设施，促进产业链沿海岸线和交通干线迅速向海岸带和内陆腹地延伸，形成空间上的"双轴线"。加快推进国内航运港口建设，以"21世纪海上丝绸之路"为契机，整合国内沿海港口资源，打造对外开放枢纽与门户。继续推进深圳、上海等城市"全球海洋中心城市"建设步伐，深化在投融资、商务旅游、服务贸易等第三产业领域发展，继续提升对外开放水平与国际影响力，形成一批沿海开放的主力军。协调推进珠三角、长三角、山东半岛、辽东半岛区域港口群升级，进一步拓展开发国际航线，积极对接全球互联互通大格局。

二、加强海岸带空间管理

海岸带空间管理涉及陆海经济的多领域、多部门和多学科，制定专门的海岸带管理法律，强化海岸带的统筹协调，有助于实现对海岸带这一特殊地带的综合有效管理，从而确保海岸带资源可持续利用及综合效益水平之间的平衡。建议以"统一行使全民所有自然资源资产所有者职责，统一行使所有国土空间用途管制和生态保护修复职责"为根本遵循，从履行海岸带自然资源资产所有者职责角度出发，立足空间规划改革要求，开展相关立法活动。一方面，从全面审查现行法律法规和其他规范性文件入手，查找和梳理其中存在冲突、重叠的条款以及仍然存在空白的领域，尤其是可以被机构改革成果所消化和解决的内容，为海岸带立法工作做好准备。另一方面，以构建统筹协调机制为核心内容，以陆海统筹、部门协调和区域协调为目标，坚持保护优先、节约优先的原则，适时启动我国"海岸带管理法"立法工作。我国对围填海的管理起步较晚，随着围填海的规模逐渐扩大，围填海管理日益向纵深方向发展，问题也日益突显。当前海岸带开发利用涉及的部门、行业较多，且缺少统一协调的管理机构和统一的总体规划，对围填海管理滞后的主要原因有缺少具体的法律规范、分行业的海洋管理体制和重审批、轻规划的管理方式。养殖用地、盐田等人工湿地，是维持生态平衡不可或缺的部分，不能轻率地开发利用。应因地制宜建设湿地公园、鼓励发展生态农业或发展特色水产养殖业，结合海洋功能区划和海岸保护与利用规划，加强控制围填海总体规划和面积，鼓励以人工岛式进行围填海，尽量减少海岸平推、海湾截弯取直的围填海方式，提高海陆资源的利用效率。

三、深度挖掘岸线海洋文化资源

依托于"环渤海""长三角""泛珠三角"等三大海洋经济文化圈，深度挖掘海岸带文化资源，利用自然景观与文化景观资源，升级海洋文化体系，打造海洋文化产业集聚带。积极利用海域沿线优质自然和人文旅游资源，聚焦海域旅游服务功能改善、特色旅游城镇建设和优质海洋文旅资源保护，出台措施提振海洋旅游资源开发。环渤海海岸带，辽东半岛应充分发挥葫芦岛连山区、龙港区海域紧邻京津冀都市圈的区位优势，滨海生态旅游带基础上拓宽旅游。在山东半岛，应进一步促进优质海洋旅游资源开发与保护，聚焦烟台开埠文化、青岛海洋文化底蕴与岬湾礁滩旅游资源开发，以及威海文登区金色沙滩和刘公岛海洋文化旅游品牌开发。长三角海洋文化带，在上海开放文化持续发展的背景下，聚焦江苏和浙江文化资源开发与产业发展，在江苏建设形成山海神话文化旅游、大潮坪生态旅游和江风海韵休闲度假旅游三大旅游精品，进一步延伸辐射陆域纵深和近岸海域、海岛、渔村，构建"山、海、城、港"互融互动的海洋文旅新格局。在浙江海域大力实施"向心、向湾"发展战略，有效强化了滨海时尚休闲功能，探索开发了白沙岛、黄礁岛等旅游资源，落地建成黄琅滨海生态旅游区和游艇小镇，打造出山海休闲游憩带和国家海湾公园核心区。泛珠三角沿海地区，在福建海域以妈祖文化、船政文化、"海丝"文化、郑和下西洋文化、郑成功文化等特色海洋文化资源为依托，深入挖掘各地海洋文化资源，重点打造海上丝绸之路、环海峡两条精品邮轮游线和滨海大通道休闲海岸精品游线，建成福泉漳"海丝"文化旅游产业集聚区，在广东沿海应以海洋资源、岭南文化为依托，推进"海洋－海岛－海岸"旅游立体开发。

四、完善海岸带陆海统筹规划编制

海岸带地区是推进陆海统筹发展、绿色协调发展与经济高质量发展的关键空间。海岸带领域和战略平台规划是完善陆海统筹国土空间规划体系的重要内容，是优化近岸海域国土空间布局、拓展海洋经济发展空间、实现"多规合一"的"主战场"。建议强化海岸带规划空间前期研究，充分认识海岸带规划与市场机制、陆海统筹、自然资源、生态环境、空间管制等方面的内在联系和逻辑关系，既充分考虑海洋国土空间及其开发保护活动的特殊性，又确保海洋空间的规划分区、用途分类和管控办法在指导原则、技术路线、管控原则等方面与陆地逻辑统一，在海岸带综合管理上实现协调和衔接。为统一行使全民所有自然资源资产所有者职责、统一行使陆海国土空间用途管控和生态保护修复打好基础；瞄准"高质量"目标，立足"大开放"格局，把握"大区域"尺度，围绕处理好保护与利用的关系，以推动经济、社会与生态协同发展为思路，全面推进海岸带规划工作，适时上升为国家海岸带中长期发展战略，与长江经济带和黄河生态经济带共同构成"两横一纵"的国家空间战略新格局。

五、保护性开发海岸带资源

《全国海洋功能区划（2011—2020年）》中明确，至2020年大陆自然岸线保有率不低于35%，同时，开展海域海岸带整治修复，重点对由于开发利用造成的自然景观受损严重、生态功能退化、防灾能力减弱，以及利用效率低下的海域海岸带进行整治修复。基于各地区海岸带的自然本底条件，以维护海岸带生态系统稳定性为基础，以推动区域绿色发展为目的，构建海岸带生态安全格局，推动海岸带生态安全持续维持"较好"等级。结合各地区经济社会及城市发展的需求，设立不同等级的重点保护区、控制性保护利用区和引导性开发建设区。其中，重点保护区是严格进行生态保护红线管控和刚性约束的区域，主要功能是生态保护，包括各级自然保护区；严格保护珍稀濒危物种的栖息地，保护红树林、珊瑚礁自然保护区和海草场生境。控制性保护利用区是重点保护区以外的生态敏感区，包括水产种质资源保护区、滩涂、湿地、具有旅游休闲功能的滨海岸段和海岛等区域。引导性开发建设区的主要功能是城镇建设、港口物流和工业开发，结合各地区城市工业发展及产业体系结构，合理布局，推动海岸带资源的绿色开发。

第二节　黄渤海海域布局

一、优化海洋产业布局

我国环黄渤海是面向东北亚的跨海合作与对外开放平台，构建面向东北亚的国际航运中心和海洋装备制造业先进基地，具有依托邻接日韩的地缘优势，是国家重要的海洋科技创新与技术研发基地。建议依托滨海区位优势，将辽东半岛打造为海洋生态休闲旅游目的地，重点推进东北亚海岛旅游、海滨避暑度假旅游区建设，发展国内外邮轮旅游，打造面向东北亚地区的邮轮旅游基地。以大连、葫芦岛和盘锦为着力点，打造高技术船舶和海洋工程产业基地。加强海洋生物技术和海水淡化技术研发与成果转化，加强潮汐能等涉海新动能技术研发与成果应用。渤海湾沿岸及海域依托京津冀城市群，重点打造区域协同发展引领区及海洋经济高质量发展示范区。鼓励环渤海地区发展航运金融业，推动全国性融资租赁资产平台和北方（天津）航运交易所建设。依托国家海洋博物馆和极地海洋馆等场馆资源，发展海洋文化产业，打造国家海洋文化展示集聚区和创意产业示范区。稳步推进渤海油气资源开发，提升油气田采收率。推进天津滨海新区和河北曹妃甸的海水淡化基地建设，重点发展海水综合利用产业。山东半岛沿岸及海域应重点打造现代港口集群，致力打造整合航运物流服务网络，发展成为立足东北亚、服务"一带一路"建设的航运枢纽。山东半岛沿岸在发展面向国内外的滨海休闲度假等高端海洋旅游业的同时，应加速推进高端海洋装备制造业发展，打造形成国内海洋生物制品与海洋药物研发优势。推进青岛蓝谷和威海国家浅海综合试验场等研发基地建设。江苏沿岸及海域作为"丝绸之路经济带"与"21世纪海上丝绸之路"的重要交汇点，应致力于推动形成国际区域海洋科技产业联盟，开展气候变化研究及预测等涉海技术合作。同时积极研发在海洋高端船舶及配套设备，推进海洋药物与生物制品、海水利用产业、海洋旅游业发展，积极培育海洋文化创意产业。

二、完善海域综合管理体制

以"陆海统筹""黄河流域高质量发展"等战略为依托，积极完善黄渤海沿岸及河流流域环境治理体系。以"陆海统筹"为目标，综合考虑黄渤海流域及沿岸自然环境，重点关注入海河流、入海排污口和海岸带等交汇地带，构建以海洋环境承载力提升和近海水域质量改善为目标的管理体制。坚守"保护优先"原则，在海域开发活动中将保护放在首要位置，平衡资源开发与环境保护关系。坚持整体性思路，将海洋环境与陆地环境统一纳入生态环境部门监管，进一步整合环境影响评价制度、排污许可制度、区域审批等相关制度，确保保护标准的一致性。持续强化能矿资源开发项目海域使用论证和环境影响评价，严格执行海洋油气勘探开采环境管理要求，制定海洋环境灾害应急预案和快速反应系统，防范海上溢油等海洋环境突发污染事件，有效确保了周围海域海洋生态环境安全。

三、推进海洋生态体系建设

加强辽河流域、渤海湾海域的污染防治，严格控制陆源污染排放，严格落实海洋生态红线制度，推进海洋生态整治与修复并举实施。在莱州湾、胶州湾等海湾生态治理中，以污染治理和生态环境修复为着力点，重点推进赤潮、绿潮等海洋灾害防范。邻近海域进一步加快海洋保护区体系建设与升级，保障海域生态红线制度严格落实。江苏邻近海域应本着陆海统筹保护与防治的原则，加强滨海湿地、海州湾和吕四渔场等海域生态的修复与维护，进一步完善海洋生态体系建设。为确保黄渤海海域生态系统与海洋生物多样性保护，进一步加强濒危物种保护和外来物种入侵防范的检测，进一步加强海洋生物样品库和资源库建设。海洋科研与调查等相关机构应深化海洋生态合作调查，提高海洋生态观测能力，同时借助海洋生态综合管理合作研究，实现海洋生态检测、保护和修复技术共享，拓展海洋灾害预警预报系统覆盖海域，为整体海洋生态修复和保护能力提升助力。加强邻接省份海洋保护区交流平台搭建与完善，进一步促进海洋保护区管理经验和技术的交流和共享。

第三节　东海海域布局

一、优化资源保护开发体系

（一）旅游资源开发与产业化

在上海沿海及邻近海域，围绕上海打造世界著名旅游城市的发展要求，着力发展起崇明三岛、浦东滨海、奉贤和金山海湾休闲旅游业，依托上海港国际客运中心和吴淞口国际邮轮码头，形成世界邮轮旅游航线重要节点。在浙江海域大力实施"向心、向湾"发展战略，有效强化滨海时尚休闲功能，探索开发白沙岛、黄礁岛等旅游资源，落地建成黄琅滨海生态旅游区和游艇小镇，打造山海休闲游憩带和国家海湾公园核心区。在福建海域以妈祖文化、船政文化、"海丝"文化、郑和下西洋文化、郑成功文化等特色海洋文化资源为依托，深入挖掘各地海洋文化资源，重点打造海上丝绸之路、环海峡两条精品邮轮游线和滨海大通道休闲海岸精品游线，建成福泉漳"海丝"文化旅游产业集聚区、宁德渔家海岸、福州琅岐国际旅游岛、平潭国际旅游岛、湄洲妈祖文化旅游岛、厦门国际旅游港和环东山岛旅游区等一批优质海洋文旅集聚区。聚焦创新发展"海丝"度假、都市观光、邮轮游艇、商务会展、生态休闲、宗教朝圣、渔家体验、水上运动等业态海洋文旅产品，重视无居民海岛的旅游开发，打造海岛旅游示范项目，落地建成国家级海洋公园、全国休闲渔业示范基地、国家级海洋生态文明示范区和水乡渔村创建国家级旅游景区。关注与"海丝"沿线国家和地区的海洋旅游国际合作，联合推出丝绸之路旅游产品。突出海峡元素，开发连接两岸及港澳的"一程多站"邮轮旅游产品，构建起"环海峡旅游圈"。持续推进省内"海丝"城市共建旅游合作走廊，成功举办海上丝绸之路国际旅游节等活动，逐步打造成为海上丝绸之路旅游核心区。

（二）渔业资源开发与保护

浙江、上海和福建等东海邻接省份持续优化渔业资源开发与保护策略，不断健全绿色、低碳、高效的海水健康养殖模式，推进重点海域和典型无居民海岛邻近海域的海洋牧场建设。着力改善现代渔业养殖设施与技术的研发应用，支持建设一批标准化池塘、塑胶渔排、深水大网箱养殖和工厂化循环水养殖产业化示范基地，在海域沿线打造海洋新兴产业基地、现代农渔业示范基地，适度建设海洋牧场、现代水产养殖、现代渔业园区和示范基地，优化利用存量围填海，提升鳗鲡、大黄鱼、对虾、海带、紫菜、牡蛎、鲍鱼、海参、石斑鱼等优势养殖品种实力。大力拓展海港湾、休闲垂钓、观光体验、观赏渔业、渔文化保护与开发等多元化休闲渔业，构建休闲渔业示范基地和休闲渔业旅游区，打造"渔家宴""渔家乐""渔家客栈""水乡渔村"等休闲渔业品牌。深度开展水产养殖、加工、远洋渔业、休闲观赏渔业等对外交流合作，积极参与海外重要渔港建设和国际远洋渔业合作。扎实推进"浙南鱼仓"修复工程，加强韭山列岛国家级海洋自然保护区、渔山列岛国家级海洋生态特别保护区、洞头南北爿山省级海洋特别保护区、铜盘岛省级海洋特别保护区、五峙山列岛海洋自然保护区、普陀中街山列岛国家级海洋特别保护区等渔业资源集聚区的保护工作，严格加强禁渔期管理，限定作业方式，对产卵场实行最小可捕标准、最小网目尺寸标准等措施，对等重要渔业资源采取有效保护措施。

（三）矿产能源可持续利用

依托东海海域丰富海洋能矿资源储备，加快布局海水淡化与综合利用业，建设海水淡化示范城市、示范海岛和示范工业园区，在平潭、石狮、晋江、东山、漳浦等地建设海水淡化产业化基地，推进平潭海水淡化、莆田"202围垦"高端盐田海水综合利用基地、泉港山腰盐场电驱离子膜的海水浓缩制自然盐技术及装备开发、厦门小嶝岛低碳型海水淡化综合利用示范基地、漳州古雷 10 万立方米/天海水淡化、漳州台商投资区海水淡化设备等项目建设。大力发展海洋可再生能源业，着力提升海上风能发电技术和装备制造能力，筹建国家级海上风电研发中心，扩大海上风电产业规模，重点推进霞浦海上风电 B 区工程、福州福清、连江、长乐、平潭等近海风电场，南日岛 40 万千瓦海上风电场、平海湾海上风电场、莆田海上风电场等项目，推进福州连江大官坂、长乐文武砂、厦门马銮湾等潮汐能电站项目。打造苔山岛海洋新能源利用示范区，强潮汐能开发利用研究，加强台湾海峡油气资源和海洋可再生能源的资源调查、研究和开发利用。

二、打造东海生态治理体系

（一）跨海协同治理

东海自古以来就是东亚地区跨海活动相对密集的海域，该海域周边区域经济发展与布局相对集中，各主体间有效联动整治的缺乏导致东海海域的污染问题日益严重。需要继续利用"中日韩三国环境部长会议""亚太地区环境大会"等主要交流与磋商平台，推动双边和多边交流，共同应对海域环境保护问题。议题设定方面，从侧重于对海洋的开发与利用，转向更强调海洋生态环境保护，着眼点也由对各类海洋污染的治理与解决扩大到对海洋可再生物资源的养护。推动成立中日韩三国海洋环境保护共同研究中心，加强海洋环境和生态保护的技术交流与合作，逐步朝海洋生态环境治理的共同利益迈进。

（二）海岸带地区可持续发展

海岸带沿线三省需要加强海洋功能区规划，有效开发海洋资源，防止盲目追求经济增长。进一步优化海洋产业结构，大力发展滨海旅游业、休闲渔业等排污少、低能耗的海洋第三产业。进一步推进实时在线监测工作，建立在线监测技术体系，实现多种技术手段的综合运用，严格控制近海海域污染物的超标排放；开展浒苔卫星遥感监视监测和漂移规律研究等工作，密切关注海上浒苔动态，周密部署浒苔打捞处置；建立实施陆源排放总量控制制度，制定切实可行的污染物总量控制计划，关停和淘汰污染严重、技术落后的企业，继续推行海洋节能减排政策，完善涉海工程排污申报和排污许可证制度；加快沿海城市生活污水和垃圾处理基础设施建设，加快城市各污水处理厂的升级改造，增加污水排放达标。

三、协调跨海国际关系

东海海域蕴藏有丰富的油气资源，有我国的固有领土钓鱼岛及其附属岛屿，东海海域是保护我国东南沿海省份的天然海上屏障，东海的东南方向海域更是建设海洋强国、经略西太平洋的关键出口，必须加强东海海域权益维护力度。针对日本在东海海域制造紧张局势，我国应不失时机地坚决维护我国在东海海域的应有权利，坚决制止日本图谋夺取东海海权、觊觎我国钓鱼岛及其附属岛屿的企图。合理利用《联合国海洋法公约》以及《大陆架公约》等国际法来捍卫我国的海洋权益。同时，作为国际社会负责任大国，我国要充分利用政治与外交手段，向国际社会表明中国对于钓鱼岛问题的立场，并处理好与周边国家以及域外大国的关系。

第四节　南海海域布局

一、推进海洋经济高质量发展

（一）促进贸易往来

继续加强与东盟国家在经济领域的密切合作，充分利用中国－东盟自贸区联委会机制，更好地实施中国－东盟自贸区协定及其升级《议定书》；以中国－东盟自贸区升级版建设和区域全面经济伙伴关系协定（RCEP）正式签署为契机，进一步提高贸易便利化水平，实现双边从传统贸易向跨境金融、数字经济、5G 通信、卫星导航等更宽领域、更高水平合作的拓展；借力"一带一路"倡议，为企业创造更好的融资环境，加大基础设施建设的力度，构建符合自贸区升级版要求的交通运输体系。继续强化与东盟国家的海水养殖、远洋渔业合作,进一步发挥中国－东盟海水养殖技术协作网的作用,促进海洋渔业合作从简单的水产养殖到高技术、高附加值的水产加工,再到维持渔业资源稳定、资源循环利用的渔业资源养护全链条式合作趋势,不断探索"互联网＋海洋渔业"的合作模式,合力打造智慧海洋养殖。海产品加工合作往促进产业发展方向努力,延伸加工链条长度,促进加工的价值链发展。进一步释放海洋旅游相关政策红利,整合旅游资源,以海上互联互通、南海沿岸国旅游资源共享为主要内容,促使海洋旅游合作向异质化、多元化、便利化方向发展;加强政府间合作,共建协同开发机制,丰富在产业合作的"10＋3""10＋1"框架下建立起的多层次海洋旅游业合作,不断拓展海岛－海岸－海面立体开发,注重开发生态观光、生态度假、水上运动和生态科普探险等多种主题形式。注重邮轮、游艇等旅游新业态的合作,开展航线多元化的海上旅游,力争将邮轮旅游作为南海地区旅游合作多边机制构建的早期收获项目。

(二)旅游资源开发

南海海域海洋旅游资源开发保护聚焦多样化海洋旅游业态发展。在广东邻接海域,以海洋资源、岭南文化为依托,推进"海洋－海岛－海岸"旅游立体开发,加快广州南沙邮轮母港建设,落实深圳蛇口太子湾国际邮轮母港拓展始发航线和国际挂靠航线,支持珠海万山群岛、汕头南澳岛、惠州巽寮湾滨海旅游度假区等创建国家级旅游度假区,发展壮大了环珠江口、川岛—银湖湾、海陵岛—水东湾、环雷州半岛、大亚湾—稔平半岛、红海湾—碣石湾、汕潮揭—南澳"七组团"滨海旅游布局,形成环大亚湾、深圳大鹏半岛—盐田、南澳岛、湛江五岛一湾、红海湾、阳江海陵岛、茂名水东湾、潮州古城、横琴岛、万山群岛、川岛群岛、开平与台山侨乡碉楼群、祖庙—岭南天地等一批海洋旅游产业集聚区。在北部湾海域,关注滨海休闲旅游发展,落地建成一批重大海洋文旅产业项目,充分依托北部湾滨海风光、海洋生态优势,人工实施了北海市海域"蓝色海湾"综合治理和邮轮母港建设,有效推动海洋生态旅游、滨海休闲度假、海上运动休闲、渔业观光旅游等特色海洋旅游产业融合发展，提升改善银滩、涠洲岛旅游区景观和生态功能和特色旅游产品体系，打造成为国际滨海旅游休闲城市和中国最佳海洋旅游城市品牌。在海南岛邻接海域，聚焦海域独特资源优势，持续挖掘海洋旅游及文化资源，加快推动港口等基础设施建设，拓宽、完善海南东部海岸三亚海棠湾、文昌铜鼓岭、万宁神州半岛、陵水清水湾、热带海洋公园等重点滨海旅游度假建设项目建设，培育海洋观光、潜水、冲浪、帆船帆板、水上飞机等海上运动旅游，推广以邮轮为核心的海洋旅游，构建成为"海上丝绸之路"沿线国家人文交流的重要纽带与强劲动力。

（三）渔业产业合作

南海邻接省份出台措施积极统筹主要鱼产区渔业开发、养殖与保护，充分运用中部、南部大洋性、上升流区域渔场的丰富渔业资源，重视北部陆坡渔场渔业资源潜力，完善西沙、中沙和南沙珊瑚礁盘渔场的保护性开发与利用和北部近海大陆架浴场渔业资源养护。按照养殖容量控制养殖规模和养殖密度，不断降低养殖密度，引进生态养殖技术，优化渔业结构，实现多种业态的渔业发展模式。大力推进科学养殖，构建以品种为单位，涵盖基础研究、新品种培育、苗种扩繁和市场化推广及种质测试评估、公共服务平台建设等全产业链的现代海洋生物种业体系，推广绿色生态养殖模式，以市场需求为导向，着力探索新装备、新技术应用，运用生态技术措施改善养殖水质和生态环境。持续推进深水网箱产业化基地和园区建设，开发海洋牧场，发展集约化高效清洁养殖，支持深水抗风浪网箱养殖和工厂化循环水养殖。不断健全海洋法律规定，加强南海海洋监测和勘探，开拓自然灾害的监测和海洋生态科学考察，调整休渔期、升级渔船和捕捞设备，减少海洋污染提高渔业资源的持续增长能力。着眼与南海周边国家渔业资源共同开发机制的创新，完善与越南、印度尼西亚、马来西亚等国双边协议，通过东盟框架积极与周边国家展开协商，持续推动中国与南海周边国家的渔业合作，划分渔区、建立信任、维护鱼类资源生息繁衍的平衡，对共同渔区进行养护、管理，有力推动南海渔业资源的可持续发展。

（四）矿产能源可持续利用

南海能矿资源开发与保护战略聚焦风能资源适度开发，着力促进风电技术进步和产业升级，规模化、集约化开发海上风电资源，推动珠海、汕头、阳江、湛江等近海风电场开发建设，重视珠海桂山、阳江南鹏岛、阳江沙扒、湛江外罗等海上风电项目进展。对接国家海上油气战略接续区建设，聚焦南海北部海上石油基地开发，积极稳妥推进南海深水石油勘探开发，建成湛江市雷州"乌石17－2油田"群开发项目，开展珠江口盆地番禺—流花、白云、荔湾凹陷海上常规天然气勘探，布局建设一批海洋油气资源勘探开发和加工储备基地，持续推进南海地热资源、海洋能、波浪能开发应用，落实可燃冰试采和商业化开发，加强省部合作开发可燃冰项目，规划建设南沙可燃冰项目码头和基地。南海能矿资源开发战略还重视与有关国家的能矿资源合作开发进程，推动签署中菲联合开发南海油气资源谅解备忘录等一系列能矿资源合作利用框架协议。

二、推动海域生态协同治理

（一）跨国协同治理

南海的海洋生态环境和经济发展关乎南海周边沿海国的共同利益。我国长期以来坚持南海争端的和平解决区域内争端当事国双边谈判进行，反对将南海议题多边化、区域化、国际化。在《南海各方行动宣言》架构下，我国与东盟各方关注点聚焦海上合作项目，而21世纪海上丝绸之路建设，在很大程度上为地区合作，特别是为南海地区合作搭建了重要平台。南海地区合作大有可为，也是解决南海区域性海洋生态环境治理难题的关键路径。从区域环境治理的本质要求上说，加强各方合作，结合南海的生态环境现状和政治环境等实际情况，共同确立南海海洋生态环境治理的基本原则，积极协同治理，是解决南海海洋生态环境保护及其恢复问题的必由之路。我国要积极参与构建南海海洋生态环境治理合作法律规范体系，明确各方的权利和义务，明确国家责任，明确海洋环境争端的解决途径，为海洋生态环境治理提供具体的方法和路径，将"软法"上升到具有法律约束力的规范层面。要整合现存的南海区域性组织的海洋生态环境治理的职能，积极参与建立南海区域性海洋生态环境治理合作平台，建立统一的具有足够决策权及管理权来统筹决策南海海洋生态环境治理的委员会组织；有效利用现有的丝路基金、亚投行、为东盟国家提供100亿美元优惠贷款等资金平台，为南海海洋环境治理提供长期稳定保障。

（二）海岸带地区可持续发展

继续完善以国家为主导，政府、企业与公众共同参与的海洋生态环境治理体系，制定配套的法律法规和政策以保障管理的执行力，严惩非法行为。促进生态环境的恢复和物种保护。以海南国际旅游岛建设为契机，大力开展南海旅游基础设施建设，积极应对旅游业的蓬勃发展，统一和规范管理海洋旅游活动，有效管控其对海洋生态环境的影响。规范和控制渔业捕捞、资源开发利用和船舶航行等人类活动，恢复和维持海洋生态系统及其功能的初始状态。以保护区或国家公园建设为抓手，加强对珊瑚礁的保护和管理，促使珊瑚礁生态系统的恢复与重建。强化对当地居民的教育和协调工作，促进公众了解其在南海环境保护和协调中的利益价值。充分利用互联网的低门槛、低成本、高用户，创造公众网络参与海洋保护的路径，满足公众通过网络为南海区海洋环境发展建言献策的热情。

三、协调跨海国际关系

（一）强化海上执法

建立旨在维护南海航道和海事安全的区域人道救援机制，以合作对冲不稳定因素，以合作促进南海局势稳定持续向好。构建地区安全合作机制，建立高效的高级别军事安全对话机制，海上安全保障加强对话交流。充分利用相应的信息共享交流平台，完善本地区有关海事信息的共享系统，配备高水平海上非传统安全合作信息网络，加快情报信息的传播速度，实现即时执法安全合作信息的高效共享。通过举行交流与研讨会，实现信息、情报部门的定期会晤，避免信息不对称或沟通不畅而引起的对执法的误解和冲突。

（二）提供公共服务

调动各国在共同的需求和利益基础上制定海洋防灾减灾战略合作框架，包括面向政府间合作的南海防灾减灾国际会议，面向公众的防灾减灾知识科普和面向防灾主体的南海数据，以及风险信息共享平台和技术交流与对话平台。通过海洋环境观测数据共享、经验交流和人才合作培训等方式开展海洋公共服务合作。进行海洋灾前的跨国预警和风险评估，从高风险到低风险有序推进海洋防灾减灾合作，共同应对海洋自然灾害风险。从公共卫生安全入手，加快推进我国与东盟国家公共卫生安全的合作进程，降低突发公共卫生事态给双方百姓安全保护带来的不利影响。

第五节　本章小结

海岸带和国家主张管辖海域是一国海洋经济发展的重要战略空间，也是开展海洋治理、繁荣海洋文化、增进海洋社会保障和强化海洋生态文明建设的主战场。以新发展理念为指导，结合海洋强国建设的"五位一体"总体布局要求，科学构建符合各海岸带地区和各海域资源基础和发展现实的建设布局，强化海洋强国建设的海域空间支撑能力。要持续夯实海岸带陆海统筹的海洋经济发展、陆海一体化治理体系建设和陆海共同繁荣的文化发展格局，着力打造陆海协同的海洋社会保障体系和海洋生态保护、治理机制，打造绿色高质的海洋经济结构，高效有序的海洋治理体系，开放包容的海洋文化制度，安全保障的海洋社会面貌和可持续发展的海洋生态文明。

第十四章

推进海洋强国建设的大洋与极地任务布局

历史经验表明，走入海洋、走向远洋是海洋大国建设海洋强国的必由路径，远洋与极地海域是全球海洋竞争与合作前沿空间的共同财富，参与远洋和极地海域开发是新时代海洋强国建设的重要内容，以"五位一体"的海洋强国建设总体布局为框架，规划海洋强国建设在太平洋、印度洋、大西洋和两极海域的战略布局，是我国新时代经略海洋、发展海洋强国所必须关注的重要战略环节。

第一节　太平洋海域布局

一、推进太平洋海域资源合作开发利用

坚持互利互惠原则，通过加入北太平洋渔业委员会（NPFC）、南太平洋区域渔业管理组织（SPRFMO）、区域国际渔业管理组织，积极参与太平洋远洋渔业资源国际分配（林兆然，2019），以双边或多边合作形式在太平洋远洋渔业主要作业渔场区域所属或附近沿海国家建立远洋渔业海外基地，解决

远洋渔船后勤补给问题（刘芳、于会娟，2017）。鼓励企业和科研院所联合，利用科研院所技术优势和企业资金、市场、销售等优势，联合开发太平洋深海渔业资源，积极发展深远海养殖渔业技术，在扩展太平洋渔业资源开发空间的同时，促进太平洋渔业资源养护，进一步巩固多双边政府间渔业合作机制。①

加快太平洋深海能矿资源的探查，以东太平洋克拉里昂 - 克里帕顿区（简称"东太平洋 CC 区"）、西北太平洋海山矿区为抓手，积极参与太平洋富钴结壳、海底热液硫化物等深海能矿资源的新一轮国际份额分配，深化同南太平洋岛国的能矿资源开发合作，加快太平洋深海能矿资源开发技术研发和储备，积极开展一定数量的深海能矿资源试开采活动，持续提升深海能矿资源开发产业化能力（周艳晶、梁海峰、李建武等，2019）。加快建立健全太平洋深海能矿资源开发产业化的产业链建设，以大型国有能矿开发企业为主体，加强与太平洋深海能矿开发企业的技术与投资合作，引导相关企业积极从事深海开发装备研发和制造，形成集勘探、开发、运输、冶炼以及金融科技环境咨询服务于一体的完整的太平洋深海能矿资源开发利用体系（吴时国、张汉羽、矫东风等，2020）。

二、健全跨太平洋经贸合作伙伴关系

健全中国与环太平洋国家海洋经贸合作顶层机制设计，妥善处理中美跨海竞争关系，在应对经贸摩擦和深化合作中提升两国海洋经贸合作关系（邹艳艳、侯毅，2016）。充分发挥中俄朝图们江区域海洋经济国际合作示范区的区位优势，在海洋牧场、人工鱼礁建设、鱼类行为驯化、海洋装备制造、海洋生物医药和国际邮轮旅游等方面开展合作，积极打造海洋物流自由贸易区（马苹、李靖宇，2014）。拓展与日韩在海洋渔业、海洋造船业、滨海旅游业

---

① 农业农村部 . 中国远洋渔业履约白皮书（2020）［EB/OL］. http：//www. moa. gov. cn/xw/bm-dt/202011/t20201120_6356632. htm

等方面的海洋经济合作，妥善处理划界争议海域渔业资源的管理与合作，深化港区对接、口岸互通和信息共享（岳惠来，2017）。巩固同拉美国家的海水养殖、海水淡化与综合利用、海洋能资源开发利用等领域的产能合作，建立中国与拉美国家海洋产业技术创新联盟，推动海洋工程建筑、海洋船舶、海洋工程装备制造等先进海洋制造业共同发展（王飞，2020）。积极构建中国与南太平洋岛国的渔业和海洋旅游合作，促进渔业、水产养殖产业互联互通，优化旅游政策环境，加强在通关认证、人员往来方面的合作，促进海洋旅游便利化，推动旅游与相关产业融合发展（王桂玉，2021）。

三、增进与太平洋沿岸国家海洋治理协作

以践行新安全观、努力构建海洋安全共同体为导向，加快构建中国与周边海洋主权争议国家间的危机管控和信任机制，建立完善中日解决钓鱼岛争端领域的危机管控机制，防止海洋争端的升级与海上意外事故的发生（廉德瑰，2020）。在南海领域积极推动落实《南海各方行为宣言》及"南海各方行为准则"深化，建立外交部长间热线电话联系以管控南海突发事件，利用南海新建岛礁向周边国家和过往船只提供力所能及的安全保障和服务，加强与周边国家的海洋安全合作（曾勇，2021）。

以合作态度主动参与太平洋海洋治理秩序建设，"积极融入"既有的太平洋海洋秩序体系，通过在全球海洋问题领域的合作，进一步挖掘既有太平洋海洋秩序的战略价值，要积极争取太平洋海洋秩序的话语权，担当太平洋海洋秩序的构建者和维护者（梁甲瑞，2018）。以高质量共建"21世纪海上丝绸之路"夯实构建太平洋地区新型海洋国际关系的经济基础、思想基础和广泛社会基础，以更广泛和高质量合作平台推动太平洋地区新型海洋国际关系构建，在夯实基础、提升平台、拓展路径的新起点上促进太平洋新型海洋国际关系建设，推动海洋命运共同体构建进入新阶段（岳小颖，2020）。

四、巩固与太平洋沿岸国家海洋文化交流与合作

推动与太平洋周边国家文化交流制度建设，在"21世纪海上丝绸之路"建设基础上，加快构建与太平洋周边国家的海洋文化交流机制，根据相关要求建立海洋文化交流与合作发展规划，共同制定切实可行的交流合作项目，制定相应的法规政策，保障交流合作项目顺利开展。加强与太平洋周边国家的海洋文化政策协商，通过协商解决合作中遇到的问题，推动项目的顺利实施，为海洋文化交流与合作提供政策支撑（欧阳焱，2018）。加强对中国与太平洋沿岸国家海洋文化的研究，促进民间海洋文化研究，建立和完善海洋文化理论体系，挖掘中国及周边国家海洋文化资源，提高中国与太平洋周边海洋文化产业相互间的影响力和辐射力（李庆新，2017）。

五、强化与太平洋沿岸国家安全保障协同建设

持续增强海上协同防御力量，保障太平洋海域传统和非传统安全，继续加强对海军建设的投入，提升远海作战能力，积极拓展与太平洋沿岸国家军事安全合作，保障各国在太平洋海域的科考与生产作业活动有序进行（胡波，2020）。针对非传统安全问题，应重视海洋污染和灾害的联合防控，持续建立健全国内海洋生态环境监管制度，划定海洋生态红线，在源头上控制污染排放和生态破坏，倡导节约集约利用海洋资源，有效杜绝海洋资源的粗放式使用，同时要加强同太平洋沿岸国家非传统安全应对合作，提高海洋灾害的联合预警预报水平，建立相关问题的危机协同管控机制，提升海洋防灾减灾协作能力（杨振姣、罗玲云，2011）。

六、提升与太平洋沿岸国家海洋生态文明合作

深化与太平洋沿岸国家的海洋生态和防灾减灾共保共治，积极推动与太

平洋周边邻国开展基于大海洋生态系统治理的海洋空间规划协调，为太平洋周边发展中国家提供海洋规划管理能力建设的大力支持，着力开展国际海洋流动性资源（渔业资源）利用协调对话，强化对太平洋周边国家智能生态海洋牧场建设项目的国际合作支持，促进区域海洋资源再生能力建设（付媛丽、史春林，2021）。推动建立国际化海洋生态环境监测预警体系，强化与太平洋海域周边国家的海洋环境协同治理，积极应对海洋环境监管质量变化，致力打造太平洋海洋污染重大事件联合预警和救助体系，加强太平洋海洋生物多样性保护机制，建立太平洋海洋洄游生物国际协同跟踪与保护机制，扎实推进与太平洋沿岸国家的海洋生态整治修复国际合作（刘阳、田永军、于佳等，2021）。

第二节　印度洋海域布局

一、推进与印度洋沿岸国家资源开发与经贸合作

深刻把握中国对西南印度洋国际海底区域的优先开采权和专属勘探权机遇，以西南印度洋中脊矿区为抓手，利用资金和技术优势，以经济援助、商业合作等形式在印度洋周边参与资源合作开发，加强与南亚波斯湾地区国家和非洲东海岸国家的能源矿产资源开发合作，推进我国在印度洋能矿资源开发利用权利落于实地（李江海、宋珏琛、洛怡，2019）。坚持共商共建共享共赢原则，以共建"海上丝路"为契机，推动互惠互利、长期稳定的印度洋海上能源合作关系的建立（秦宣仁，2013）。加强与印度洋沿岸国家的海上贸易自由化和便利化水平，通过推进人才市场、消费品市场等市场建设来扩大在印度洋沿岸地区的影响力，简化海上贸易行政程序并协调各方面的政策和技术标准，加快货物、服务、人力和资本在中国与印度洋沿岸国家间的自由流动，拓展在 LNG 天然气、石油、矿产资源、水产品和土特农产品等领域

的进出口贸易，共同搭建海产品交易平台，区块链电子商务平台、金融结算中心等业务（王瑞领、赵远良，2021）。加强中国与印度洋沿岸国家产业合作，提升渔业捕捞和养殖、港口基础设施建设、船舶工业制造、水产捕捞设备制造等领域的深度合作，建立海洋生物深加工园区、海洋风情文化园区，提升中国与印度洋沿岸国家文旅合作水平。

二、加强与印度洋沿岸国家的海上基础设施联通合作

充分理解印度洋作为全球能源运输与贸易发展重要通道的航运价值，发挥好已开发建设完成的巴基斯坦瓜达尔港、斯里兰卡汉班托塔港、孟加拉国吉大港等印度洋沿岸重要港口航运支点作用，进一步拓展同南亚波斯湾地区和西亚红海湾东非地区的港口合作，推进"中巴经济走廊"建设，完善北至新疆喀什、南达瓜达尔港的陆路公铁运输通道建设，加快"孟中印缅经济走廊"以及港口互联互通的建设，持续提升我国在印度洋海域海上贸易与运输保障能力（朱翠萍、吴俊，2021）。加快中缅油气管道进程，联合泰国等相关国家推动克拉运河工程开启，提高我国重要远洋运输航线安全保障，深化与埃及以苏伊士运河为核心的航道合作，强化与坦桑尼亚、肯尼亚等国家在海底光缆、输油管道等领域的设施联通合作。

三、开展以"海上丝路"文化为主的印度洋海域海洋文化合作

以"海上丝路"文化传承为抓手，深入开展同印度洋沿岸国家的海洋文化合作，建立健全中国同印度洋沿岸国家的海洋文化合作机制，挖掘古代海上丝绸之路共同海洋文化财富，推动设立中国与印度洋沿岸国家以"海上丝路"文化为核心的海洋文化国家政府间合作委员会，统筹规划和协调国家海洋文化交流工作。建立文化、海洋主管单位的部长级会晤机制，签订政府间海洋文化交流合作协定、谅解备忘录以及年度执行计划等文件，指导和落实海洋文化交流项目，推动中国与印度洋沿岸国家建立海洋文化遗产保护和世

界遗产申报长效合作机制。完善区域性海洋文化交流合作机制，各省份应充分利用自身优势与印度洋沿岸相关国家开展海洋文化遗产保护、海洋和"海上丝路"领域文艺创作等方面的文化交流，积极搭建地区海洋文化交流合作平台（曲金良，2020）。

四、夯实北印度洋地区海上安全保障合作

以维护我国在印度洋海域的海洋利益为宗旨，进一步发挥军事力量特别是海上军事力量的保障作用，常态化布置亚丁湾海军巡航与地区合作，进一步提升海军装备实力，保护中国海外公民、商船和能源运输线的安全和稳定，提升我国护航编队的军事补给能力，提升应对印度洋海上非传统安全风险的效率，通力加强与印度洋利益相关国家的海上军事合作，维护印度洋海域和平与稳定（曹文振、毕龙翔，2016）。积极参加联合国等国际组织授权的海上军事行动，在国际法和国际机制框架下将履行国际义务与维护本国在印度洋海域的海外利益两个方面有机结合起来，参与危机地区事务的解决，履行自身劝和促谈、维和维稳的国际义务。

五、强化与印度洋沿岸国家的生态与灾害保障合作

增进与印度洋沿岸各国在海洋酸化、海洋垃圾处理等领域合作，加快建立海洋环境监测预警系统，与印度洋沿岸国家联合开展海洋环境评价、发布海洋环境报告等，共同提升陆海污染综合防治和海洋环境保护能力。加快构建中国与环印度洋联盟国家的海洋环境保护合作机制，围绕破解海岸侵蚀、海平面观测与灾害预警、海洋生物多样性保护、海水淡化处理等方面增进合作效能，出台一系列涉及海洋生态环境保护、海洋资源开发、海洋权益保护、海洋灾害预警，以及气候变化应对等联合政策（杨振姣、闫海楠、王斌，2017）。完善与印度洋沿岸国家的海上安全搜寻与救助合作，积极开展、参与印度洋沿岸国家的救灾演习，提升中国与印度洋沿岸国家应对海上突发灾难

事件的能力，夯实中国与印度洋沿岸国家的海上联合搜救能力，切实保障海上生命财产安全，提升中国与印度洋沿岸国家海上互信关系。

第三节　大西洋海域布局

一、拓展同大西洋沿岸国家的海洋资源开发和经贸合作

聚焦大西洋深海资源开发，加快南大西洋金属硫化物矿区的申请步伐，加强大西洋海域海洋科考，提升资源调查能力，增进对大西洋渔业、海底矿产、海底油气等能源资源信息的把握，实施海洋工程和装备重大专项，提高大西洋海域海洋生物资源、海洋油气资源、海洋矿产资源、海水资源以及深海资源的勘探开发和运转能力（刘大海、连晨超、吕尤等，2016）。围绕海洋船舶工业、海洋交通运输、海洋旅游等领域，大力开展同大西洋沿岸国家的产业合作，加强中挪海洋渔业、海洋造船和海洋运输等领域经济合作，推动中芬双方在海洋资源开发利用、海洋船舶制造等领域的合作，巩固中英在海洋能源、海洋战略性新兴产业方面的合作，深化中欧在海洋经济安全、海洋航运业、海洋渔业，海洋生态环境保护方面的合作，积极签订同大西洋沿岸国家的滨海旅游合作备忘录，提升我国海洋服务业对外开放能级，夯实我国同大西洋沿岸国家的海洋产业关联水平和竞争优势。深化与大西洋沿岸国家和地区的贸易合作，针对欧洲、北美洲、非洲西海岸国家和拉美国家的差异性海洋资源禀赋优势，拓展双边、多边贸易合作领域，提升海上贸易质量与层次，稳步推进中欧海洋领域贸易投资合作。

二、开展同大西洋沿岸国家海洋科技合作

加快发起同大西洋沿岸国家的海上科技合作伙伴计划，开展海洋异常预

测与影响评估、季风－海洋相互作用、海洋科学调查等重大项目，签署海洋科技合作协议和谅解备忘录，在海洋环境监测、污染治理、海洋生物制药、海水淡化、海上无人机等领域，增进双边与多边合作。瞄准深远海生物基因资源研发的国际前沿，加强同大西洋沿岸海洋科技先进国家的深远海生物可靠与基因产业发展合作，合作设立深远海生物基因资源研究开发基地，整合大西洋沿岸深远海生物基因技术研发力量，促进"产－学－研"平台建设，鼓励我国深远海生物基因科研机构和生物高新技术企业主动走出去参与产、学、研合作，加快提升我国深远海生物基因资源开发技术能力和产业化水平（洪丽莎、毛洋洋、曾江宁，2020）。

三、深化同大西洋沿岸国家的海洋治理协作

立足从区域海洋大国向世界海洋强国转变的发展目标，中国应将海洋伙伴关系进一步向大西洋沿岸海域拓展，并积极参与大西洋海洋治理秩序建设。深入推进与欧洲特别是法国、德国等地区海洋强国的海洋伙伴关系建设（程保志，2019），着力夯实同非洲、拉美国家的海洋经贸合作关系，拓展合作领域，深化合作互信，努力在对美关系上维持总体的和平与稳定，探索同美国构建在海洋气候、海洋环境、海上安保等领域的友好合作关系。尝试搭建与大西洋沿岸国家的基础设施联通网络，以中欧班列为主体，以东北航线为重点（王武林、王成金，2021），以信息通信网络为连接，推进与欧洲沿岸港口联通，配合亚欧大陆桥等通道建设，打造中国与大西洋沿岸国家基础设施联通合作格局。

四、推进同大西洋沿岸国家的海上安全保障合作

在《联合国海洋法公约》框架下加快推进同大西洋各方的海洋安全务实合作，强化同大西洋沿岸国家在维护大西洋海上秩序、保障大西洋海上人员和作业安全等领域的合作，积极开展大西洋海域搜寻营救海上遇险人员国际

合作，积极发挥全球搜寻救助国际合作的积极作用，加强同大西洋沿岸国家在共同应对海上突发安全事件等海上保障领域的深度合作，通过双边磋商共同确定在大西洋海域开展非传统安全海上应对合作的可行性和内容体系，通过建立同大西洋沿岸国家的海上安全保障协作机制，持续保障我国在大西洋海域的贸易航道和资源开发利益（刘大海、连晨超、刘芳明等，2018）。

五、构建同大西洋沿岸国家的海洋生态治理合作

会同有关各方共同承担维护大西洋公海生态环境健康的责任和义务，在联合国主导下，立足《公海生物多样性条约》，尝试构建中国与大西洋沿岸国家共同参与的大西洋生态保护框架机制，协同各国依法履行国际义务，采取有效措施，开展同大西洋沿岸国家的海洋生态保护和环境治理合作，积极保护大西洋生态环境。应在大西洋海域积极倡导尊崇自然、绿色发展的海洋生态体系，向大西洋沿岸国家分享我国在海洋环保、海水治理、海洋生物多样性保护和海洋生态修复等方面的新理念、新技术和新经验，突出生态文明理念，不断推动跨大西洋绿色投融资发展，促进大西洋海域绿色开发，提升中国与大西洋沿岸国家海洋合作的绿色化水平，合力打造人类生态共同体建设视域下的绿色大西洋（刘大海、连晨超、刘芳明等，2016）。

第四节　两极海域布局

一、主动参与两极海域科考与资源开发利用

主动完善参与两极海域科考与资源开发利用的双边与多边机制，适时加入南北极相关区域性海域资源开发管理组织，参与南北极海洋资源调查、养护与开发组织，继续鼓励科研机构开展两极海域科考，增强中国在极地海域

科研和解决全球气候问题等方面的话语权。以公平利用为着手点处理资源开发争端，积极开拓极地海域资源开发的合作机制，坚持在现有资源开发合作机制的基础上，推进两极海域资源利用的可持续发展。鼓励涉海企业积极参与南北两极海域资源开发的技术瓶颈突破，加快推进两极资源开发装备的性能提升，通过制定相关法律规范我国参与两极开发的主体行为，提高我国参与两极海域资源开发的企业主体法律保障意识和能力（杨华，2020）。深度参与中俄北极航道联合开发与利用，共同打造"冰上丝绸之路"，积极推动加强同北极航道沿线国家的经贸往来与产业合作，拓展中国与北极航道利益相关国家的经贸合作空间（徐强，2021）。

二、积极参与两极海域全球治理

继续坚持以《联合国海洋法公约》《南极条约》《斯匹次卑尔根条约》等框架体系为基础，倡导极地治理多边合作，加快制定我国极地发展战略，推进参与建设"和谐北极"，加强国际沟通，以持续深入的极地资源开发和生态保护治理为立足点，加强国际极地海域运用的政策法规研究，全面参与并影响极地海域事务，提升在极地区域规则制定中的话语权，着力增强规则制定能力、议程设置能力、舆论宣传能力、统筹协调能力，推动建立公平合理的国际规则，为海洋命运共同体建设做出更大贡献（陈秋丰，2021）。持续加强极地治理政策研究的专业人才队伍建设，为我国参与极地海域治理提供有力人才支撑。组织召集围绕南北两极海域开发利用和治理体系建设的国际学术交流会议，密切与有关各国加强对南北两极开发意见的交流沟通和成果共享，提升我国在国际极地事务和极地治理框架体系中的话语权和国际影响力。

三、强化两极旅游管理体系

寻求与国内既有旅游法律法规的协调，参与构建两极旅游法律保障体系。

有关部门应加强机制协调，制定出台中国公民赴两极旅游的规范和标准，进一步强化两极旅游秩序，在合理利用两极旅游资源的同时引导国人开展负责任的南极旅游，严格履行国际公约关于两极环境保护的义务。加强对两极游客的科考和环保意识教育，引导国人自觉遵循两极旅游相关规范和条例，并主动参与两极科考过程，夯实两极活动环境损害赔偿制度研究，加速推动两极旅游活动管理和两极生态环境保护的制度性建设，强化管理实践，建立对包括旅游在内的非政府活动的监督检查制度，推动两极旅游业和生态环境的健康和可持续发展（李春雷，2021）。

四、持续开展两极生态保护

充分认识两极地区环境复杂性及其对全球气候变化和人类社会经济发展的影响，巩固我国在两极地区开展科考勘探、资源开发和旅游活动的生态意识建设，注重对前往两极地区开展各类活动的国人的生态保护意识培育，全面深入认识我国乃至全球在两极地区开展活动所造成的生态破坏及管理存在的缺陷，尝试构建符合南北两极气候特征的生态环境保护和治理策略，最大限度减少人类活动对两极生境的破坏（曲亚囡、张晓林、李雪妍，2021）。推动构建与南北两极利益相关国家的协作体系，共同开展南北两极生态环境保护与治理，通力开展南北两极生态科考合作，建立健全南北两极生态环境数据库，搭建国别数据共享机制，准确评估南北两极生态状况，为制定科学合理的两极生态保护策略奠定基础（杨振姣、牛解放，2021）。

第五节 本 章 小 结

海洋的开放性和流动性决定了海洋强国建设需要面向大洋和极地谋划海洋空间布局，远洋及极地深海是海洋利益多元主体竞争激烈和保障国家海洋权益重要新疆域，是我国重要的海外利益所在区域，是世界各国海洋经济可持续发展的物质基础，维护远洋和极地海洋权益是加快建设海洋强国的重要内容。我国在太平洋、印度洋、大西洋和两极海域的参与程度和参与内容各异，据此开展的我国海洋强国建设的全球海洋空间系统布局亦各有侧重。我国应增强在各海域的资源开发与经济合作，强化与各国家的友好关系，并在安全保障和生态文明建设方面增强海洋国际合作。

参考文献

一、中文部分

[1] 艾尔弗雷德·塞耶·马汉. 海权对历史的影响：1660—1783 [M]. 安常容，成忠勤，译. 北京：解放军出版社，1998.

[2] 艾仁贵. 犹太人对地理大发现的贡献和参与 [J]. 世界民族，2017，4（6）：42-52.

[3] 艾四林. 哈贝马斯思想评析 [J]. 清华大学学报（哲学社会科学版），2001（3）：6-13.

[4] 爱德华·普雷斯科特. 海洋政治地理 [M]. 王铁崖，邵津，译. 北京：商务印书馆，1978.

[5] 爱华耳特. 蛮性的遗留 [M]. 李小峰，译. 北京：北京北新书店，1925.

[6] 安娜·尼古拉耶芙娜·玛尔科娃. 文化学 [M]. 王亚，译. 甘肃：敦煌文艺出版社，2003.

[7] 敖攀琴. 国家发展进程中海洋危机管理探析 [J]. 广西社会科学，2017（5）：136-139.

[8] 敖攀琴. 论国家文化与海洋文化建设 [J]. 社会科学家，2017（8）：152-156.

[9] 敖攀琴. 如何提升海洋文化软实力 [J]. 人民论坛，2017（13）：238-239.

[10] 奥德姆. 生态学基础 [M]. 孙儒泳,钱国桢,等译. 北京:人民教育出版社,1981:278.

[11] 奥克塔维奥·吉尔·法雷斯. 西班牙货币史 [M]. 宋海,译. 北京:中国金融出版社,2019.

[12] 巴里·布赞. 海底政治 [M]. 时富鑫,译. 上海:三联书店,1981.

[13] 芭芭拉·D. 梅特卡. 剑桥大学国别史丛书剑桥现代印度史 [M]. 李亚兰,周袁,任筱可,译. 北京:新星出版社,2019.

[14] 白暴力,方凤玲. "五大发展理念"对马克思主义生产力理论的丰富和发展 [J]. 经济纵横,2017 (7):1-8.

[15] 班固. 汉书 [M]. 北京:中华书局,2007.

[16] B·H·狄雅可夫,C·И·科瓦略夫. 古代世界史 [M]. 吉林师范大学历史系世界古代史及中世纪史教研室,祝璜,文运,译. 北京:高等教育出版社,1954.

[17] 比利安娜·西钦赛,罗伯特·克内克特. 美国海洋政策的未来:新世纪的选择 [M]. 张耀光,韩增林,译. 北京:海洋出版社,2010.

[18] 波音. 航海、财富与帝国:从经济学角度看世界历史 [M]. 北京:群言出版社,2017.

[19] 博特威尼,尼科尔森. 周末读完希腊史 [M]. 张曜,万美文,译. 上海:上海交通大学出版社,2012.

[20] 布莱恩·费根. 海洋文明史 [M]. 李文远,译. 北京:新世界出版社,2019.

[21] 蔡安宁,李婧,鲍捷,等. 基于空间视角的陆海统筹战略思考 [J]. 世界地理研究,2012,21 (1):26-34.

[22] 蔡树立. 震撼世界的1926年英国总罢工 [M]. 北京:商务印书馆,1983.

[23] 蔡拓. 全球治理的中国视角与实践 [J]. 中国社会科学,2004 (1):94-106,207.

［24］蔡拓．中国如何参与全球治理［J］．国际观察，2014（1）：1 - 10.

［25］曹文轩，胡立根．经典阅读课系列历史的声音［M］．深圳：海天出版社，2018.

［26］曹文振，毕龙翔．中国海洋强国战略视域下的印度洋海上通道安全［J］．南亚研究季刊，2016（2）：1 - 10.

［27］曹文振，杨文萱．我国海洋强国战略体系构建研究［J］．山东行政学院学报，2019（4）：1 - 7.

［28］曹云华，李昌新．美国崛起中的海权因素初探［J］．当代亚太，2006（5）：23 - 24

［29］常金仓．"文化科学"理论与中国史学的发展［N］．中国社会科学报，2012 - 12 - 12（A5）.

［30］朝仓弘教．世界海关和关税史［M］．吕博，安丽，张韧，译．北京：中国海关出版社，2006.

［31］陈宝生．加快从经济大国走向经济强国［N］．人民日报，2014 - 10 - 15（7）.

［32］陈丙先．菲律宾殖民当局的对华政策（16—17世纪）［M］．厦门：厦门大学出版社，2015.

［33］陈才．区域经济地理学［M］．2版．北京：科学出版社，2009.

［34］陈凤桂，王金坑，蒋金龙．海洋生态文明探析［J］．海洋开发与管理，2014，31（11）：70 - 76.

［35］陈建东，孟浩，陈颖健．争取海洋主动性是我国强国战略的必然选择［J］．太平洋学报，2011，19（6）：85 - 95.

［36］陈教斌．西方风景园林史［M］．重庆：重庆大学出版社，2018.

［37］陈理．新时代统筹推进"五位一体"总体布局的几个特点［J］．党的文献，2018（2）：3 - 12.

［38］陈明富．新中国70年海防建设的回顾与思考［J］．当代中国史研究，2020，27（2）：152.

［39］陈明辉．苏美尔地区与环太湖地区的社会复杂化之路：兼谈苏美

尔文明与良渚文明的初步对比 [J]. 南方文物，2018（1）：77-88.

[40] 陈秋丰. 全球公域治理与人类命运共同体构建 [J]. 国际论坛，2021，23（3）：38-58，156-157.

[41] 陈尚胜. 明代市舶司制度与海外贸易 [J]. 中国社会经济史研究，1987（1）：46-52.

[42] 陈韶阳，郑清予. 美国海洋思维剖析及对中国海洋强国建设的启示 [J]. 太平洋学报，2021，29（4）：53-65.

[43] 陈首. 经略海洋：文明复兴的内在驱动 [J]. 新产经，2012（6）：1-2.

[44] 陈思. 17 世纪中前期荷兰殖民者眼中的澳门与台湾：从 1660 年荷兰东印度公司进攻澳门计划说起 [J]. 广东社会科学，2018（6）：99-108，255.

[45] 陈威屹，钱洪宝. SOCS_EWF：空海岸潜一体化目标探测与应急通信体系架构 [J]. 海洋信息，2020（2）：40-47.

[46] 陈向明. 社会科学中的定性研究方法 [J]. 中国社会科学，1996（6）：93-102.

[47] 陈炎. 古希腊、古中国、古印度：人类早期文明的三种路径 [J]. 中国文化研究，2003，4（4）：62-78.

[48] 陈贻新. 法兰克福学派"社会批判理论"的探析 [J]. 现代哲学，2000（1）：81-84.

[49] 陈艺宁. 历史的影响与推动因素 [M]. 北京：光明日报出版社，2016.

[50] 陈荧. 古罗马共和国民主体制的产生与发展 [J]. 政治与法律，2003（4）：145-150.

[51] 陈玥. 1272—1377 年意大利商人在英国经济活动的研究 [M]. 哈尔滨：黑龙江大学出版社，2015.

[52] 陈岳，门洪华，刘清才，等. 国际政治学 [M]. 北京：高等教育出版社，2019.

［53］陈志敏. 中国式治理的世界秩序意义［N］. 北京日报, 2016 -
12 - 26（16）.

［54］陈智勇. 试论夏商时期的海洋文化［J］. 殷都学刊, 2002（4）:
20 - 25.

［55］陈智勇. 试析春秋战国时期的海洋文化［J］. 郑州大学学报（哲学
社会科学版）, 2003（5）: 127 - 131.

［56］程保志. 从欧盟海洋战略的演进看中欧蓝色伙伴关系之构建［J］.
江南社会学院学报, 2019, 21（4）: 34 - 38.

［57］程福祜, 何宏权. 发展海洋经济要注意综合平衡［J］. 浙江学刊,
1982（3）: 32 - 33.

［58］程桂龙. 中国边缘海政策的演变与发展［J］. 世界地理研究,
2016, 25（4）: 17 - 28.

［59］程骏超, 何中文. 我国海洋信息化发展现状分析及展望［J］. 海洋
开发与管理, 2017, 34（2）: 46 - 51.

［60］崔凤, 刘变叶. 我国海洋自然保护区存在的主要问题及深层原因
［J］. 中国海洋大学学报（社会科学版）, 2006（2）: 12 - 1.

［61］崔凤, 唐国建. 海洋与社会协调发展战略［M］. 北京: 海洋出版
社, 2014.

［62］崔凤, 王伟君. 国外海洋社会学研究述评: 兼与中国的比较［J］.
中国海洋大学学报（社会科学版）, 2017（5）: 9 - 18.

［63］崔凤. 海洋社会学: 社会学应用研究的一项新探索［J］. 自然辩证
法研究, 2006（8）: 1 - 3, 6.

［64］崔凤. 海洋社会学与主流社会学研究［J］. 中国海洋大学学报（社
会科学版）, 2010（2）: 29 - 32.

［65］崔桂田, 刘玉娣. 新时代中国政治现代化的规律诠释和根本遵循:
习近平总书记关于新时代中国特色社会主义政治建设重要论述的科学内涵
［J］. 山东大学学报（哲学社会科学版）, 2019（2）: 11 - 21.

［66］崔华前. 论马克思主义立场观点方法在政治学领域的实际应用

[J]. 政治学研究, 2012 (6): 12 - 18.

[67] 崔珊珊. 局限与应对: 理性选择制度主义的制度变迁研究 [J]. 湖北社会科学, 2017 (11): 25 - 30.

[68] 崔万有. 日本社会保障制度及其发展演变 [J]. 东北财经大学学报, 2007 (1): 84 - 87.

[69] 崔野. 全球海洋塑料垃圾治理: 进展、困境与中国的参与 [J]. 太平洋学报, 2020, 28 (12): 79 - 90.

[70] 戴木才. 中国特色社会主义是改革开放以来党的全部理论和实践的主题 [J]. 红旗文稿, 2017 (15): 4 - 6.

[71] 戴维·伊斯顿. 政治生活的系统分析 [M]. 王浦劬, 译. 北京: 人民出版社, 2012.

[72] 邓聪. 海洋文化起源浅析 [J]. 广西民族学院学报 (哲学社会科学版), 1995 (4): 56 - 58.

[73] 邓微, 张颖. 英语国家概况 [M]. 长春: 吉林大学出版社, 2015.

[74] 邓文金. 改革开放时期中国海洋观的演变: 以中共第二、第三代领导集体为中心的考察 [J]. 党史研究与教学, 2009 (1): 71 - 79.

[75] 邓小平. 在中央顾问委员会第三次全体会议上的讲话 [N]. 人民日报, 1985 - 01 - 01 (1).

[76] 丁焕峰. 论区域创新系统 [J]. 科研管理, 2001 (6): 1 - 8.

[77] 丁涛, 王鑫. 秦汉时期如何经略海洋 [N]. 学习时报, 2018 - 11 - 05 (7).

[78] 丁威, 解安. 习近平社会主义现代化强国目标体系研究 [J]. 学术界, 2017 (12): 178 - 190.

[79] 丁一平, 李洛荣, 龚连娣. 世界海军史 [M]. 北京: 海潮出版社, 2000.

[80] 丁奕宁, 魏云娜. 俄罗斯社会保障体系发展的研究与启示 [J]. 当代经济, 2019 (2): 139 - 141.

[81] 丁玉柱. 海洋文学 [M]. 广州: 中山大学出版社, 2012.

［82］丁元竹．早期功能主义方法论的基础初探［J］．社会学研究，1990（4）：116－123．

［83］董朝霞．论共享发展理念与中国特色社会主义［J］．思想理论教育，2016（8）：32－38．

［84］都晓岩，韩立民．海洋经济学基本理论问题研究回顾与讨论［J］．中国海洋大学学报（社会科学版），2016（5）：9－16．

［85］杜军，任景波．日本的年金制度及其改革［J］．现代日本经济，2004（6）：59－61．

［86］杜君立．历史的细节［M］．上海：上海三联书店，2016．

［87］杜君立．现代简史从机器到机器人［M］．上海：上海三联书店，2018．

［88］杜岩，秦伟山．国家级海洋生态文明建设示范区建设水平评价［J］．海洋开发与管理，2019，36（6）：7－13．

［89］范英，江立平，等．海洋社会学［M］．北京：世界图书出版社，2012．

［90］范英．关于逐步完善海洋社会学的若干思考［J］．中国海洋社会学研究，2013，1（00）：3－10．

［91］方力，赵可金．国家核心利益与中国新外交［J］．国际政治科学，2021（3）：68－94．

［92］方世南．习近平生态文明思想中的海洋生态文明观研究［J］．江苏海洋大学学报（人文社会科学版），2020，18（1）：1－13．

［93］费尔南·布罗代尔．地中海与菲利普二世时代的地中海世界［M］．唐家龙，曾培耿，等译．北京：商务印书馆，2013．

［94］费尔南·布罗代尔．十五至十八世纪的物质文明、经济和资本主义（第3卷）：世界的时间（上）［M］．顾良，施康强，译．北京：商务印书馆，2018．

［95］冯天瑜．中国古代经略海洋的成就与局限［J］．苏州大学学报（哲学社会科学版），2012，33（2）：160－166，192．

[96] 弗雷德·斯皮尔. 大历史与人类的未来 [M]. 孙岳, 译. 上海: 格致出版社, 2017.

[97] 弗里德曼. 实证经济学论文集 [M]. 柏克, 译. 北京: 商务印书馆, 2014.

[98] 付媛丽, 史春林. 东北亚海洋生态安全合作治理及中国参与 [J]. 国际研究参考, 2021 (3): 15 - 22, 54.

[99] 付振华, 李杰, 季飞, 等. 面向海工装备智能化的海洋异构物联网架构 [J]. 电信科学, 2021, 37 (7): 34 - 39.

[100] 傅梦孜, 陈旸. 大变局下的全球海洋治理与中国 [J]. 现代国际关系, 2021 (4): 1 - 9, 60.

[101] 傅梦孜, 陈旸. 对新时期中国参与全球海洋治理的思考 [J]. 太平洋学报, 2018, 26 (11): 46 - 55.

[102] 傅耀. 奥地利学派经济学方法论论旨 [J]. 贵州社会科学, 2008 (8): 88 - 94.

[103] 高春芽. 理性选择制度主义: 方法创新与理论演进 [J]. 理论与改革, 2012 (1): 5 - 10.

[104] 高华. 海洋强国视域下的海洋文化自信构建探究 [J]. 汉字文化, 2019 (22): 183 - 184.

[105] 高兰. 海权发展模式研究与中国海权理论构建 [J]. 亚太安全与海洋研究, 2019 (5): 29 - 48, 4 - 5.

[106] 高兰. 亚太地区海洋合作的博弈互动分析: 兼论日美海权同盟及其对中国的影响 [J]. 日本学刊, 2013 (4): 52 - 68, 157.

[107] 高乐华. 我国海洋生态经济系统协调发展测度与优化机制研究 [D]. 青岛: 中国海洋大学, 2012.

[108] 高全靓. 浅析俄罗斯社会保障制度于我国之借鉴与启示 [J]. 劳动保障世界, 2019 (24): 36.

[109] 高新生. 中国海防史研究述评 [J]. 军事历史研究, 2005 (4): 176 - 185.

[110] 高之国，张海文，贾宇．国际海洋法的理论与实践 [M]．北京：海洋出版社．2006.

[111] 高智华．论实施国家海洋管辖权的若干国际法问题 [J]．东南学术，2009（3）：93-98.

[112] 高子川．试析21世纪初的中国海洋安全 [J]．现代国际关系，2006（3）：27-32.

[113] 高祖贵．推进"一带一路"建设构建人类命运共同体 [N]．学习时报，2019-04-22（1）.

[114] 戈森．人类交换规律与人类行为准则的发展 [M]．陈秀山，译．北京：商务印书馆，1997.

[115] 格林斯坦·波尔斯比．政治学手册精选（上卷）[M]．王沪宁，等译．北京：商务印书馆，1996.

[116] 葛永林，徐正春．奥德姆的生态思想是整体论吗？[J]．生态学报，2014，34（15）：4151-4159.

[117] 宫秀华．罗马对意大利半岛的征服及统治政策 [J]．东北师大学报，2000（2）：64-67.

[118] 龚云鸽．李嘉图的比较优势理论及其评析 [J]．改革与开放，2018（14）：29-30，67.

[119] 顾湘，李志强．海洋命运共同体视域下东亚海域污染合作治理策略优化研究 [J]．东北亚论坛，2021，30（2）：60-73，127-128.

[120] 顾晓鸣．西方社会学的界说及现状的一般特点 [J]．复旦学报（社会科学版），1983（1）：106-113.

[121] 关道明．弘扬生态文明建设美丽海洋：访海洋生态文明建设专家 [N]．人民日报，2015-06-08（13）.

[122] 关颖，唐韵娣．欧洲文化源流 [M]．哈尔滨：哈尔滨地图出版社，2007.

[123] 管华诗，王曙光．海洋管理概论 [M]．青岛：中国海洋大学出版社，2003.

［124］郭常英，王燕．近五年来袁世凯研究述评［J］．中州学刊，2013（9）：139－144．

［125］郭晶晶．历史与记忆：英美历史文化研究［M］．长春：东北师范大学出版社，2018．

［126］郭伟，朱大奎．深圳围海造地对海洋环境影响的分析［J］．南京大学学报（自然科学版），2005（3）：286－296．

［127］郭晔旻．亚历山大东征"把战争带到亚洲，把财富带回希腊"［J］．国家人文历史，2019（12）：122－128．

［128］郭雨晨．英国海洋空间规划关键问题研究及对我国的启示［J］．行政管理改革，2020（4）：74－81．

［129］郭玉华．新中国成立以来中国共产党海洋战略的历史考察［J］．广西社会科学，2014（9）：19－22．

［130］郭媛媛．构建全域陆海统筹发展新格局［N］．中国自然资源报，2021－06－30（5）．

［131］国家海洋局海洋发展战略研究所课题组．中国海洋发展报告（2014）［M］．北京：海洋出版社，2014：321．

［132］国家海洋局．中国海洋年鉴［M］．北京：海洋出版社，1988．

［133］国家开发银行"海上丝绸之路战略性项目实施策略研究：重点国家的战略评估与政策建议"课题组．"21世纪海上丝绸之路"背景下的我国海洋产业国际合作［J］．海洋开发与管理，2018，35（4）：3－8．

［134］哈罗德·布鲁姆．伦敦文学地图［M］．张玉红，杨潮军，译．上海：上海交通大学出版社，2017．

［135］海斯，穆恩，韦兰．全球通史［M］．吴文藻，译．天津人民出版社，2018．

［136］韩立民，任广艳，秦宏．"三渔"问题的基本内涵及其特殊性［J］．农业经济问题，2007（6）：93－96．

［137］韩·梅尔，周静，彭晖．荷兰三角洲：寻找城市规划和水利工程新的融合［J］．国际城市规划，2009，24（2）：4－13．

［138］韩庆祥，黄相怀．中国特色社会主义新时代的哲学理解［J］．哲学研究，2017（12）：3 – 11，123.

［139］韩兴勇，郭飞．发展海洋文化与培养国民海洋意识问题研究［J］．太平洋学报，2007（6）：84 – 87.

［140］韩杨．1949 年以来中国海洋渔业资源治理与政策调整［J］．中国农村经济，2018（9）：14 – 28.

［141］韩增林，李博，陈明宝，等．"海洋经济高质量发展"笔谈［J］．中国海洋大学学报（社会科学版），2019（5）：13 – 21.

［142］何俊志．结构、历史与行为：历史制度主义的分析范式［J］．中国社会科学评论，2002，1（2）：25 – 33.

［143］何奇松．中美海洋安全观视角的海洋安全博弈［J］．太平洋学报，2019，27（9）：47 – 57.

［144］何星亮．西方文化人类学的方法论［N］．中国社会科学院院报，2008 – 08 – 19（3）.

［145］何亚文，苏奋振，杜云艳，等．海洋信息网格服务平台的设计与实现［J］．地球信息科学学报，2010，012（5）：680 – 686.

［146］何永江．美国贸易政策专题研究［M］．天津：南开大学出版社，2019.

［147］何友晖．彭泗清．方法论的关系论及其在中西文化中的应用［J］．社会学研究，1998（5）：36 – 45.

［148］贺鉴．构建新时代中国特色海洋政治学［N］．中国社会科学报，2019 – 10 – 17（5）.

［149］赫伯特·乔治·威尔斯．人类文明简史［M］．赵震，译．沈阳：辽宁人民出版社，2018.

［150］黑格尔．历史哲学［M］．王造时，译．北京：三联书店，1956.

［151］亨德里克·威廉·房龙．帝国崛起美国称霸世界之路［M］．刘洋，译．武汉：华中科技大学出版社，2016.

［152］洪刚，洪晓楠．中国海洋文化的内在逻辑与发展取向［J］．太平

洋学报, 2017, 25 (8): 62 - 72.

[153] 洪刚. 新时代背景下中国海洋文化理论研究的基础性认识探析 [J]. 中国海洋经济, 2018 (2): 155 - 168.

[154] 洪丽莎, 毛洋洋, 曾江宁. 中国和葡萄牙海洋科技合作实践 [J]. 海洋开发与管理, 2020, 37 (5): 10 - 13.

[155] 洪伟东. 促进我国海洋经济绿色发展 [J]. 宏观经济管理, 2016 (1): 64 - 66.

[156] 洪银兴, 刘伟, 高培勇, 等. "习近平新时代中国特色社会主义经济思想" 笔谈 [J]. 中国社会科学, 2018 (9): 4 - 73, 204 - 205.

[157] 胡鞍钢, 张新. 建设美丽中国, 加快迈进生态强国时代 [J]. 国际税收, 2018 (1): 6 - 12.

[158] 胡波. 国际海洋政治发展趋势与中国的战略选择 [J]. 国际问题研究, 2017 (2): 96.

[159] 胡波. 全球海上多极格局与中国海军的崛起 [J]. 亚太安全与海洋研究, 2020 (6): 1 - 17.

[160] 胡波. 中国海上兴起与国际海洋安全秩序: 有限多极格局下的新型大国协调 [J]. 世界经济与政治, 2019 (11): 4 - 33, 157.

[161] 胡波. 中国海洋强国的三大权力目标 [J]. 太平洋学报, 2014, 22 (3): 77 - 90.

[162] 胡德坤, 高云. 论俄罗斯海洋强国战略 [J]. 武汉大学学报 (人文科学版), 2013, 66 (6): 41 - 48.

[163] 胡德坤. 建设海洋强国是我国历史性的战略选择 [J]. 武汉大学学报 (哲学社会科学版), 2013, 66 (3): 5 - 7.

[164] 胡德胜. 论中国在岛屿主权和海洋权益上的对日策略 [J]. 西安交通大学学报 (社会科学版), 2013 (2): 89 - 95.

[165] 胡海波, 侯鉴洋. 习近平关于文化重要论述的总体性探讨 [J]. 马克思主义研究, 2019 (6): 83 - 92, 160.

[166] 胡林梅, 文绪武. 中国近代海洋安全与发展路径嬗变及新时代的

创新 [J]. 江西社学，2018，38（3）：133 - 142.

[167] 胡荣. 社会互动的类型与方式 [J]. 探索，1993（6）：65 - 69.

[168] 胡志勇. 构建海上丝绸之路与海洋强国论析 [J]. 印度洋经济体研究，2015（1）：69 - 79，158.

[169] 胡志勇. 积极构建中国的国家海洋治理体系 [J]. 太平洋学报，2018，26（4）：15 - 24.

[170] 户海波. 马克思恩格斯文化观研究 [D]. 长春：东北师范大学，2010.

[171] 黄娟. 建设生态文明，打造美丽中国 [J]. 人民论坛，2018（6）：58 - 59.

[172] 黄蕾. 新西兰海洋保护区政策评述 [J]. 环境保护，2006（14）：76 - 78.

[173] 黄琦，彭武. 智慧与智慧信息系统 [J]. 中国电子科学研究院学报，2018，13（6）：674 - 679.

[174] 黄仁宇. 万历十五年 [M]. 北京：生活·读书·新知三联书店，1997.

[175] 黄任望. 全球海洋治理问题初探 [J]. 海洋开发与管理，2014，31（3）：48 - 56.

[176] 黄少安，黄凯南. 论演化与博弈的不可通约性：对演化经济学发展方向的思考 [J]. 求索，2006（7）：1 - 4.

[177] 黄卫东. 金融战略 [M]. 北京：新华出版社，2017.

[178] 黄新华. 政治科学中的新制度主义：当代西方新制度主义政治学述评 [J]. 厦门大学学报（哲学社会科学版），2005（3）：28 - 35.

[179] 黄雄. 奥地利经济学派：一个文献综述 [J]. 社会科学战线，2008（4）：55 - 63.

[180] 吉登斯. 社会理论与现代社会学 [M]. 文军，等译. 北京：社科文献出版社，2003.

[181] 计秋枫，冯梁. 英国文化与外交 [M]. 北京：世界知识出版社，

2002.

[182] J. M. 罗伯茨. 我们世界的历史 (2): 文明的分化 [M]. 陈恒, 等译. 上海: 东方出版中心, 2018.

[183] 贾宝林. 地方竞争视角下的"海洋强省"政策及其双重效应 [J]. 广西社会科学, 2010 (12): 133 – 137.

[184] 贾立政. 新时代中国特色社会主义民主政治的创新发展 [J]. 人民论坛, 2020 (24): 46 – 49.

[185] 贾应生. 社会学实证方法的表象化: 特征、归因及解决 [J]. 西北师大学报 (社会科学版), 2019, 56 (4): 13 – 22.

[186] 贾宇. 北极地区领土主权和海洋权益争端探析 [J]. 中国海洋大学学报 (社会科学版), 2010 (1): 6 – 10.

[187] 贾宇. 关于海洋强国战略的思考 [J]. 太平洋学报, 2018, 26 (1): 1 – 8.

[188] 贾宇. 海洋发展战略文集 [M]. 北京: 海洋出版社, 2017.

[189] 江能. 博弈论理论体系及其应用发展述评 [J]. 商业时代, 2011 (2): 91 – 92.

[190] 江晓美. 海上马车夫: 荷兰金融战役史 [M]. 北京: 中国科学技术出版社, 2009.

[191] 江晓美. 雾锁伦敦城: 英国金融战役史 [M]. 北京: 中国科学技术出版社, 2009.

[192] 姜欢欢, 温国义, 周艳荣, 等. 我国海洋生态修复现状、存在的问题及展望 [J]. 海洋开发与管理, 2013, 30 (1): 35 – 38, 112.

[193] 姜守明. 从民族国家走向帝国之路 [M]. 南京: 南京师范大学出版社, 2000.

[194] 姜旭朝, 张继华, 林强. 蓝色经济研究动态 [J]. 山东社会科学, 2010 (1): 105 – 109, 114, 181.

[195] 姜旭朝, 张继华. 中国海洋经济史大事记 [M]. 北京: 经济科学出版社, 2012.

［196］姜旭朝，赵玉杰．环境规制与海洋经济增长空间效应实证分析［J］．中国渔业经济，2017，35（5）：68－75．

［197］姜旭朝．中华人民共和国海洋经济史［M］．北京：经济科学出版社，2008．

［198］蒋小翼．澳大利亚联邦成立后海洋资源开发与保护的历史考察［J］．武汉大学学报（人文科学版），2013，66（6）：53－57．

［199］蒋小翼．关于建立国家海洋公园的法律建议［J］．中国软科学，2019（4）：11－19．

［200］焦念志，王荣．海洋初级生产力的结构［J］．海洋与湖沼，1993（4）：340－344．

［201］金东郁．世界史就是经济史［M］．王艳，译．北京：北京联合出版公司，2016．

［202］金小红．吉登斯的"双重解释学"与社会学理论批判［J］．国外社会科学，2004（2）：16－20．

［203］金永明．论东海大陆架划界争议与发展趋势［J］．政治与法律，2006（1）：105－109．

［204］金永明．论中国海洋强国战略的内涵与法律制度［J］．南洋问题研究，2014（1）：18－28．

［205］金永明．日本的海洋立法新动向及对我国的启示［J］．法学，2007（5）：142－149．

［206］金永明．新时代中国海洋强国战略治理体系论纲［J］．中国海洋大学学报（社会科学版），2019（5）：22－30．

［207］金永明．中国海洋安全战略研究［J］．国际展望，2012（4）：1－12，137．

［208］金永明．中国建设海洋强国的路径及保障制度［J］．毛泽东邓小平理论研究，2013（2）：81－85，92．

［209］金志霖．试论尼德兰资本主义生产关系的萌芽及其发展［J］．华东师范大学学报（哲学社会科学版），1999（6）：80－85．

[210] 靳卫东. 实证主义经济学研究的价值及其方法论局限 [J]. 经济评论, 2013 (3): 30-37.

[211] 景跃进, 张小劲. 政治学原理 [M]. 3 版. 北京: 中国人民大学出版社, 2015.

[212] 居文豪. 海洋经济视域下当代海洋文化价值探析 [J]. 管理观察, 2020 (5): 91-92.

[213] 卡蒂娅·约翰森, 闵锐武, 田圣宝. 论澳大利亚产业政策对文化政策的决定性影响 [J]. 中国海洋大学学报 (社会科学版), 2020 (5): 103-109.

[214] 柯昶, 曹桂艳, 等. 环渤海经济圈的海洋生态环境安全问题探讨 [J]. 太平洋学报, 2013, 21 (4): 71-80.

[215] 柯胜雨. 丝绸之路千年史: 从长安到罗马 [M]. 西安: 陕西师范大学出版社, 2018.

[216] 科瓦略夫. 古代罗马史 (上) [M]. 王以铸, 译. 上海: 上海书店出版社, 2011.

[217] 克拉克. 财富的分配 [M]. 邵大海, 译. 北京: 商务印书馆, 1983.

[218] 匡列辉. 新时代 "共享" 发展理路及其世界意义 [J]. 理论月刊, 2018 (2): 18-23.

[219] 匡增军. 2010 年俄挪北极海洋划界条约评析 [J]. 东北亚论坛, 2011, 20 (5): 45-53.

[220] 拉巴平措, 陈庆英. 西藏通史 清代卷 (上) [M]. 北京: 中国藏学出版社, 2016.

[221] 拉德克利夫·布朗. 安达曼岛人 [M]. 梁粤, 译. 桂林: 广西师范大学出版社, 2005.

[222] 乐家华, 邵征翌. 渔业统计制度的国际比较及对我国的启示 [J]. 统计研究, 2008 (7): 90-95.

[223] 冷疏影, 朱晟君, 李薇, 等. 从 "空间" 视角看海洋科学综合发

展新趋势［J］.科学通报，2018，63（31）：3167-3183.

［224］黎昕.关于新时代社会治理创新的若干思考［J］.东南学术，2018（5）：124-131.

［225］李彬，王成刚，赵中华.新制度经济学视角下的我国海洋新兴产业发展对策探讨［J］.海洋开发与管理，2013，30（2）：89-93.

［226］李博，杨智，苏飞，等.基于集对分析的中国海洋经济系统脆弱性研究［J］.地理科学，2016，36（1）：47-54.

［227］李春雷.南极旅游治理政策研究［J］.中国旅游评论，2021（1）：109-117.

［228］李大海，韩立民.陆海统筹构建粮食安全保障新体系研究［J］.社会科学辑刊，2019（6）：109-117，2.

［229］李大海，吴立新，陈朝晖."透明海洋"的战略方向与建设路径［J］.山东大学学报（哲学社会科学版），2019（2）：130-136.

［230］李佃来.施特劳斯、罗尔斯、马克思：政治哲学的谱系及其内在关系［J］.中国人民大学学报，2014，28（4）：59-68.

［231］李佃来.政治哲学：西方马克思主义研究的新路径［J］.求是学刊，2006（5）：34-37.

［232］李光辉.英国特色海洋法制与实践及其对中国的启示［J］.武大国际法评论，2021，5（3）：40-61.

［233］李惠生.中华海洋文化的历史及其辉煌成就：从远古时代至公元1433年的考察及评价［J］.青岛海洋大学学报（社会科学版），1998（1）：62-65.

［234］李慧勇，王翔，高猛.社会冲突研究二十年：学术图景、理论动态与视域前瞻［J］.东南学术，2020（5）：56-68.

［235］李继侗.植物地理学、植物生态学和地植物学的发展［M］.北京：科学出版社，1958.

［236］李佳薪，谭春兰.海洋产业结构调整对海洋经济影响的实证分析［J］.海洋开发与管理，2019，36（3）：81-87.

[237] 李江海，宋珏琛，洛怡. 深海多金属硫化物采矿研究进展及其前景探讨 [J]. 海洋开发与管理，2019，36 (11)：29-37.

[238] 李金明. 在南海遏制中国：印太战略的根本目的 [J]. 人民论坛·学术前沿，2018 (15)：16-23.

[239] 李京梅，丁中贤等. 基于双边界二分式 CVM 的国家公园门票定价研究：以胶州湾国家海洋公园为例 [J]. 资源科学，2020，42 (2)：232-241.

[240] 李京梅，杨雪. 海洋生态补偿研究综述 [J]. 海洋开发与管理，2015，32 (8)：85-91.

[241] 李靖宇，郑贵斌，戴桂林. 海洋强国视域下中国海洋经济研究的重大突破：评《中国海洋经济发展重大问题研究》[J]. 区域经济评论，2018 (2)：147-150.

[242] 李立永，徐茜. 俄罗斯国民性格的二律背反及成因简析 [J]. 俄罗斯研究，2004 (1)：76-81.

[243] 李丽. 习近平关于建设网络强国重要论述的四个维度 [J]. 思想教育研究，2019 (8)：7-11

[244] 李亮之. 世界工业设计史潮 [M]. 北京：中国轻工业出版社，2001.

[245] 李苗，罗刚. 韩国海洋牧场建设经验与借鉴 [J]. 中国水产，2020 (3)：26-28.

[246] 李明春. 海洋文化是建设海洋强国的思想动力 [N]. 中国海洋报，2012-11-16 (1).

[247] 李其荣. 世界通史近代卷 [M]. 武汉：华中师范大学出版社，2009.

[248] 李卿. 英美社会与文化 [M]. 北京：北京工业大学出版社，2018.

[249] 李庆新. 略谈南海海洋文化遗产及其当下价值 [J]. 南海学刊，2017，3 (3)：37-46.

［250］李慎明. 正确认识中国特色社会主义新时代社会主要矛盾［J］. 红旗文稿，2018（5）：7-12.

［251］李小华. 二十世纪西方国际政治学：论争与超越［J］. 国外社会科学，1999（3）：4-9.

［252］李晓璇，刘大海. 中国海洋科研机构的空间分布特征与演化趋势［J］. 科研管理，2018，39（S1）：317-325.

［253］李学智. 古典文明中的地理环境差异与政治体制类型：先秦中国与古希腊雅典之比较［J］. 天津师范大学学报（社会科学版），2013，4（2）：10-18.

［254］李彦平，刘大海，罗添. 陆海统筹在国土空间规划中的实现路径探究：基于系统论视角［J］. 环境保护，2020，48（9）：50-54.

［255］李燕. 推动工业互联网平台成为经济高质量发展新引擎［N］. 经济日报，2019-11-27（12）.

［256］李义虎. 海权论与海陆关系［J］. 太平洋学报，2006（3）：16-24.

［257］李映红，张婷. 马克思恩格斯的海洋观及其当代价值［J］. 江西社会科学，2020，40（11）：48-54.

［258］李永斌. 地中海共同体：古代文明交流研究的一种新范式［J］. 史学理论研究，2020（6）：66-75，159.

［259］李永祺，王蔚. 浅议海洋生态学的定义［J］. 海洋与湖沼，2019，50（5）：931-936.

［260］李永祺. 中国区域海洋学：海洋环境生态学［M］. 北京：海洋出版社，2012.

［261］李育民. 近代中外战争与条约关系（上）［J］. 社会科学研究，2015（6）：173-183.

［262］李月军. 反思与进展：新制度主义政治学的制度变迁理论［J］. 公共管理学报，2008（3）：13-23，121.

［263］李月英. 田野调查：文化人类学的主要研究方法［J］. 今日民族，2007（9）：45-49.

[264] 李增刚．经济相互依赖、国内政治与国家间冲突：兼论中国与周边海洋权益争端国家间关系 [J]．财经问题研究，2017 (5)：3-11.

[265] 李湛．经略海洋须确立"内公海"概念 [N]．文汇报，2017-07-04 (5).

[266] 李喆．大国崛起与人力资本战略 [M]．北京：中国发展出版社，2017.

[267] 李正军，于淼．一体化联合作战的力量构建 [J]．国防科技，2005 (6)：55-58.

[268] 李植枬．宏观世界史 [M]．武汉：武汉大学出版社，1999.

[269] 李佐军．人本发展理论：解释经济社会发展的新思路 [M]．北京：中国发展出版社，2008.

[270] 厉以宁．希腊古代经济史（上）[M]．北京：商务印书馆，2013.

[271] 廉德瑰．中日关系应有更大战略格局 [N]．环球时报，2020-11-18 (14).

[272] 梁甲瑞，曲升．全球海洋治理视域下的南太平洋地区海洋治理 [J]．太平洋学报，2018，26 (4)：48-64.

[273] 梁亮．海洋环境协同治理的路径构建 [J]．人民论坛，2017 (17)：76-77.

[274] 梁玉兰．我国公共行政系统分析法：可能性、必要性及局限性分析：基于对戴维·伊斯顿《政治生活的系统分析》的理解 [J]．理论月刊，2011 (11)：74-77.

[275] 廖博谛．告别宏微观架构的经济学 [M]．北京：经济日报出版社，2017.

[276] 廖民生，刘洋．新中国成立以来国家海洋战略的发展脉络与理论演变初探 [J]．太平洋学报，2019，27 (12)：88-97.

[277] 林坚．文化概念演变及文化学研究历程 [J]．文化学刊，2007 (4)：5-16.

[278] 林坚．文化学研究：何以成立？何以为用？ [J]．探索与争鸣，

2012（10）：60 - 65.

［279］林坚．文化学研究的状况和构架［J］．人文杂志，2007（3）：86 - 93.

［280］林建华，祁文涛．民族复兴视域下海洋强国战略的多维解析［J］．理论学刊，2019（4）：109 - 118.

［281］林建华．海洋政治构成要素分析［J］．黑龙江社会科学，2015（1）：43 - 46.

［282］林香红．面向2030：全球海洋经济发展的影响因素、趋势及对策建议［J］．太平洋学报，2020，28（1）：50 - 63.

［283］林易蓉，徐国群．海洋贸易视野下深圳妈祖文化的传承与弘扬［J］．南方文物，2019（6）：264 - 268.

［284］林毅夫．新结构经济学：重构发展经济学的框架［J］．经济学（季刊），2011，10（1）：1 - 32.

［285］林兆然．区域渔业管理组织的异议审查机制：南太平洋区域渔业管理组织两起捕鱼配额异议案述评［J］．国际法研究，2019（3）：43 - 63.

［286］凌立．人类大历史［M］．北京：中国友谊出版公司，2019.

［287］刘长明，周明珠．海洋命运共同体何以可能：基于马克思主义视角的研究［J］．中国海洋大学学报（社会科学版），2021（2）：48 - 55.

［288］刘传江，李雪．西方产业组织理论的形成与发展［J］．经济评论，2001（6）：104 - 106，110.

［289］刘赐贵．发展海洋合作伙伴关系推进21世纪海上丝绸之路建设的若干思考［J］．国际问题研究，2014（4）：1 - 8.

［290］刘赐贵．加强海洋生态文明建设　促进海洋经济可持续发展［N］．人民日报，2012 - 06 - 07（12）．

［291］刘大海，丁德文，邢文秀，等．关于国家海洋治理体系建设的探讨［J］．海洋开发与管理，2014，31（12）：1 - 4.

［292］刘大海，连晨超，刘芳明，等．关于中国大西洋海洋战略布局的几点思考［J］．海洋开发与管理，2016，33（5）：3 - 7.

[293] 刘大海，连晨超，刘芳明，等.拓展大西洋战略空间：意义、目标与路径 [J].海洋开发与管理，2018，35 (7)：3 - 9.

[294] 刘大海，连晨超，吕尤，等.经略大西洋：从区域化到全球化海洋战略 [J].海洋开发与管理，2016，33 (8)：3 - 7.

[295] 刘大海，刘芳明.百年变局下中国的全球化海洋战略思考 [J].太平洋学报，2020，28 (4)：2.

[296] 刘芳，于会娟.关于我国远洋渔业海外基地建设的思考 [J].中国渔业经济，2017，35 (2)：18 - 23.

[297] 刘桂春，韩增林.我国海洋文化的地理特征及其意义探讨 [J].海洋开发与管理，2005 (3)：9 - 13.

[298] 刘洪滨，焦桂英.发展海洋经济 建设海洋强国 [J].太平洋学报，2006 (7)：80 - 87.

[299] 刘鸿儒.经济大辞典金融卷 [M].上海：上海辞书出版社，1987.

[300] 刘季富.英国都铎王朝史论 [M].郑州：河南人民出版社，2008.

[301] 刘继贤.国家海洋安全与海洋文化：在中国广播电视协会纪录片工作委员会暨第七届"中国纪录片国际选片会"上的讲话 [J].今日科苑，2011 (19)：8 - 15.

[302] 刘家沂，肖献献.中西方海洋文化比较 [J].浙江海洋学院学报（人文科学版），2012，29 (5)：1 - 6.

[303] 刘家沂.构建海洋生态文明的战略思考 [J].今日中国论坛，2007 (12)：44 - 46.

[304] 刘建飞.新时代中国外交战略基本框架论析 [J].世界经济与政治，2018 (2)：4 - 20，155 - 156.

[305] 刘健.浅谈我国海洋生态文明建设基本问题 [J].中国海洋大学学报（社会科学版），2014 (2)：29 - 32.

[306] 刘介民.寻求比较文化的最佳点：方汉文的《比较文化学》[J].

博览群书，2003（5）：53-58.

[307] 刘静暖. 习近平海洋生态文明思想的经济学分析 [J]. 社会科学辑刊，2020（2）：116-124.

[308] 刘堃. 海洋经济与海洋文化关系探讨：兼论我国海洋文化产业发展 [J]. 中国海洋大学学报（社会科学版），2011（6）：32-35.

[309] 刘兰，徐质斌. 关于中国海洋安全的理论探讨 [J]. 太平洋学报，2011，19（2）：93-100.

[310] 刘利民. 领海划界与捍卫海疆主权：南京国民政府颁布"三海里令"成因论析 [J]. 民国研究，2013（1）：172-186.

[311] 刘敏，岳晓林. 海洋社会研究的兴起及其全球拓展 [J]. 中国海洋社会学研究，2019（00）：3-12.

[312] 刘明翰，海恩忠. 世界史简编 [M]. 济南：山东教育出版社，1982.

[313] 刘鹏. 世界通史 [M]. 合肥：安徽文艺出版社，2012.

[314] 刘勤. 海洋社会学：回顾、比较与前瞻 [J]. 中国海洋社会学研究，2015，3（00）：44-52.

[315] 刘容子. 21 世纪经略海洋国土报告 [J]. 海洋开发与管理，1999（4）：16-21.

[316] 刘瑞玉，崔玉珩. 中国海岸带生物 [M]. 北京：海洋出版社，1996.

[317] 刘少杰，翟岩，营立成，等. 马克思主义社会学笔谈 [J]. 福建师范大学学报（哲学社会科学版），2021（1）：63-93.

[318] 刘少杰. 马克思主义社会学的学术地位与理论贡献 [J]. 中国社会科学，2019（5）：78-99，206.

[319] 刘曙光，姜旭朝. 中国海洋经济研究 30 年：回顾与展望 [J]. 中国工业经济，2008（11）：153-160.

[320] 刘曙光，许玉洁，王嘉奕. 江河流域经济系统开放与可持续发展关系：国际经典案例及对黄河流域高质量发展的启示 [J]. 资源科学，2020，42（3）：433-445.

[321] 刘曙光，尹鹏．新时代海洋强国建设研究视域提升的初步思考 [N]．中国社会科学报，2018-05-04（6）．

[322] 刘曙光．海洋产业经济国际研究进展 [J]．产业经济评论，2007（1）：170-190．

[323] 刘曙光．区域创新系统理论探讨与实证研究 [M]．青岛：中国海洋大学出版社，2004．

[324] 刘巍．海洋命运共同体：新时代全球海洋治理的中国方案 [J]．亚太安全与海洋研究，2021（4）：32-45，2-3．

[325] 刘伟涛，顾鸿，李春洪．基于德尔菲法的专家评估方法 [J]．计算机工程，2011，37（S1）：189-191，204．

[326] 刘伟．新发展理念与现代化经济体系 [J]．政治经济学评论，2018，9（4）：3-20．

[327] 刘晓东，祁山．东方海上丝绸之路浅探 [N]．光明日报，2015-11-21（11）．

[328] 刘晓玮．新中国参与全球海洋治理的进程及经验 [J]．中国海洋大学学报（社会科学版），2018（1）：18-25．

[329] 刘笑阳．海洋强国战略研究：理论探索、历史逻辑和中国路径 [M]．上海：汉语大词典出版社，2019．

[330] 刘笑阳．海洋强国战略研究 [D]．北京：中共中央党校，2016．

[331] 刘欣，李永洪．新旧制度主义政治学研究范式的比较分析 [J]．云南行政学院学报，2009，11（6）：22-24．

[332] 刘新华．新时代中国海洋战略与国际海洋秩序 [J]．边界与海洋研究，2019，4（3）：5-29．

[333] 刘训练．驯化僭主：《君主论》与《希耶罗：论僭政》的对勘 [J]．学海，2015（3）：157-163．

[334] 刘彦祥，欧阳永忠，修义瑞，等，海洋信息技术建设发展现状与思考 [J/OL]．海洋开发与管理：1-6 [2021-08-28]．http：//kns. cnki. net/kcms/detail/11. 3525. p. 20210817. 1015. 002. html.

［335］刘阳，田永军，于佳，等. 中日海洋环境领域研究合作与展望 ［J］. 海洋学报，2021，43（8）：160－162.

［336］刘贞晔. 全球治理与国家治理的互动：思想渊源与现实反思 ［J］. 中国社会科学，2016（6）：36－46.

［337］刘志彪. 中国参与全球价值链分工结构的调整与重塑：学习十九大报告关于开放发展的体会 ［J］. 江海学刊，2018（1）：77－84.

［338］刘中民. 世界海洋政治与中国海洋发展战略 ［M］. 北京：时事出版社，2009.

［339］刘中民. 中国海权发展战略问题的若干思考 ［J］. 外交学院学报，2005（1）：69－74.

［340］娄亚萍. 马克思恩格斯的海洋强国兴衰理论及其时代价值 ［J］. 当代世界与社会主义，2020（6）：92－99.

［341］卢玲玲. 近代英国"自由贸易帝国主义"的形成及影响 ［J］. 外国问题研究，2017（2）：83－92，118－119.

［342］庐森贝. 政治经济学史 ［M］. 翟松年，译. 北京：生活·读书·新知三联书店，1959.

［343］鲁亚运，原峰，李杏筠. 我国海洋经济高质量发展评价指标体系构建及应用研究：基于五大发展理念的视角 ［J］. 企业经济，2019，38（12）：122－130.

［344］陆海统筹的重大意义 构建生态文明大格局 ［J］. 中国生态文明，2019（4）：14.

［345］陆玉芹，吴春香. 中国海盐文化教程 ［M］. 南京：南京大学出版社，2020.

［346］鹿红，王丹. 我国海洋生态文明建设主要问题分析及对策思考 ［J］. 理论月刊，2017（6）：155－159.

［347］鹿红. 我国海洋生态文明建设研究 ［D］. 大连：大连海事大学，2018.

［348］路运洪. 试论重商主义与荷兰商业帝国的兴起 ［J］. 许昌学院学

报，1993（1）：42-47.

[349] 吕建华，罗颖．我国海洋环境管理体制创新研究［J］．环境保护，2017，45（21）：32-37.

[350] 罗伯特·达尔．现代政治分析［M］．王沪宁，陈峰，译．上海：上海译文出版社，1987.

[351] 罗伯特·基欧汉，约瑟夫·和奈．权力与相互依赖［M］．门洪华，译．北京：北京大学出版社，2002.

[352] 罗杰·E. 巴克豪斯．经济学的故事［M］．袁野，译．海口：海南出版社，2014.

[353] 罗猛，丁芝华．论美国刑罚理论发展中的边际主义路线［J］．北京理工大学学报（社会科学版），2012，14（4）：135-140.

[354] 罗斯托夫采夫．罗马［M］．邹芝，译．上海：上海人民出版社，2014.

[355] 罗兹墨菲．亚洲史［M］．黄磷，译．海口：海南出版社，2004.

[356] 马彩华，赵志远，游奎．略论海洋生态文明建设与公众参与［J］．中国软科学，2010（S1）：172-177.

[357] 马克思恩格斯全集（第35卷）［M］．北京：人民出版社，2013.

[358] 马克思．资本论（第一卷）［M］（第二版）．中共中央马克思恩格斯列宁斯大林著作编译局，译．北京：人民出版社，2004.

[359] 马林诺夫斯基．西太平洋上的航海者［M］．弓秀英，译．北京：商务印书馆，2016.

[360] 马苹，李靖宇．关于中俄两国加强海洋合作的战略推进构想［J］．东北亚论坛，2014，23（5）：60-70，128.

[361] 马雪松．新制度主义政治学的流派演进与发展反思［J］．理论探索，2017（3）：90-95.

[362] 马勇．何谓海洋教育：人海关系视角的确认［J］．中国海洋大学学报（社会科学版），2012（6）：35-39.

[363] 马远之．世界六百年与中国六十年：从重商主义到新结构主义经

济问题与主义［M］．广州：广东人民出版社，2015．

［364］马兆俐，刘海廷．国外建设海洋生态文明法制保障的经验与启示［C］//中共沈阳市委、沈阳市人民政府．第十二届沈阳科学学术年会论文集（经管社科）．中共沈阳市委、沈阳市人民政府：沈阳市科学技术协会，2015：180－183．

［365］迈克尔·罗斯金．政治科学［M］．林震，译．北京：中国人民大学出版社，2009．

［366］毛明．论黑格尔海洋文明论对中国海洋文化和文学研究的影响［J］．中华文化论坛，2017（10）：172－178．

［367］毛泽东．毛泽东文集（第6卷）［M］．北京：人民出版社，1999．

［368］苗东升．文化系统论要略：兼谈文化复杂性（一）［J］．系统科学学报，2012，20（4）：1－6．

［369］明克勒．统治世界的逻辑：从古罗马到美国［M］．阎振江，孟翰，译．北京：中央编译出版社，2008．

［370］倪稼民．当代世界政治与国际关系［M］．上海：上海财经大学出版社，1996．

［371］宁波，刘宁．海洋社会互动及其主要形式［J］．中国海洋大学学报（社会科学版），2015（4）：23－28．

［372］宁波．关于海洋社会与海洋社会学概念的讨论［J］．中国海洋大学学报（社会科学版），2008（4）：18－21．

［373］宁凡．近代欧洲殖民贸易中的商品流通趋势［J］．史学理论研究，2013，4（4）：12－15．

［374］欧健，邱婷．习近平人民中心观的形成逻辑与基本内涵［J］．社会主义研究，2019（1）：20－27．

［375］欧阳军喜，王赟鹏．社会主义现代化强国思想：演进、特征及其意义［J］．学术界，2018（4）：17－25．

［376］欧阳修，宋祁．新唐书［M］．北京：中华书局，1975．

［377］欧阳焱．充分展现中国海洋文化的内在价值［J］．人民论坛，

2018（7）：140 – 141.

[378] 庞玉珍，蔡勤禹. 关于海洋社会学理论建构几个问题的探讨 [J].
山东社会科学，2006（10）：42 – 45.

[379] 庞玉珍. 海洋社会学：海洋问题的社会学阐释 [J]. 中国海洋大
学学报（社会科学版），2004（6）：149 – 152.

[380] 庞中英. 全球海洋治理：中国"海洋强国"的国家目标及其对未
来世界和平的意义 [J]. 中国海洋大学学报（社会科学版），2020（5）：
1 – 10.

[381] 庞中英. 在全球层次治理海洋问题：关于全球海洋治理的理论与
实践 [J]. 社会科学，2018（9）：3 – 11.

[382] 彭克慧. 邓小平时代中国的海洋战略 [J]. 江汉论坛，2015
（10）：61 – 66.

[383] 朴英爱. 论东北亚地区新海洋秩序与我国的对策 [J]. 东北亚论
坛，2004（3）：16 – 20.

[384] 浦汉昕. 钱学森教授关于"地球表层学和数量地理学"的论述
[J]. 地理学与国土研究，1985（4）：9 – 14.

[385] 齐世荣. 齐世荣文集 [M]. 北京：首都师范大学出版社，2018.

[386] 齐世荣. 15 世纪以来世界九强的历史演变 [M]. 广州：广东人民
出版社，2005.

[387] 钱学森. 一个科学新领域：开放的复杂巨系统及其方法论 [J].
上海理工大学学报，2011，33（6）：526 – 532.

[388] 乔琳. 刍议复杂系统下我国海洋文化系统的构建 [J]. 商业经济，
2009（15）：9 – 10，18.

[389] 乔翔. 我国海洋经济学理论与方法研究述评 [J]. 改革与战略，
2007（11）：16 – 19，15.

[390] 乔治·弗里德曼. 欧洲新燃点一触即发的地缘战争与危机 [M].
王祖宁，译. 广东：广东人民出版社，2016.

[391] 乔治·卡斯特尼尔. 希腊罗马历史研究手册 [M]. 张晓校，译.

哈尔滨：黑龙江人民出版社，2017.

［392］秦国民．政治环境对政治系统的作用分析［J］．郑州大学学报（哲学社会科学版），2005（4）：44－46.

［393］秦海波．大国无疆：西班牙皇室［M］．北京：中国青年出版社，2013.

［394］秦宣仁．中国能源安全与周边环境［J］．国际贸易，2013（8）：37－43.

［395］邱普艳．西属菲律宾前期殖民统治制度研究：从征服到17世纪中期［M］．昆明：云南美术出版社，2013.

［396］仇振武．不可不知的英国史［M］．武汉：华中科技大学出版社，2019.

［397］曲金良，陈建伟，蒋礼宏．海洋生态文化与海洋强国建设［J］．生态文明世界，2016（4）：74－79，4，7.

［398］曲金良．发展海洋事业与加强海洋文化研究［J］．青岛海洋大学学报（社会科学版），1997（2）.

［399］曲金良．"海上文化线路遗产"的国际合作保护及其对策思考［J］．中国海洋大学学报（社会科学版），2020（6）：26－33

［400］曲金良．海洋文化概论［M］．青岛：青岛海洋大学出版社，1999.

［401］曲金良．海洋文明强国：理念、内涵与路径［N］．中国社会科学报，2013－08－28（B5）.

［402］曲金良．西方海洋文明千年兴衰历史考察［J］．人民论坛·学术前沿，2012（6）：61－77.

［403］曲金良．再论古代"丝绸之路"的主体内涵及其历史定位［J］．中国海洋大学学报（社会科学版），2019（3）：46－51.

［404］曲金良．中国海洋文化研究的学术史回顾与思考［J］．中国海洋大学学报（社会科学版），2013（4）：31－40.

［405］曲亚因，张晓林，李雪妍．中国参与南海海洋生态环境治理合作

路径 [J]. 南海学刊, 2021, 7 (2): 88 – 96.

[406] 权锡鉴. 海洋经济学初探 [J]. 东岳论丛, 1986 (4): 20 – 25.

[407] 全永波. 全球海洋生态环境多层级治理: 现实困境与未来走向 [J]. 政法论丛, 2019 (3): 148 – 160.

[408] 任保平, 付雅梅. 新时代中国特色社会主义现代化理论与实践的创新 [J]. 经济问题, 2018 (9): 1 – 7.

[409] 任贵祥. 习近平建设网络强国战略研究 [J]. 中共党史研究, 2019 (8): 5 – 15.

[410] 任理轩. 坚持创新发展 [N]. 人民日报, 2015 – 12 – 18 (7).

[411] 任理轩. 坚持绿色发展 [N]. 人民日报, 2015 – 12 – 22 (7).

[412] 任理轩. 坚持协调发展 [N]. 人民日报, 2015 – 12 – 21 (7).

[413] 任宪宝. 全球通史: 人类共同体的历史 (上) [M]. 北京: 中国商业出版社, 2017.

[414] 任湘湘, 李海, 吴辉碇. 海洋生态系统动力学模型研究进展 [J]. 海洋预报, 2012, 29 (1): 65 – 72.

[415] 容观. 关于结构功能分析: 文化人类学方法论研究之六 [J]. 广西民族学院学报 (哲学社会科学版), 1999 (3): 14 – 16, 28.

[416] 容观. 关于田野调查工作: 文化人类学方法论研究之七 [J]. 广西民族学院学报 (哲学社会科学版), 1999 (4): 39 – 43.

[417] 塞缪尔·亨廷顿. 文明的冲突 [M]. 周琪, 译. 北京: 新华出版社, 2013.

[418] 色诺芬. 经济论·雅典的收入 [M]. 张伯健, 陆大年, 译. 北京: 商务印书馆, 1981.

[419] 商乃宁. 习近平海洋强国思想的科学体系与深刻内涵 [N]. 中国海洋报, 2017 – 10 – 12 (2).

[420] 尚洁. 16 世纪威尼斯的经济危机与贵族政府的成功应对 [J]. 社会科学战线, 2013, 4 (10): 83 – 88.

[421] 尚洁. 16 世纪威尼斯的贫困与济贫问题 [J]. 史学集刊, 2010, 4

（2）：107－114.

［422］佘惠敏.航天强国，强在为民［N］.经济日报，2016－12－28
（3）.

［423］佘双好.人民观察：建设文化强国的核心是发展中国特色社会主
义文化［N］.人民日报，2018－06－10.

［424］沈福伟，中国与欧洲文明［M］.太原：山西教育出版社，2018.

［425］沈桂龙，张晓娣.贸易强国与跨国公司发展［M］.上海：上海社
会科学院出版社，2016.

［426］沈国英，施并章.海洋生态学［M］.厦门：厦门大学出版社，
1996.

［427］沈满洪，毛狄.习近平海洋生态文明建设重要论述及实践研究
［J］.社会科学辑刊，2020（2）：109－115，2.

［428］沈满洪，余璇.习近平建设海洋强国重要论述研究［J］.浙江大
学学报（人文社会科学版），2018，48（6）：5－17.

［429］沈瑞英，杨彦璟.古希腊罗马公民社会与法治理念［M］.北京：
中国政法大学出版社，2017.

［430］施国宝.知本论［M］.广州：广东经济出版社，2015.

［431］石洪华，高猛，丁德文，等.系统动力学复杂性及其在海洋生态
学中的研究进展［J］.海洋环境科学，2007（6）：594－600.

［432］石洪华，郑伟等.典型海洋生态系统服务功能及价值评估：以桑
沟湾为例［J］.海洋环境科学，2008（2）：101－104.

［433］石源华，陈妙玲.简论中国海洋维权与海洋维稳的平衡互动［J］.
同济大学学报（社会科学版），2020，31（4）：31－41.

［434］舒光复.宏观经济与有关社会发展开放复杂巨系统及其综合集成
研究［J］.系统辩证学学报，2001（4）：31－34.

［435］司马迁.史记［M］.北京：中华书局，1982.

［436］斯波德.世界通史：公元前10000年—公元2009年（第4版）
［M］.吴金平，潮龙起，何立群，等译.山东：山东画报出版社，2013.

[437] 斯蒂芬·克莱斯勒. 结构冲突: 第三世界对抗全球自由主义 [M]. 李小华译. 杭州: 浙江人民出版社, 2001.

[438] 斯塔夫里·阿诺斯. 全球通史: 从史前史到 21 世纪 [M]. 吴象婴, 梁赤民, 董书慧, 等译. 北京: 北京大学出版社, 2004.

[439] 宋广智. 海洋社区渔民社会保障问题探讨 [J]. 法制与社会, 2009 (7): 285, 297.

[440] 宋濂, 赵埙, 王祎. 元史 [M]. 北京: 中华书局, 1976.

[441] 宋宁而, 王琪. 日本海洋软实力的发展及其对我国的借鉴意义 [J]. 太平洋学报, 2015, 23 (2): 90 - 100.

[442] 宋毅. 帝国玫瑰维多利亚女王传 [M]. 武汉: 华中科技大学出版社, 2019.

[443] 苏珊·伍德福德. 古希腊罗马艺术 [M]. 钱乘旦, 译. 南京: 译林出版社, 2017.

[444] 苏勇军. 浙东海洋文化研究 [M]. 杭州: 浙江大学出版社, 2011.

[445] 苏智恒. 世界通史 [M]. 北京: 团结出版社, 2017.

[446] 孙博. 浅析亚历山大东征对东西方文化交流的影响 [J]. 安徽文学 (下半月), 2008 (7): 202 - 203.

[447] 孙琛, 梁鸽峰. 欧盟的渔业共同政策及渔业补贴 [J]. 世界农业, 2016 (6): 78 - 85.

[448] 孙关宏. 政治学概论 [M]. 上海: 复旦大学出版社, 2003: 19 - 20.

[449] 孙光圻. 绿色海洋观: 历史传承与理论创新 [J]. 人民论坛·学术前沿, 2015 (4): 80 - 95.

[450] 孙吉亭. 海洋文化产业集聚与生态系统的互动发展机理研究 [J]. 广东社会科学, 2017 (4): 30 - 37.

[451] 孙吉亭. 海洋渔业与海洋文化协调发展研究 [J]. 中国渔业经济, 2016, 34 (4): 10 - 16.

[452] 孙凯, 冯梁. 美国海洋发展的经验与启示 [J]. 世界经济与政治

论坛，2013（1）：44－58.

［453］孙康，柴瑞瑞，陈静锋. 基于协同演化模拟的海洋经济可持续发展路径研究［J］. 中国人口·资源与环境，2014，24（S3）：395－398.

［454］孙思琪. 海洋强国战略背景下我国船员劳动和社会保障制度构建刍议［J］. 社会保障研究，2017（3）：75－83.

［455］孙晓霞，孙松. 开展近海生态系统长期观测　引领海洋生态系统健康研究［J］. 中国科学院院刊，2019，34（12）：1458－1466.

［456］孙燕. 近代早期英国大西洋贸易研究［M］. 武汉：武汉大学出版社，2015.

［457］孙悦民，张明. 海洋强国崛起的经验总结及中国的现实选择［J］. 国际展望，2015，7（1）：52－70，154－155.

［458］孙悦民，张明. 中美海洋资源政策比较［J］. 国际展望，2014（2）：77－93，152－153.

［459］孙正甲. 生态政治学［M］. 哈尔滨：黑龙江人民出版社，2005.

［460］孙志辉. 提高海洋意识繁荣海洋文化［J］. 求是，2008（5）：53－54.

［461］谭烨辉，黄良民，尹健强. 南沙群岛海区浮游动物次级生产力及转换效率估算［J］. 热带海洋学报，2003（6）：29－34.

［462］汤安中. 权力的悖论：致决策者［M］. 北京：中国经济出版社，2016.

［463］汤正翔. 西方大国崛起的文化再生机制［M］. 北京：海洋出版社，2019.

［464］唐国建，崔凤. 国际海洋渔业管理模式研究述评［J］. 中国海洋大学学报（社会科学版），2012（2）：8－13.

［465］唐国建. 建构与脱嵌：中国海洋社会学10年发展评析［J］. 中国海洋大学学报（社会科学版），2015（4）：29－37.

［466］唐纳德·卡根，史蒂文·奥兹门特. 西方的遗产（上）［M］. 袁永明，等译. 上海：上海人民出版社，2009.

[467] 唐启升，苏纪兰. 海洋生态系统动力学研究与海洋生物资源可持续利用 [J]. 地球科学进展，2001（1）：5－11.

[468] 唐兴军，齐卫平. 政治学中的制度理论综述：范式与变迁 [J]. 社会科学，2013（6）：25－31.

[469] 唐议，李想. 海洋划界基础上渔业合作案例分析 [J]. 太平洋学报，2016，24（7）：89－97.

[470] 同春芬，安招. 我国海洋渔业政策价值取向的几点思考 [J]. 中国渔业经济，2013（4）：12－16.

[471] 同春芬，董黎莉. 我国"失海"渔民社会地位初探 [J]. 江南大学学报（人文社会科学版），2011（2）：38－42

[472] 同春芬，韩栋. 建设海洋强国背景下海洋社会管理创新模式研究 [J]. 上海行政学院学报，2013，14（5）：62－70.

[473] 同春芬，吴楷楠. 经济新常态背景下海洋社会政策托底建构的思考 [J]. 中国海洋大学学报（社会科学版），2018（4）：1－7.

[474] 同春芬，严煜. 建设海洋强国背景下实施海洋社会政策的基本设想 [J]. 上海行政学院学报，2016，17（6）：103－109.

[475] 脱脱. 宋史 [M]. 北京：中华书局，1985.

[476] 瓦尔特·L. 伯尔奈克. 西班牙史：从十五世纪至今 [M]. 陈曦，译. 上海：上海文化出版社，2019.

[477] 万海峰，肖燕. 略论汉武帝时期的盐铁专卖制度 [J]. 江西社会科学，2007（2）：124－127.

[478] 万俊人. 政治如何进入哲学 [J]. 中国社会科学，2008（2）：16－28，204.

[479] 汪品先. 海洋意识：华夏文明的软肋？[J]. 科技导报，2013，31（24）：3.

[480] 汪青松，陈莉. 社会主义现代化强国内涵、特征与评价指标体系 [J]. 毛泽东邓小平理论研究，2020（3）：13－20，107.

[481] 汪信砚. 习近平新时代中国特色社会主义思想的哲学基础研究述

评 [J]. 武汉大学学报（哲学社会科学版），2018，71（2）：5-15.

[482] 汪永生，李宇航，揭晓蒙等. 中国海洋科技-经济-环境系统耦合协调的时空演化 [J]. 中国人口·资源与环境，2020，30（8）：168-176.

[483] 王春良，祝明. 世界现代史 [M]. 济南：山东人民出版社，1985.

[484] 王大同，王劲. 十五世纪东西方经略海洋之异同 [J]. 福建省社会主义学院学报，2005（3）：40-43.

[485] 王大威，陈文. 欧洲早期民族国家的海洋发展与国家治理策略：以葡萄牙为例 [J]. 广东社会科学，2020（5）：79-85.

[486] 王芳，王璐颖. 海洋命运共同体：内涵、价值与路径 [J]. 人民论坛·学术前沿，2019（16）：98-101.

[487] 王飞. "一带一路"背景下的中拉产能合作：理论基础与潜力分析 [J]. 太平洋学报，2020，28（2）：69-81.

[488] 王桂玉. 中国与太平洋岛国旅游外交：历史基础、现实动力与路径选择 [J]. 太平洋学报，2021，29（02）：83-94.

[489] 王历荣. 论邓小平的海权思想及其实践 [J]. 中共浙江省委党校学报，2012（1）：42-47.

[490] 王历荣. 中国建设海洋强国的战略困境与创新选择 [J]. 当代世界与社会主义，2017（6）：157-165.

[491] 王利. 简论近代政治的正当性：以霍布斯的利维坦为例 [J]. 学海，2007（2）：83-92.

[492] 王淼，胡本强，辛万光，等. 我国海洋环境污染的现状、成因与治理 [J]. 中国海洋大学学报（社会科学版），2006（5）：1-6.

[493] 王淼，刘勤. 从交易费用理论看我国渔业行业协会建设 [J]. 中国渔业经济，2007（2）：3-5.

[494] 王淼，吕波. 中国海洋资源性资产流失成因与治理对策 [J]. 资源科学，2006（5）：102-107.

[495] 王琪，崔野. 将全球治理引入海洋领域：论全球海洋治理的基本

问题与我国的应对策略 [J]. 太平洋学报，2015，23（6）：17 – 27.

[496] 王琪，崔野. 面向全球海洋治理的中国海洋管理：挑战与优化 [J]. 中国行政管理，2020（9）：6 – 11.

[497] 王琪，高中文，何广顺. 关于构建海洋经济学理论体系的设想 [J]. 海洋开发与管理，2004（1）：67 – 71.

[498] 王茜，李励年，熊敏思，等. 俄罗斯渔业现状及发展趋势 [J]. 渔业信息与战略，2017，32（4）：302 – 306.

[499] 王权，刘清波，王悦，等. 天基通信系统在智慧海洋中的应用研究 [J]. 航天器工程，2019，28（2）：126 – 133.

[500] 王荣生. 海洋大国与海权争夺 [M]. 北京：海潮出版社，2000.

[501] 王瑞领，赵远良. 中国建设印度洋方向蓝色经济通道：基础、挑战与应对 [J]. 国际经济评论，2021（1）：155 – 173，8.

[502] 王山. 用海洋文化软实力推进海洋强国建设 [N]. 中国海洋报，2013 – 08 – 22（1）.

[503] 王书明，兰晓婷. 海洋人类学的前沿动态：评《海洋渔村的"终结"》[J]. 社会学评论，2013（5）：90 – 96.

[504] 王双，刘鸣. 韩国海洋产业的发展及其对中国的启示 [J]. 东北亚论坛，2011，20（6）：10 – 17.

[505] 王卫平. 中国古代社会保障思想专题研究 [J]. 苏州大学学报（哲学社会科学版），2012，33（4）：158.

[506] 王伟光. 当代中国马克思主义的最新理论成果：习近平新时代中国特色社会主义思想学习体会 [J]. 中国社会科学，2017（12）：4 – 30，205.

[507] 王文杰，蒋卫国. 环境遥感监测与应用 [M]. 北京：中国环境科学出版社，2011.

[508] 王武林，王成金. 基于东北航线的中欧贸易研究 [J]. 地理学报，2021，76（5）：1105 – 1121.

[509] 王希，肖红松. 跨洋话史：在全球化时代做历史 [M]. 北京：商

务印书馆，2017.

［510］王学渊．海洋文化是一种先进文化［J］．海洋开发与管理，2003（3）：3 - 7.

［511］王亚妮，杨宏伟．共享发展是中国特色社会主义的本质要求［J］．思想政治教育研究，2019，35（1）：18 - 22.

［512］王一鸣．新时代中国特色社会主义经济建设的行动指南［N］．人民日报，2019 - 07 - 22（17）.

［513］王毅．携手构建更加紧密的中非命运共同体［J］．求是，2018 - 10 - 08.

［514］王印红．中国海洋环境拐点估算研究［J］．中国人口·资源与环境，2018，28（8）：87 - 94.

［515］王友绍，孙翠慈等．生态学理论与技术创新引领我国热带、亚热带海洋生态研究与保护［J］．中国科学院院刊，2019，34（1）：121 - 129.

［516］王跃生．文化、传统与经济制度变迁：非正式约束理论与俄罗斯实例检验［J］．北京大学学报（哲学社会科学版），1997（2）：44 - 53，159.

［517］王云．英美社会与文化［M］．上海：上海交通大学出版社，2016.

［518］王振霞.3 世纪罗马帝国政治体制的变革［J］．历史教学（高校版），2009（1）：50 - 55.

［519］王正平．世界史大事汇编［M］．杭州：浙江人民出版社，1984.

［520］王志红．伊比利亚联合王国东方贸易中的西葡竞争与合作（1580—1642 年）［J］．古代文明，2019，13（3）：114 - 124，128.

［521］王志军．欧美金融发展史［M］．天津：南开大学出版社，2013.

［522］王志强．习近平新时代中国特色社会主义思想的哲学基础［J］．科学社会主义，2019（4）：104 - 110.

［523］王苎萱，李震．我国海洋生态文化遗产的保护与传承［J］．生态经济，2018，34（4）：228 - 231，236.

[524] 威廉·J. 鲍莫尔. 创新力微观经济理论 [M]. 刘鹰, 张哲, 译. 上海: 格致出版社, 2018.

[525] 威廉·配第. 政治算术 [M]. 马妍, 译. 北京: 中国社会科学出版社, 2010.

[526] 魏杰, 汪浩. 论现代化经济体系 [J]. 人文杂志, 2018 (11): 30 - 33.

[527] 魏礼群. 改革开放耕耘录 [M]. 北京: 中国言实出版社, 2018.

[528] 温祖俊, 颜晓峰. 中国现代化建设的独特之处 [J]. 人民论坛, 2019 (18): 115 - 117.

[529] 文军. 全球化与全球社会学的兴起: 读科恩与肯尼迪的《全球社会学》[J]. 马克思主义与现实, 2001 (4): 85 - 88.

[530] 文雄达. 世界古代史 [M]. 郑州: 河南大学出版社, 1989.

[531] 沃野. 论实证主义及其方法论的变化和发展 [J]. 学术研究, 1998 (7): 31 - 36.

[532] С·Я·乌特琴科. 世界通史 (第二卷) ·上册 [M]. 北京编译社, 译. 上海: 三联书店, 1960.

[533] 邬建国. 耗散结构、等级系统理论与生态系统 [J]. 应用生态学报, 1991 (2): 181 - 186.

[534] 邬建国. 自然保护与自然保护生物学: 概念和模型 [M]. 北京: 中国科学技术出版社, 1992.

[535] 吾淳. 古希腊文明 "突破" 的初始因素及主要方向 [J]. 河北学刊, 2018, 38 (5): 30 - 36.

[536] 吴崇伯, 张媛. "一带一路" 对接 "全球海洋支点": 新时代中国与印度尼西亚合作进展及前景透视 [J]. 厦门大学学报 (哲学社会科学版), 2019 (5): 98 - 108.

[537] 吴春明. "环中国海" 海洋文化的土著生成与汉人传承论纲 [J]. 复旦学报 (社会科学版), 2011 (1): 124 - 131.

[538] 吴德星. 以建设海洋强国为己任 培养高素质创新型人才 [J]. 中

国高等教育，2013（21）：7－11.

［539］吴季. 发展空间科学是建设世界科技强国的重要途径［J］. 中国科学院院刊，2017，32（5）：504－511.

［540］吴继德. 当代世界史1945—1993［M］. 昆明：云南大学出版社，1995.

［541］吴继陆. 论海洋文化研究的内容、定位及视角［J］. 宁夏社会科学，2008（4）：126－130.

［542］吴克勤. 海洋资源经济学及其发展［J］. 海洋信息，1994（2）：1－2.

［543］吴立，朱诚，郑朝贵，等. 全新世以来浙江地区史前文化对环境变化的响应［J］. 地理学报，2012，67（7）：903－916.

［544］吴时国，张汉羽，矫东风，等. 南海海底矿物资源开发前景［J］. 科学技术与工程，2020，20（31）：12673－12682.

［545］吴士存，陈相秒. 论海洋秩序演变视角下的南海海洋治理［J］. 太平洋学报，2018，26（4）：25－36.

［546］吴士存. 论海洋命运共同体理念的时代意蕴与中国使命［J］. 亚太安全与海洋研究，2021（4）：20－31，2.

［547］吴士存. 全球海洋治理的未来及中国的选择［J］. 亚太安全与海洋研究，2020（5）：1－22，133.

［548］吴晓灵. 中国金融政策报告2018［M］. 北京：中国金融出版社，2018.

［549］吴晓文. 政治学视野中的社会学制度主义学派：一个文献综述［J］. 四川师范大学学报（社会科学版），2008（3）：23－26.

［550］吴燕生. 加快推进航天强国建设［N］. 学习时报，2020－09－07（4）.

［551］吴增茂，谢红琴，张志南，等. 海洋生态预报的复杂性与研究方法的讨论［J］. 地球科学进展，2004（1）：81－86.

［552］吴征宇. 作为一种大战略理论的地理政治学［J］. 史学月刊，

2018 (2): 13-16.

[553] 武斌，黄麟雏. 论系统开放度 [J]. 科学技术与辩证法，1992，9 (6): 1-4.

[554] 习近平. 加快从要素驱动、投资规模驱动发展为主向以创新驱动发展为主的转变 [M]//习近平谈治国理政（第一卷）. 北京：外文出版社，2018.

[555] 习近平. 深入理解新发展理念 [J]. 求是，2019 (10): 1-13.

[556] 习近平. 习近平谈治国理政（第二卷）[M]. 北京：外文出版社，2017.

[557] 习近平. 习近平谈治国理政 [M]. 北京：外文出版社，2014.

[558] 夏继果，王玖玖. 从"哥特神话"到"互动共生"：中世纪西班牙史叙事模式的演变 [J]. 世界历史，2019 (2): 102-120.

[559] 夏正伟. 古希腊罗马艺术文化 [M]. 上海：上海大学出版社，2013.

[560] 向晓梅，张拴虎，胡晓珍. 海洋经济供给侧结构性改革的动力机制及实现路径：基于海洋经济全要素生产率指数的研究 [J]. 广东社会科学，2019 (5): 27-35.

[561] 肖刚. 经济特区是中国走向海洋强国的核心地缘支撑 [J]. 国际经贸探索，2011，27 (9): 44-51.

[562] 肖巍. 解决社会主要矛盾的改革方法论问题 [J]. 南京师大学报（社会科学版），2018 (4): 14-20.

[563] 谢慧明，马捷. 海洋强省建设的浙江实践与经验 [J]. 治理研究，2019，35 (3): 19-29.

[564] 谢立中. 西方社会学发展的过程与态势 [J]. 南昌大学学报（社会科学版），1998 (2): 40-46.

[565] 辛鸣. 深刻领会习近平新时代中国特色社会主义思想 [J]. 求是，2018-11-13.

[566] 徐崇利. 国际社会理论与国际法原理 [J]. 厦门大学法律评论，

2008（2）：1－41.

[567] 徐惠民，丁德文，石洪华，等. 基于复合生态系统理论的海洋生态监控区区划指标框架研究［J］. 生态学报，2014，34（1）：122－128.

[568] 徐杰舜. 海洋文化理论构架简论［J］. 浙江社会科学，1997（4）：112－113.

[569] 徐茂华，李晓雯. 新时代我国社会主要矛盾变化的三重维度及现实价值［J］. 重庆社会科学，2017（11）：6－11.

[570] 徐强. 中俄联手打造"冰上丝绸之路"［N］. 深圳特区报，2021－08－19（A11）.

[571] 徐胜. 海洋强国建设的科技创新驱动效应研究［J］. 社会科学辑刊，2020（2）：125－134.

[572] 徐胜. 走中国特色的海洋强国之路［J］. 求是，2013（21）：41－42.

[573] 徐松岩. 古典学评论（第1辑）［M］. 上海：上海三联书店，2015.

[574] 徐晓望. 论古代中国海洋文化在世界史上的地位［J］. 学术研究，1998（3）：3－5.

[575] 徐质斌，等. 海洋经济学教程［M］. 北京：经济科学出版社，2003.

[576] 徐质斌. 海洋经济与海洋经济科学［J］. 海洋科学，1995（2）：21－23.

[577] 徐质斌. 建设海洋经济强国方略［M］. 济南：泰山出版社，2000.

[578] 许桂香. 中国海洋风俗文化［M］. 广州：广东经济出版社，2013.

[579] 许罕多. 从挪威渔业制度演进看海洋生态渔业的理论体系及制度框架［J］. 中国海洋大学学报（社会科学版），2012（3）：16－23.

[580] 许华. 海权与近代中国的历史命运［J］. 福建论坛（文史哲版），1998（5）：25－28.

［581］许维安. 论海洋文化及其与海洋经济的关系［J］. 湛江海洋大学学报，2002（5）：6-9.

［582］许先春. 深入理解和着力践行以人民为中心的发展思想［J］. 当代世界与社会主义，2020（4）：59-66.

［583］许序雅.17世纪荷兰人与远东国家和海商争夺东南亚和东亚的海上贸易权［J］. 贵州社会科学，2020（9）：51-58.

［584］许妍，梁斌，兰冬东，等. 我国海洋生态文明建设重大问题探讨［J］. 海洋开发与管理，2016，33（8）：26-30.

［585］薛晓源，陈家刚. 全球化与新制度主义［M］. 北京：社会科学文献出版社，2004.

［586］薛志华. 金砖国家海洋经济合作：着力点、挑战与路径［J］. 国际问题研究，2019（3）：94-107.

［587］亚当·斯密. 国富论［M］. 郭大力，王亚南，译. 北京：商务印书馆，2018.

［588］闫朝星，付林罡，郑雪峰，等. 基于无人机自组网的空海一体化组网观测技术［J］. 海洋科学，2018，42（1）：21-27.

［589］严骏夫，徐选国. 从社会正义迈向生态正义：社会工作的理论拓展与范式转移［J］. 学海，2019（3）：87-93.

［590］晏绍祥. 希腊与罗马：过去与现在［M］. 北京：商务印书馆，2019.

［591］杨东方，苗振清. 海湾生态学［M］. 北京：海洋出版社，2010.

［592］杨共乐. 罗马史纲要［M］. 北京：商务印书馆，2015.

［593］杨共乐. 试论罗马共和国早期的经济属性［J］. 史学理论研究，1998（1）：95-100.

［594］杨国桢. 论海洋人文社会科学的概念磨合［J］. 厦门大学学报（哲学社会科学版），2000（1）：96-101，145.

［595］杨国帧. 关于中国海洋经济社会史的思考［J］. 中国社会经济史研究，1996（2）：1-7.

［596］杨红生，霍达，茹小尚，等．水域生态牧场发展理念与对策［J］．科技促进发展，2020，16（2）：133 - 137.

［597］杨华．中国参与极地全球治理的法治构建［J］．中国法学，2020（6）：205 - 224.

［598］杨金森．海洋强国的经验教训与发展模式［J］．中国海洋经济评论，2007（1）：101 - 123.

［599］杨金森．海洋强国兴衰史略［M］.2 版．北京：海洋出版社，2014.

［600］杨巨平．亚历山大东征与丝绸之路开通［J］．历史研究，2007（4）：150 - 161，192.

［601］杨俊明．奥古斯都时期古罗马的城市管理与经济状况［J］．湖南师范大学社会科学学报，2004（4）：119 - 122.

［602］杨娜，杨威．毛泽东与新中国早期的海洋战略：基于国家利益的视角［J］．吉林大学社会科学学报，2019，59（5）：42 - 49，219 - 220.

［603］杨书臣．近年日本海洋经济发展浅析［J］．日本学刊，2006（2）：75 - 84.

［604］杨薇，孔昊．基于全球海洋治理的我国蓝色经济发展［J］．海洋开发与管理，2019，36（2）：33 - 36.

［605］杨文鹤，陈伯镛，王辉．二十世纪中国海洋要事［M］．北京：海洋出版社，2008.

［606］杨英姿，李丹丹．海洋生态文明建设在海南的实践逻辑［J］．福建师范大学学报（哲学社会科学版），2020（3）：49 - 59，169.

［607］杨泽伟．新时代中国深度参与全球海洋治理体系的变革：理念与路径［J］．法律科学（西北政法大学学报），2019（6）.

［608］杨振姣，姜自福，罗玲云．海洋生态安全研究综述［J］．海洋环境科学，2011，30（2）：287 - 291.

［609］杨振姣，姜自福．海洋生态安全的若干问题：兼论海洋生态安全的涵义及其特征［J］．太平洋学报，2010，18（6）：90 - 96.

［610］杨振姣，罗玲云．日本核泄漏对海洋生态安全的影响分析［J］．太平洋学报，2011，19（11）：92－101．

［611］杨振姣，牛解放．北极海洋生态安全协同治理策略研究［J］．太平洋学报，2021，29（6）：85－96．

［612］杨振姣，闫海楠，王斌．中国海洋生态环境治理现代化的国际经验与启示［J］．太平洋学报，2017，25（4）：81－93．

［613］杨震，方晓志．海洋安全视域下的中国海权战略选择与海军建设［J］．国际展望，2015，7（4）：85－101，160．

［614］杨震．后冷战时代海权的发展演进探析［J］．世界经济与政治，2013（8）：100－116，159．

［615］仰海峰．法兰克福学派工具理性批判的三大主题［J］．南京大学学报（哲学．人文科学．社会科学版），2009，46（4）：26－34，142．

［616］姚莹．“海洋命运共同体”的国际法意涵：理念创新与制度构建［J］．当代法学，2019，33（5）：138－147．

［617］叶娟丽．行为主义政治学方法论研究［M］．武汉：武汉大学出版社，2005．

［618］叶娟丽．行为主义政治学方法论研究论纲［J］．武汉大学学报（社会科学版），2002（5）：594－599．

［619］叶娟丽．行为主义政治学派的终结论略［J］．天津社会科学，2003（6）：61－65．

［620］叶克林，蒋影明．现代社会冲突论：从米尔斯到达伦多夫和科瑟尔：三论美国发展社会学的主要理论流派［J］．江苏社会科学，1998（2）：174－180．

［621］叶龙．全球海洋教育的发展新路径与趋势：走向海洋文化教育［J］．现代教育科学，2019（8）：1－7．

［622］叶琪，李建平．人与自然和谐共生的社会主义现代化的理论探究［J］．政治经济学评论，2019，10（1）：114－125．

［623］叶向东．现代海洋经济理论［M］．北京：冶金工业出版社，2006．

［624］伊恩·克夫顿，杰里米·布莱克．简明大历史［M］．于非，译．长沙：湖南文艺出版社，2018.

［625］伊丽莎白·桑德斯，张贤明．历史制度主义：分析框架、三种变体与动力机制［J］．学习与探索，2017（1）：42－49，174.

［626］易爱军，王利军，陈华．江苏智慧海洋建设路径及对策研究［J］．江苏海洋大学学报（人文社会科学版），2020，18（3）：13－21.

［627］裔昭印．论早期罗马帝国的东方贸易及其社会文化影响［J］．历史教学（下半月刊），2021（4）：3－9.

［628］尹全海．中国近代史研究的时间与空间：以晚清海防与塞防争论的时空背景为例［J］．江西社会科学，2006（4）：99－103.

［629］尤琳．论英国崛起中的海权因素及其对中国的启示［J］．理论月刊，2017（7）：183－188.

［630］于谨凯，李宝星．中国海洋产业可持续发展：基于主流产业经济学视角的分析［J］．中国海洋经济评论，2008（2）：136－166.

［631］于景元．创建系统学：开创复杂巨系统的科学与技术［J］．上海理工大学学报，2011，33（6）：548－561，508.

［632］于景元．从系统思想到系统实践的创新：钱学森系统研究的成就和贡献［J］．系统工程理论与实践，2016，36（12）：2993－3002.

［633］于景元．钱学森系统科学思想与社会主义建设［J］．党政干部学刊，2011（11）：3－8.

［634］于景元．系统科学和系统工程的发展与应用［J］．钱学森研究，2019（2）：99－124.

［635］于孔宝．中国历史上最早的盐铁专卖制度："官山海"［J］．盐业史研究，1992（1）：34－36.

［636］于思浩．我国海洋强国战略下的政府海洋管理职能定位［J］．经济问题，2013（8）：36－40.

［637］于洋，韩增林，彭飞，等．海洋经济背景下的开放型经济测度与发展对策研究：以辽宁沿海经济带为例［J］．海洋开发与管理，2014，31

（5）：78-84.

[638] 余耀东. 欧洲简史 [M]. 安徽：黄山书社，2010：105.

[639] 俞树彪. 舟山群岛新区推进海洋生态文明建设的战略思考 [J]. 未来与发展，2012，35（1）：104-108.

[640] 禹钟华. 对金融发生及初步演化的历史考察 [M]. 北京：中国金融出版社，2011.

[641] 禹钟华. 金本主义及其历史演化 [M]. 北京：中国金融出版社，2019.

[642] 袁沙，郭芳翠. 全球海洋治理：主体合作的进化 [J]. 世界经济与政治论坛，2018（1）：45-65.

[643] 约翰·马克·法拉格. 合众存异美国人的历史 [M].7 版. 王晨，译. 上海：上海社会科学院出版社，2018.

[644] 约翰·朱利叶斯·诺威奇. 在亚非欧之间：地中海史（上）[M].2 版. 殷亚平，译. 上海：东方出版中心，2019.

[645] 约瑟夫·熊彼特. 经济分析史（第1卷）[M]. 朱泱，等译. 北京：商务印书馆，2017.

[646] 岳惠来. 促进东北亚海洋经济合作 共建"一带一路" [J]. 东北亚经济研究，2017，1（2）：5-11.

[647] 岳小颖. 南太平洋地区形势与"21 世纪海上丝绸之路"建设：挑战与应对 [J]. 国际论坛，2020，22（2）：141-154，160.

[648] 曾毅. 政体理论重述 [J]. 社会科学研究，2014（3）：39-51.

[649] 曾勇. 双层复合博弈下的南海维权思考 [J]. 南洋问题研究，2021（2）：35-49.

[650] 詹姆斯·M. 布坎南，戈登·塔洛克. 同意的计算：立宪民主的逻辑基础 [M]. 陈光金，译. 北京：中国社会科学出版社，2000.

[651] 詹姆斯·布赖斯. 神圣罗马帝国 [M]. 孙秉莹，谢德风，赵世瑜，译. 北京：商务印书馆，2016.

[652] 詹宁斯·瓦茨. 奥本海国际法 [M]. 王铁崖，译. 北京：中国大

百科全书出版，1998.

［653］詹兆平．古希腊时期战争与社会的关系［J］．史林，1998（4）：95－98.

［654］展华云，林风谦．海洋大讲堂［M］．北京：海洋出版社，2018.

［655］湛垦华，张强．系统整体性的哲学沉思［J］．南京社会科学，1990（2）：45－51.

［656］张超，杨军．奥地利经济学派在我国影响论述［J］．边疆经济与文化，2018（6）：40－41.

［657］张丛林，焦佩锋．中国参与全球海洋生态环境治理的优化路径［J］．人民论坛，2021（19）：85－87.

［658］张德贤，戴桂林，孙吉亭，等．海洋环境管理的理论思考［J］．海洋环境科学，2000（2）：58－62.

［659］张登义．管好用好海洋 建设海洋强国［J］．求是，2001（11）：46－48.

［660］张尔升，裴广一，陈羽逸，等．海洋话语弱势与中国海洋强国战略［J］．世界经济与政治论坛，2014（2）：134－146.

［661］张根福，魏斌．习近平海洋强国战略思想探析［J］．思想理论教育导刊，2018（5）：33－39.

［662］张海峰．中国海洋经济研究［M］．北京：海洋出版社，1984.

［663］张海文，王芳．海洋强国战略是国家大战略的有机组成部分［J］．国际安全研究，2013，31（6）：57－69，151－152.

［664］张涵之．事实与价值的融合：伊斯顿后行为主义研究方法的内在逻辑［J］．武汉大学学报（哲学社会科学版），2016，69（2）：23－28.

［665］张宏军，何中文，程骏超．运用体系工程思想推进"智慧海洋"建设［J］．科技导报，2017，35（20）：13－18.

［666］张继平，王芳玺，顾湘．我国海洋渔业环境保护管理机构间的协调机制探析［J］．中国行政管理，2013（7）：13－17.

［667］张继平，熊敏思，顾湘．中日海洋环境陆源污染治理的政策执行

比较及启示 [J]. 中国行政, 2012 (6): 45 - 48.

[668] 张家唐. 论西班牙帝国衰落与大英帝国崛起的关系 [J]. 贵州社会科学, 2013, 4 (12): 118 - 122.

[669] 张健. 布坎南与公共选择理论 [J]. 经济科学, 1991 (2): 70 - 75.

[670] 张开城, 等. 海洋社会学概论 [M]. 北京: 海洋出版社, 2010.

[671] 张开城. 比较视野中的中华海洋文化 [J]. 中国海洋大学学报 (社会科学版), 2016 (1): 30 - 36.

[672] 张开城. 海洋社会学研究亟待加强 [J]. 经济研究导刊, 2011 (4): 219 - 220.

[673] 张开城. 应重视海洋社会学学科体系的建构 [J]. 探索与争鸣, 2007 (1): 37 - 39.

[674] 张开城. 哲学视野下的文化和海洋文化 [J]. 社科纵横, 2010, 25 (11): 128 - 130, 136.

[675] 张克中. 公共治理之道: 埃莉诺·奥斯特罗姆理论述评 [J]. 政治学研究, 2009 (6): 83 - 93.

[676] 张莉. 海洋经济概念界定: 一个综述 [J]. 中国海洋大学学报 (社会科学版), 2008 (1): 23 - 26.

[677] 张良福. 中国加快建设海洋强国的若干理念与原则 [J]. 中国海洋大学学报 (社会科学版), 2019 (3): 5 - 8.

[678] 张明国. 从线性发展观到系统发展观: "五大发展" 观的 "耗散论" 研究视阈 [J]. 系统科学学报, 2017, 25 (1): 12 - 16.

[679] 张骞. 习近平海洋文化建设重要论述研究 [J]. 江苏第二师范学院学报, 2021, 37 (3): 13 - 19.

[680] 张俏, 吴长春. 论建设海洋强国在中国特色社会主义事业中的地位 [J]. 理论探讨, 2014 (6): 40 - 43.

[681] 张世平. 帝国战略: 世界历史上的帝国与美国崛起之路 [M]. 北京: 解放军出版社, 2011.

[682] 张淑莉, 周继中. 太阳系的发现 [M]. 北京: 测绘出版社, 1982.

［683］张爽. 英国政治经济与外交［M］. 北京：知识产权出版社，2014.

［684］张天政. 北洋新军兵役制度述论［J］. 复旦学报（社会科学版），1999（4）：3－5.

［685］张卫. 当代西方社会冲突理论的形成及发展［J］. 世界经济与政治论坛，2007（5）：117－121.

［686］张西立. 以马克思主义矛盾观看待"新时代"［J］. 国家行政学院学报，2018（2）：11－16，134.

［687］张小丽，孟令余. 浅析"凯恩斯革命"的主要内容［J］. 经济研究导刊，2009（13）：14－16..

［688］张小山. 社会学四大范式满足学者多维研究旨趣［N］. 中国社会科学报，2015－05－22（A8）.

［689］张晓刚. 习近平关于海洋强国重要论述的建构逻辑［J］. 深圳大学学报（人文社会科学版），2021，38（5）：22－30.

［690］张晓丽，姚瑞华，徐昉. 陆海统筹协调联动 助力渤海海洋生态环境保护［J］. 环境保护，2019，47（7）：13－16.

［691］张晓校. 军队堕落与罗马帝国三世纪危机［J］. 哈尔滨工业大学学报（社会科学版），2000（4）：74－79.

［692］张延玲，隆仁. 世界通史［M］. 海口：南方出版社，2000.

［693］张耀光. 从人地关系地域系统到人海关系地域系统：吴传均院士对中国海洋地理学的贡献［J］. 地理科学，2008（1）：6－9.

［694］张耀. 中国海洋安全观的历史分析［J］. 新疆师范大学学报（哲学社会科学版），2015，36（2）：79－86.

［695］张友谊. 从文化自觉到文化自信［N］. 光明日报，2017－11－29（11）.

［696］张宇燕. 全球治理和人类命运共同体［J］. 经济导刊，2019（11）.

［697］张月. 中国跨国银行发展对国家竞争力影响研究［M］. 北京：世

界图书出版公司，2017.

[698] 张璋，黎开颜，钟强等. 以服务经济社会为目标的航天重点发展领域探讨 [J]. 中国航天，2017 (2)：32 - 35.

[699] 张忠良，贺宏礼. 新中国成立以来海防使命任务的演变 [J]. 军事历史，2014 (1)：27 - 30.

[700] 章成，顾兴斌. 论北极治理的制度构建、现实路径与中国参与 [J]. 南昌大学学报 (人文社会科学版)，2019，50 (5)：64 - 72.

[701] 章骞. 不列颠太阳下的美国海权之路 [M]. 上海：上海交通大学出版社，2016.

[702] 章前明. 论英国学派的国际社会理论 [J]. 世界经济与政治，2005 (7)：28 - 35，5.

[703] 赵国营，张荣华. 新时代中国特色社会主义总体布局的方法论意蕴 [J]. 社会主义研究，2019 (3)：48 - 54.

[704] 赵恒烈，张鸿祺，曹燕. 世界历史资料选 [M]. 石家庄：河北人民出版社，1987.

[705] 赵君尧. 古代福州造船航海及海外文化交流史探 [J]. 闽都文化研究，2006 (1)：335 - 357.

[706] 赵立行. 古罗马的商业特征与中世纪自给自足状态的形成 [J]. 复旦学报 (社会科学版)，2001 (5)：3 - 57.

[707] 赵立行. 世界文明史讲稿修订版 [M]. 上海：复旦大学出版社，2017.

[708] 赵亮. 渤海浮游植物生态动力学模型研究 [D]. 青岛：青岛海洋大学，2002.

[709] 赵鲁杰，丁涛，喻江. 秦汉王朝经略海洋考论 [J]. 军事历史，2018 (4)：35 - 38.

[710] 赵若云，武杰. 对新时代网络安全的系统思考 [J]. 系统科学学报，2021 (1)：51 - 56，72.

[711] 赵少奎. 社会主义现代化建设理论与管理机制的创新：学习钱学

森院士《创建系统学》的思考 [J]. 上海交通大学学报（哲学社会科学版），2005 (6)：45 – 51.

［712］赵昕，单晓文，丁黎黎，等. 绿色债券在海洋经济领域的应用分析 [J]. 海洋经济，2020，10 (6)：1 – 7.

［713］赵昕，赵锐，陈镐. 基于 NSBM-Malmquist 模型的中国海洋绿色经济效率时空格局演变分析 [J]. 海洋环境科学，2018，37 (2)：175 – 181.

［714］赵勇，张飞. 论习近平新时代中国特色社会主义思想的世界向度 [J]. 探索，2019 (2)：5 – 13.

［715］赵勇. 近代中国海防思想与晚清海军法制化实践及其当代启示 [J]. 求索，2014 (12)：172 – 176.

［716］赵云，乔岳，张立伟. 海洋碳汇发展机制与交易模式探索 [J]. 中国科学院院刊，2021，36 (3)：288 – 295.

［717］赵宗金，谢玉亮. 我国涉海人类活动与海洋环境污染关系的研究 [J]. 中国海洋社会学研究，2015，3 (0)：89 – 98.

［718］赵宗金. 海洋文化与海洋意识的关系研究 [J]. 中国海洋大学学报（社会科学版），2013 (5)：13 – 17.

［719］赵宗金. 海洋意识是何种意识？[J]. 中国海洋社会学研究，2017 (00)：73 – 80.

［720］郑秉文，史寒冰. 东亚国家和地区社会保障制度的特征：国际比较的角度 [J]. 太平洋学报，2001 (3)：81 – 89.

［721］郑昌发. 十六世纪尼德兰革命是世界近代史的开端 [J]. 世界历史，1980 (4)：51 – 59.

［722］郑功成. 多层次社会保障体系建设：现状评估与政策思路 [J]. 社会保障评论，2019，3 (1)：3 – 29.

［723］郑贵斌. 蓝色经济实践与海洋强国建设前瞻 [J]. 理论学刊，2014 (3)：41 – 44，127 – 128.

［724］郑海琦，胡波. 科技变革对全球海洋治理的影响 [J]. 太平洋学报，2018，26 (4)：37 – 47.

[725] 郑建明. 海洋渔业资源治理的制度分析及其路径优化 [J]. 中国海洋大学学报 (社会科学版), 2014 (4): 8 - 11.

[726] 郑明, 郑元福. 对郑和与郑成功经略海洋的探讨 [C]//江苏省郑和研究会. "郑和与海洋" 学术研讨会论文集. 江苏省郑和研究会: 江苏省郑和研究会, 1998: 15.

[727] 郑义炜. 陆海复合型中国 "海洋强国" 战略分析 [J]. 东北亚论坛, 2018, 27 (2): 76 - 90, 128.

[728] 郑宇晗, 吕一明, 杨力华. 从德国历史学派看经济学说的国度性与特殊性 [J]. 价值工程, 2016, 35 (8): 4 - 6.

[729] 中国大百科全书出版社编辑部. 中国大百科全书: 生物学 [M]. 北京: 中国大百科全书出版社, 1991.

[730] 中国海洋工程与科技发展战略研究海洋环境与生态课题组. 海洋环境与生态工程发展战略研究 [J]. 中国工程科学, 2016, 18 (2): 41 - 48.

[731] 中国社会科学院 "国际金融危机与经济学理论反思" 课题组, 杨春学, 谢志刚. 国际金融危机与凯恩斯主义 [J]. 经济研究, 2009, 44 (11): 22 - 30.

[732] 仲平, 钱洪宝, 向长生. 美国海洋科技政策与海洋高技术产业发展现状 [J]. 全球科技经济瞭望, 2017, 32 (3): 14 - 20, 76.

[733] 周成. 世界通史 [M]. 昆明: 云南人民出版社, 2011.

[734] 周明博. 全球通史: 从史前时代到二十一世纪 [M]. 3 版. 北京: 当代世界出版社, 2019.

[735] 周晴. 三元悖论原则: 理论与实证研究 [M]. 北京: 中国金融出版社, 2008.

[736] 周绍东. "五大发展理念" 的时代品质和实践要求: 马克思主义政治经济学视角的研究 [J]. 经济纵横, 2017 (3): 21 - 27.

[737] 周绍朋. 强国之路: 建设现代化经济体系 [J]. 国家行政学院学报, 2018 (5): 51 - 56, 188.

[738] 周伟洲, 王欣. 丝绸之路辞典 [M]. 西安: 陕西人民出版社, 2018.

[739] 周晓虹. 唯名论与唯实论之争：社会学内部的对立与动力：有关经典社会学发展的一项考察 [J]. 南京大学学报（哲学. 人文科学. 社会科学版），2003（4）：114 - 122.

[740] 周晓虹. 现代社会心理学的危机：实证主义、实验主义和个体主义批判 [J]. 社会学研究，1993（3）：94 - 104.

[741] 周艳晶，梁海峰，李建武，等. 钴资源供需格局及全球布局研究 [J]. 中国矿业，2019（7）：65 - 69，80.

[742] 周跃辉. 新时代经济强国方略 [M]. 武汉：湖北教育出版社，2018.

[743] 周振国. 习近平新时代中国特色社会主义思想体系结构研究 [J]. 河北学刊，2019，39（1）：13 - 19.

[744] 朱炳元. 习近平新时代中国特色社会主义思想对马克思主义的继承与发展 [J]. 马克思主义与现实，2020（4）：33 - 41，203.

[745] 朱翠萍，吴俊. 中国印度洋战略的再思考 [J]. 印度洋经济体研究，2021（4）：1 - 20，151.

[746] 朱红文. 关于社会学学术传统问题 [J]. 天津社会科学，2017（4）：15 - 22.

[747] 朱欢欢. 从科学哲学的观点看政治学方法论 [J]. 自然辩证法研究，2017，33（11）：114 - 118.

[748] 朱寰主. 工业文明兴起的新视野：亚欧诸国由中古向近代过渡比较研究（上）[M]. 北京：商务印书馆，2015.

[749] 朱坚真，闫玉科. 海洋经济学研究取向及其下一步 [J]. 改革，2010（11）：152 - 155.

[750] 朱坚真，岳鑫. 对维护我国海洋社会安全的若干思考 [J]. 海洋开发与管理，2015，32（5）：6 - 8.

[751] 朱建君. 从海神信仰看中国古代的海洋观念 [J]. 齐鲁学刊，2007（3）：43 - 48.

[752] 朱明. 近代早期西班牙帝国的殖民城市：以那不勒斯、利马、马尼拉为例 [J]. 世界历史，2019，4（2）：62 - 76，146.

［753］朱晓宁. 中国古代社会保障思想初探［J］. 边疆经济与文化，2018（7）：47-49.

［754］朱亚非. 郑和下西洋时期明朝对印度洋之经略［J］. 理论学刊，2017（2）：156-162.

［755］朱永倩，张卫彬. 全球海洋生态环境多元主体共治模式研究：以海洋命运共同体为视角［J］. 太原理工大学学报（社会科学版），2020，38（1）：74-82.

［756］庄国土. 中国海洋意识发展反思［J］. 厦门大学学报（哲学社会科学版），2012（1）：25-32.

［757］邹吉忠. 习近平网络强国战略思想的脉络嬗变、现实意义及实践路径［J］. 人民论坛，2019（31）：52-54.

［758］邹三明. 西方国际政治学的产生、发展及其主要流派［J］. 国际关系学院学报，1999（1）：2-7.

［759］邹艳艳，侯毅. 中美海洋合作：特点与努力方向［J］. 国际问题研究，2016（6）：18-28.

［760］左凤荣，刘建. 俄罗斯海洋战略的新变化［J］. 当代世界与社会主义，2017（1）：132-138.

［761］左凤荣. 俄罗斯海洋战略初探［J］. 外交评论（外交学院学报），2012，29（5）：125-139.

二、外文部分

［1］Acheson J M. Anthropologyof fishing［J］. Annual Review of Anthropology，1981，10：275-316.

［2］Adam L P，Andrew S E. Demystifying China's defence spending：Less mysterious in the aggregate［J］. China Quarterly，2013，216：805-830.

［3］Almany G R. Marine Ecology：Reserve Networks Are Necessary，but Not Sufficient［J］. Current Biology，2015，25（8）：328-330.

［4］Ames G J. The globe encompassed：The age of European discovery，1500-1700［M］. Pearson Prentice Hall，2008.

〔5〕 Anderson, Campling J L, Hannesson R L, et al. Steering the global partnership for oceans〔J〕. Marine Resource Economics, 2014, 29（1）: 1 – 16.

〔6〕 André S. The "blue economy" as a key to dustainable fevelopment of the St. Lawrence〔J〕. Lefleuve, 1999, 10（7）: 1 – 3.

〔7〕 Arezoo M, Michitaka S, et al. Investigating the effects of disturbed beaches on crustacean biota in Okinawa, Japan〔J〕. Regional Studies in Marine Science, 2017.

〔8〕 Azam F, Fenchel T, Field J G, et al. The ecological role of water-column microbes in the sea〔J〕. Marine Ecology Progress Series, 1983: 257 – 263.

〔9〕 Bailey C. The political economy of fisheries development in the third world〔J〕. Agriculture and Human Values, 1988, 5（1）: 35 – 48.

〔10〕 Bardi U. The Seneca Effect〔M〕. New York: Springer, 2017.

〔11〕 Beerbühl M S. Networks of the Hanseatic League〔M〕. Mainz: Institute of European History, 2012.

〔12〕 Bellwood P. The Polynesians-Prehistory of an island people〔M〕. London: Thames and Hudson, 1987.

〔13〕 Belussi F, Caldari K. At the origin of the industrial district: Alfred Marshall and the Cambridge school〔J〕. Cambridge Journal of Economics, 2009.

〔14〕 Beninger P G, Boldina I, Katsanevakis S, et al. Strengthening statistical usage in marine ecology〔J〕. Journal of Experimental Marine Biology and Ecology, 2012（426）: 97 – 108.

〔15〕 Bernstein R J. The restructuring of social and political theory〔M〕. Philadelphia: University of Pennsylvania Press, 1978.

〔16〕 Bertelsen R G, Gallucci V. The return of China, post-Cold War Russia, and the Arctic: Changes on land and at sea〔J〕. Marine Policy, 2016: 240 – 245.

〔17〕 Borucki A, Eltis D, Wheat D. Atlantic history and the slavetrade to Spanish America〔J〕. American Historical Review, 2015, 120（2）: 433 – 461.

[18] Braudel F. The perspective of the world: Volume 3: Civilization and capitalism, 15th – 18th century [M]. Hongkong: Phoenix Press, 2002.

[19] Bryant R L. Power, knowledge and political ecology in the third world: A review [J]. Progress in Physical Geography, 1998, 22 (1): 79 – 94.

[20] Bryniewicz W, Kołodziej-Durnas A, Stasieniuk Z. The origins of maritime sociology and trends of its development [J]. Annuals of Marine Sociology, 2010 (19): 121 – 132.

[21] Burgess M G, Clemence M, Mcdermott G R, et al. Five rules for pragmatic blue growth [J]. Marine Policy, 2016, 12 (005).

[22] Caar E H. The twenty years crisis: 1919—1939 [M]. New York: Palgrave Macmillan, 2001.

[23] Catton W R. From animistic to naturalistic sociology [M]. New York: McGraw-Hill, 1966.

[24] Chaisung L, Younghun K, Keun L. Changes in industrial leadership and catch-up by latecomers in shipbuilding industry [J]. Asian Journal of Technology Innovation, 2017, 25 (1): 1 – 18.

[25] Cicero M T. Tusculanae disputationes [M]. Hahn, 1836.

[26] Cicin S B, Knecht R W, et al. Integrated coastal and ocean management: Concepts and practices [M]. Washington D C: Island Press, 1998.

[27] Cisneros-Montemayor A M, Moreno-Báez M, Reygondeau G, et al. Enabling conditions for an equitable and sustainable blue economy [J]. Nature, 2021, 591 (7850): 396 – 401.

[28] Clausen R, Clark B. The metabolic rift and marine ecology [J]. Organization & Environment, 2005 (18): 422 – 444.

[29] Clement M T. Let them build sea walls [J]. Critical Sociology, 2011 (37): 447 – 63.

[30] Clements E F. Plant succession: An analysis of the development of vegetation [M]. Washington DC: Carnegic Institution, 1916.

[31] Cocco E. Theoretical implications of maritime sociology [J]. Roczniki Socjologii Morskiej, 2013 (22): 5 – 18.

[32] Cocklin C, Craw M, Mcauley I. Marine reserves in New Zealand: Use rights, public attitudes, and social impacts [J]. Coastal Management, 1998, 26 (3): 213 – 231.

[33] Collins E. Interactions of Portuguese artisanal culture in the maritime enterprise of 16th-century seville [J]. Centaurus, 2018, 60 (3): 203 – 215.

[34] Comte A. Cours de philosophie positive [M]. Adamant Media Corporation Press, 1974.

[35] Corliss J B, Dymond J, Gordon L I, et al. Submarine thermal springs on the Galapagos Rift [J]. Science, 1979, 203 (4385): 1073 – 1083.

[36] Craig R K. Ocean governance for the 21st century: Making marine zoning climate change adaptable [J]. Harvard Environmental Law Review, 2012, 36 (2): 305 – 350.

[37] Crosby A W. The Columbian Voyages: The Columbian exchange and their historians [M]. Washington: Amer Historical Assn, 1987.

[38] Crépin Anne-Sophie, Gren Å, Engström G, et al. Operationalising a social-ecological system perspective on the Arctic Ocean [J]. Ambio, 2017, 46 (S3): 475 – 485.

[39] Cultural studies, interdisciplinary field. Encyclopedia Britannica [M]. Chicago: Encyclopedia Britannica Inc, 2017.

[40] Cultural studies term in Encyclopedia [DB/OL]. https://encyclopedia. thefreedictionary. com/Cultural + studies.

[41] Danovaro R, Snelgrove P V, Tyler P A, et al. Challenging the paradigms of deep-seaecology [J]. Trends in Ecology and Evolution, 2014, 29 (8): 465 – 475.

[42] Davies J E. Competition, contestability and the liner shipping industry [J]. Journal of Transport Economics and Policy, 1986, 20 (3): 299 – 312.

［43］ Davis, J. W. A critical view of global governance ［J］. Swiss Political Science Review, 2012, 18 (2): 272 - 286.

［44］ Dezzani R J. In spacewe read time: On the history of civilization and geopolitics ［J］. Journal of Historical Geography, 2017 (58): 104.

［45］ Ding L L, Zheng H, Zhao X. Efficiency of the Chinese ocean economy within a governance framework using an improved Malmquist-Luenberger index ［J］. Journal of Coastal Research. 2018: 32 (4): 272 - 281.

［46］ Dobado-González R, García-Hiernaux A. The fruits of the early globalization. Palgrave studies in comparative global history ［M］. London: Palgrave Macmillan, 2021.

［47］ Donoghue M. Adam Smith's defence of empire: A note ［J］. History of Economics Review, 2021, 78 (1).

［48］ Dugdale R C. Uptake of new and regenerated forms of nitrogen in primary productivity ［J］. Limnol Oceanogr, 1967, 12 (2): 196 - 206.

［49］ Easton D. The new revolution in political science ［J］. The American Political Science Review, 1969, 63 (4): 1054.

［50］ Economou E M L, Kyriazis N C. The emergence and the evolution of property rights in ancient Greece ［J］. Journal of Institutional Economics, 2017, 13 (1): 53 - 77.

［51］ Elias N. Studies in the genesis of the naval profession ［J］. The British Journal of Sociology, 1950, 1 (4): 291 - 309.

［52］ Elizabeth A M, Lynn R K. Belief systems, religion, and behavioral economics: Marketing in multicultural environments ［M］. Business Expert Press, 2013.

［53］ Elliott C P. The role of money in the economies of ancient Greece and Rome ［M］//Battilossi S, Cassis Y, Yago K. Handbook of the History of Money and Currency ［M］. New York: Springer, 2018.

［54］ Elliott M, Cult. Marine habitats: Loss and gain, mitigation and compensation [J]. Marine Pollution Bulletin, 2004 (49): 671 –674.

[55] Emanuel K, Chonabayashi S, Bakkensen L, et al. The impact of climate change onglobal tropical cyclone damage [J]. Nature Climate Change, 2012.

[56] Emmett B. The Elgar companion to the Chicago school of economics [J]. Books, 2010.

[57] Flannery W, Healy N, Luna M, et al. Exclusion and non-participation in Marine Spatial Planning [J]. Marine Policy, 2018, 88: 32 –40.

[58] Foster A. New Zealand's oceans policy [J]. Victoria University of Wellington Law Review, 2003 (3): 469 –496.

[59] Francois B. Ocean governance and human security: ocean and sustainable development—international regimen, current trends and available tools [R]. UNITAR Workshop on Human Security and the Sea. Hiroshima, Japon, 2005.

[60] Franklin J. Jameson W U. Founder of the Dutch and Swedish West India Companies. New York: Ryan Gregory University, 1887.

[61] Gabriel R A. Pax Romana: War, peace and conquest in the Roman world [J]. Military History, 2017, 34 (1): 71.

[62] Garfinkel H. Studies in Ethnomethodology [M]. New Jersey: Prentice-Hall, 1967.

[63] Ghermandi A, Nunes P. A global map of coastal recreation values: Results from a spatially explicit meta-analysis [J]. Ecological Economics, 2013, 86: 1 –15.

[64] Giddens A. In defence of sociology [J]. Cambridye: Polity Press, 1996.

[65] Giddens A. New rules of sociological method: A positive critique of interpretative sociologies [M]. New York: Stanford University Press, 1993.

[66] Glaser C L. A US-China grand bargain? The hardchoice between military competition and accommodation [J]. International Security, 2015, 39 (4): 49 –90.

[67] Goes M, Tuana N, Keller K. The economics (or lack thereof) of aerosol geoengineering [J]. Climatic Change, 2011, 109 (3 –4): 719 –744.

[68] Goffman E. Asylums: Essays on the social situation of mental patients and other inmates [J]. American Sociological Review, 1966, 27 (4).

[69] Gosliner M L. The tuna-dolphin controversy [J]. Conservation & Management of Marine Mammals, 1999.

[70] Grant M. Roman literature [M]. Cambridge: Cambridge University Press, 1954.

[71] Haas B, Haward M, Mcgee J, et al. Explicittargets and cooperation: regional fisheries management organizations and the sustainable development goals [J]. International Environmental Agreements, 2020 (1): 133 –145.

[72] Hall C M. Global trends in ocean and coastal tourism [J]. Ocean and Coastal Management, 2001 (4): 601 –608.

[73] Hall P A, Taylor R C R. Political science and the three New Tnstitutionalism [J]. Political Studies, 1996, 44 (5): 936 –957.

[74] Hamilton, L C, et al. Above and below the water: Social/Ecological transformation in northwest Newfoundland [J]. Population & Environment, 2004.

[75] Hamilton L C, Brown B C, et al. West Greenland's cod-to-shrimp transition: Local dimensions of climate change [J]. Arctic, 2003.

[76] Hamilton L C, Safford T G. Environmental views from the coast: Public concern about local to global marineissues [J]. Society and Natural Resources, 2015, 28 (1/3): 57 –74.

[77] Hanhee H, Seongmi J, Myeonghun J, Soon C P. Cultural resources and management in the coastal regions along the Korean tidal flat [J]. Ocean & Coastal Management, 2014 (102): 506 –521.

[78] Hannigan J. Toward a sociology of oceans [J]. Canadian Review of Sociology, 2017, 54 (1): 8 –27.

[79] Hansen M H, Li H, Svarverud R, et al. Ecological civilization: Inter-

preting the Chinese past, projecting the global future [J]. Global Environmental Change-human andPolicy Dimensions, 2018: 195 – 203.

[80] Hantanirina J M O, Benbow S. Diversity and coverage of seagrass eco-systems in south-west Madagascar [J]. African Journal of Marine Science, 2013, 35 (2): 291 – 297.

[81] Harayama S, Kishira H, Kasai Y, et al. Petroleum biodegradation in marine environments [J]. Journal of Molecular Microbiology and Biotechnology, 1999, 1 (1): 63 – 70.

[82] Hardin G. The Tragedy of the commons [J]. Science, 1969, 162 (5364): 1243 – 1248.

[83] Harry C A, Bush B: A comparison of the frontier in Australia and the United Dtates [J]. Australian Government Publishing Service, 1986 (3).

[84] Haward M. Plastic pollution of the world's seas and oceans as a contemporary challenge in ocean governance [J]. Nat Commun, 2018 (9): 667.

[85] Hayek F A V. The counter revolution of science: studies on the yse of reason [J]. The Canadian Journal of Economics and Political Science, 1953, 19 (3).

[86] Heal G, Schlenker W. Economics: Sustainable fisheries [J]. Nature, 2008, 455 (7216): 1044 – 1045.

[87] Hershman M J. Ocean management policy development in subnational-units of government: Examples from the United States [J]. Ocean & Coastal Management, 1996, 31 (1): 25 – 40.

[88] Hoagland P, Di J, Kitepowell H L. The optimal allocation of ocean space [J]. Marine Resource Economics, 2003 (18): 129 – 148.

[89] Holman C. Historical dictionary of the Vikings [M]. Seattle: Scarecrow Press, 2003.

[90] Horne C F, Johns C H W. The code of Hammurabi [M]. Forgotten Books, 1915.

[91] Huang F, Lin Y H, Zhao R P, et al. Dissipation Theory-Based Eco logical protection and restoration scheme construction for reclamation projects and adjacent marine ecosystems [J]. International Journal of Environmental Research and Public Health, 2019, 16 (21): 4303.

[92] Hundloe T, Arneson J. Valuing fisheries [M]. St Lucia: University of Queensland Press, 2002.

[93] Hutchinson G E. The lacustrine microcosm reconsidered [J]. American Scientist, 1964, 52: 331 –341.

[94] Hyam R. Britain's imperial century, 1815 – 1914: A study of empire and expansion [M]. New York: Palgrave Macmillan, 2002.

[95] Jacobs W, Notteboom T. An evolutionary perspective on regional port systems: the role of windows of opportunity in shaping seaport competition [J]. Environment & Planning A, 2011, 43 (7): 1674 –1692.

[96] Jefferson R, Mckinley E, Capstick S, et al. Understanding audiences: Making public perceptions research matter to marine conservation [J]. Ocean & Coastal Management, 2015, 115: 61 –70.

[97] Jenkins A, Horwitz P, Arabena K. My island home: Place-based inte-gration of conservation and public health in Oceania [J]. Environmental Conserva-tion, 2018, 45 (2): 125 –136.

[98] Johnston A I. How new and assertive is China's new assertiveness? [J]. International Security, 2013, 37 (4): 7 –48.

[99] João C M. Coastal systems in transition: The game of possibilities for sustainability under global climate change [J]. Ecological Indicators, 2019 (100): 11 –19.

[100] Juda, L. Considerations in developing a functional approach to the gov-ernance of large marine ecosystems [J]. Ocean Development& International Law, 1999, 30 (2): 89 –125.

[101] Jun, Z. Rule of law at the national and international levels: A review

from the global governance perspective [J]. Social Sciences in China, 2016, 37 (2): 41 –60.

[102] Justin, L. Modeling distance with time in ancient Mediterranean seafaring: a GIS application for the interpretation of maritime connectivity [J]. Journal of Archaeological Science, 2013, 40 (8): 3302 –3308.

[103] Kaiser M J, Attrill M J, Jennings S, et al. Marine ecology: Processes, systems, and impacts [M]. Oxford: Oxford University Press, 2011.

[104] Karyn M, Cathal O. The role of the marine sector in the Irish national economy: An input-output analysis [J]. Marine Policy, V2013, 37: 230 –238.

[105] Katz F. Contemporary sociological theory [M]. New York: Random House Inc, 1971.

[106] Kirk T A. Genoa and the sea: Policy and power in an early modern maritime republic [M]. Baltimore: Johns Hopkins University Press, 2005.

[107] Knapp G. The Political Economics of United States Marine Aquaculture [J]. 水産総合研究センター研究報告, 2012 (35): 51 –63.

[108] Kronenberg T. Finding common ground between ecological economics and post-Keynesian economics [J]. Ecological Economics, 2010, 69 (7): 1488 – 1494.

[109] Kuhn T S. The structure of scientific revolution [M]. Chicago: Chicago University Press, 1970.

[110] Lai L, Chua M H, Lorne F T. The Coase Theorem and squatting on Crown Land and water: A Hong Kong comparative study of the differences between the state allocation of property rights for two kinds of squatters [J]. Habitat International, 2014, 44: 247 –257.

[111] Lane F C. Venice, a maritime republic [M]. Baltimore: Johns Hopkins University Press, 1973.

[112] Larik J, Singh A. Sustainability in oceans governance: Small islands, emerging powers, and connecting regions [J]. Glob Policy, 2017 (8): 213 –215.

[113] Lauer S R. Exchange relationships in inshore fisheries1 [J]. Sociological Forum, 2008, 23 (3): 503 – 535.

[114] Light M, Groom A. International relations: A hand book of current theory [M]. London: Liner Press Ltd, 1985.

[115] Limburg K E, Hughes R M, Jackson D C, et al. Human population increase, economic growth, and fish conservation: Collision course or savvy stewardship? [J]. Fisheries, 2011, 36 (1): 27 – 35.

[116] Lindeman R. Experimental simulate on of winter anaerobiosis in a senescent lake [J]. Ecology, 1942, 23 (1): 1 – 13.

[117] Lomas K. Greek Colonialism. Archaeology [M]//Smith C. Encyclopedia of Global Archaeology. New York: Springer, 2018.

[118] Macfadyena A. Some thoughts on the behavior of ecologists [J]. Journal of Animal Ecology, 1975, 44 (2): 351

[119] Macneil M A, Cinner J E. Hierarchical livelihood outcomes among co-managed fisheries [J]. Global Environmental Change, 2013, 23 (6): 1393 – 1401.

[120] Mahon R, Fanning L. Regional ocean governance: Polycentric arrangements and their role in global ocean governance [J]. Marine Policy, 2019, 107: 103590.

[121] March J G, Olsen J P. The new institutionalism: Organizational fators in political life [J]. American Political Science Review, 1984 (78): 734 – 749.

[122] Martindale D. Sociological theory and the problem of values [M]. Columbus: Merrill Publishing Company, 1974.

[123] Martindale D. The nature and types of sociological theory [M]. Cambridge: The Riverside Press, 1960.

[124] Martino S, Tett P, Kenter J. The interplay between economics, legislative power and social influence examined through a social-ecological framework for marine ecosystems services [J]. Science of The Total Environment, 2019, 651 (Part 1): 1388 – 1404.

［125］Matthew R, Psychology and Economics［J］. Journal of Economics Literature, 1998, 36（1）.

［126］Mckinley E, Acott T, Yates K L. Marine social sciences: Looking towards a sustainable future［J］. Environmental Science & Policy, 2020, 108: 85 – 92.

［127］Mckinney M A, Sara P, Rune D, et al. A review of ecologicalimpacts of global climate change on persistent organic pollutant and mercury pathways and exposures in arctic marine ecosystems［J］. Current Zoology, 2015, 61（4）: 617 – 618.

［128］McQuaid, CD, Payne, AIL. Regionalism in marine biology: the convergence of ecology, economics and politics in South Africa［J］. South African Journal of Science, 1998, 94（9）: 433 – 436.

［129］Mele B H, Russo L, D'Alelio D. Combining Marine Ecology and Economy to Roadmap the Integrated Coastal Management: A Systematic Literature Review［J］. Sustainability, 2019, 11: 4393

［130］Merton R. Social theory and social structure［M］. New York: Free Press, 1968.

［131］Modelski G, William R T. Sea Power in Global Politics, 1494 – 1993 ［M］. Seattle: University of Washington Press, 1998.

［132］Morton K. China's ambition in the South China Sea: Is a legitimate maritime order possible?［J］. International Affairs, 2016, 92（4）: 909 – 940.

［133］Mullainathan S, Thaler R. Behavioral Economics［J］. International Encyclopedia of the Social & Behavioral Sciences, 2001, 76（7948）: 1094 – 1100.

［134］Mu R, Zhang L, Fang Q. Ocean-related zoning and planning in China: A review［J］. Ocean & Coastal Management, 2013, 82（3）: 64 – 70.

［135］Nelson G. Ways of worldmaking［M］. Indianapolis: Hackett Press, 1978.

［136］Nguyen T V, Ravn-Jonsen L, Vestergaard N. Marginal damage cost of nutrient enrichment· The case of the Baltic Sea ［J］. Environmental & Resource E-conomics, 2016, 64（1）: 109 –129.

［137］ Norwich J J. A history of Venice' ［M］. New York: Alfred B. Knopf, 1982.

［138］ Oppenheim R, Putnam H. Unity of science as a working hypothesis ［M］. Minnesota: University of Minnesota Press, 1958.

［139］ Otero I, Boada M, Tabara J D, et al. Social-ecological heritage and the conservation of Mediterranean landscapes under global change. A case study in Olzinelles（Catalonia）［J］. Land Use Policy, 2013, 30（1）: 25 –37.

［140］ Papageorgiou M. Coastal and marine tourism: A challenging factor in Marine Spatial Planning ［J］. Ocean & Coastal Management, 2016, 129（129）: 44 –48.

［141］ Parsons T. Sociological theory and modern society ［M］. New York: Free Press, 1967.

［142］ Peter G, Dominic R. The background to the grain law of Gaius Grac-chus ［J］. Journal of Roman Studies, 1985（75）.

［143］ Peter W, de Langen. Seaports as clusters of economic activities ［J］. International Encyclopedia of Transportation, 2021（3）: 10 –315.

［144］ Phillips M R. An incremental scenic assessment of the glamorgan herit-age coast, UK4 ［J］. The Geographical Journal, 2010: 291 –303.

［145］ Phoenix C, Osborne N J., Redshaw C, et al. Paradigmatic approaches to studying environment and human health:（Forgotten）implications for interdisci-plinary research ［J］. Environmental Science & Policy, 2013（25）: 218 –228.

［146］ Portman M E. Visualization for planning and management of oceans and coasts ［J］. Ocean & Coastal Management, 2014（98）: 176 –185.

［147］ Rahman C. Tsamenyi M. A strategic perspective on securityand naval issues in the South China Sea ［J］. Ocean Development and International Law, 2010, 41（4）: 315 –333.

[148] Rainer F, Carl W, Daniel P, et al. A critique of the balanced harvesting approach to fishing [J]. Journal of Marine Science, 2016, 73 (6): 1640 – 1650.

[149] Reklaityte I. Spencer-Wood S. Historical and archaeological perspectives on gender transformations. Contributions to global historical archaeology [M]. New York: Springer, 2013.

[150] Ressurreição A, Gibbons J, Ponce D T, et al. Economic valuation of species loss in the open sea [J]. Ecological Economics, 2011, 70 (4): 729 –739.

[151] Retzlaff R, Lebleu C. Marine Spatial Planning: Exploring the Role of Planning Practice and Research [J]. Journal of Planning Literature, 2018, 33 (4): 466 –491.

[152] Richard L V. The tension in the beautiful: on culture and civilization in Rousseau and German philosophy [M]. Chicago: University of Chicago Press, 2002.

[153] Ritzer G. Sociological theory [M]. New York: McGraw-Hill, 1996.

[154] Ritzer G. Sociology: A multiple paradigm science [J]. The American Sociologist, 1975: 156 – 167.

[155] Robert A D. The behavioral approach in political science: Epitaph for a monument to a successful protest [J]. The American Political Science Review, 1961, 55 (4): 763 –772.

[156] Ross R S. China's naval nationalism sources, prospects, and the US response [J]. International Security, 2009, 34 (2): 46 –81.

[157] Rudolph T B, Ruckelshaus M, Swiling M, et al. A transition to sustainable oceangovernance [J]. Nature Communications, 2020 (11): 3600.

[158] Rui D'Avila L. Portugueses e espanhóisem Macau e Manila com os olhosna China [J]. Review of Culture (International Edition), 2003 (7): 27.

[159] Salvador R, Simões A, Soares C G. The economic features, internal structure and strategy of the emerging Portuguese maritime cluster [J]. Ocean &

Coastal Management, 2016, 129: 25 - 35.

[160] Samuelson P. Theory and Realism: A Reply [J]. American Economic Review, 1964, 54 (5): 736 - 739.

[161] Schlüter A, Assche K V, Hornidge A K, et al. Land-sea interactions and coastal development: An evolutionary governance perspective [J]. Marine Policy, 2020, 112: 103801.

[162] Schmidhauser J R. Legal imperialism: Its enduring impact on colonial and post-colonial judicial systems [J]. International Political Science Review, 1992, 13 (3): 321 - 334.

[163] Sealey R. A history of the Greek city states, ca. 700 - 338 B. C. [M]. California: University of California Press, 1976.

[164] Shepsle K. Studying institutions: Some lessons from the rational choice approach [J]. Journal of Theoretical Politics, 1989, 1 (2): 131 - 147.

[165] Sherman K. The large marine ecosystem concept: Research and managementstrategy for living marine resources [J]. Ecological Applications, 1991, 1 (4): 349 - 360.

[166] Simon H A. An empirically based microeconomics [M]. Cambridge: Cambridge University Press, 1997.

[167] Sinclair P R. Sustainable development in fisheries dependent regions? Reflections on Newfoundland cod fisheries [J]. Sociologia Ruralis, 1996, 36 (2).

[168] Sorokin P A. Contemporary sociological theories [M]. New York: Herder & Brothers, 1928.

[169] Spranz R, Lenger A, Goldschmidt N. The relation between institutional and cultural factors in economic development: The case of Indonesia [J]. Journal of Institutional Economics, 2012, 8 (4), 459 - 488.

[170] Steinberg P E. The Social construction of the ocean [M]. Cambridge: Cambridge University Press, 2001.

[171] Strong D R. Density-vague ecology and liberal population regulation in

insects [M]. Cambridge: Harvard University Press, 1984.

[172] Suisheng Zhao. Foreign policy implications of Chinese nationalism revisited: The strident turn [J]. Journal of Contemporary China, 2013, 22 (82): 535 – 553.

[173] Sumaila U, Cheung W, Lam V, et al. Climate change impacts on the biophysics and economics of world fisheries [J]. Nature Climate Change, 2011 (1): 449 – 456.

[174] Sumaila U R, Stergiou K I. Economics of marine ecosystem conservation [J]. Marine Ecology Progress Series 2015, 530: 179 – 182.

[175] Syed T A. The clash of civilizations and the remaking of world order by Samuel P. Huntington (book review) [J]. Journal of Marketing, 1998, 62 (2): 125 – 128.

[176] Tamaki T, Nozawa W, Managi S, et al. Evaluation of the ocean ecosystem: Climate change modelling with backstop technologies [J]. Applied Energy, 2017, 205: 428 – 439.

[177] Tansley A G. The use and abuse of vegetational concepts and terms [J]. Ecology, 1935 (16): 284 – 307.

[178] Teitelbaum J, Zeiler K. Research handbook on behavioral law and economics [J]. Edward Elgar Publishing, 2018.

[179] Thompson C C, Kruger R H, Thompson F L, et al. Unlocking Marine Biotechnology in the Developing World [J]. Trends in Biotechnology, 2017, 35 (12): 1119 – 1121.

[180] Thompson V D, et al. The archaeology and remote sensing of Santa Elena's four millennia of occupation [J]. Remote Sens, 2018, 10 (2), 248.

[181] Tönnies F. Community and society [Z]. Michigan: Michigan State University, 1963.

[182] Tönnies F. Strafthaten im Hamburger Hafenstrike [J]. Archiv für Soziale Gesetzgebung und Statistik, 1897, 11: 513 – 520.

[183] Tortella G. Catalonia in Spain. Palgrave studies in economic history [M]. London: Palgrave Macmillan, 2017.

[184] Tversky A. Kahnman D. Advances in prospect theory: Cumulative representation of uncertainty [J]. Journal of Risk and Uncertainty, 1992, 5 (3).

[185] United Nations Convention on the Law of the Sea (UNCLOS) [EB/OL]. 1982. https: //www. un. org/depts/los/convention_agreements/texts/unclos/UNCLOS – TOC. htm.

[186] Van N R. Rivalry and conflict: European traders and asian trading networks in the 16th and 17th centuries [J]. Journal of World History, 2007, 18 (3): 374 – 377.

[187] Vasilyev V V, Selin V S, Tereshchenko E B. Socioeconomic consequences of anticipated climate change in the Arctic [J]. Regional Research of Russia, 2011, 1 (2): 128 – 132.

[188] Velupillai K. Kenneth J. Arrow (1921 – 2017) [J]. Nature, 2017, 543 (624).

[189] Vivero J, Mateos J. Ocean governance in a competitive world. The BRIC countries as emerging maritime powers—building new geopolitical scenarios [J]. Marine Policy, 2010, 34 (5): 967 – 978.

[190] Von R S. Trade and transport in the Ancient Mediterranean [M]// Smith C. Encyclopedia of Global Archaeology. New York: Springer, 2020.

[191] Waldo S, Jensen F, Nielsen M, et al. Regulating multiple externalities: The case of Nordic fisheries [J]. Marine Resource Economics, 2016, 31 (2): 233 – 257.

[192] Weber M. Gesammelte aufsätze zur wissenschaftslehre [M]. Verlag J. C. B. Mohr, 1951.

[193] Weber M. The history of commercial partnerships in the Middle Ages [M]. London: Rowman & Littlefield, 2003.

[194] Wellstead A M, Howlett M, Rayner J. The neglect of governance in

forest sector vulnerability assessments: structural-functionalism and "black box" problems in climate change adaptation planning [J]. Ecology and Society, 2013, 18 (3): 23.

[195] White C, Benjamin S H, Carrie V K. Value of marine spatial planning [J]. Proceedings of the National Academy of Sciences, 2012, 109 (12): 4696 – 4701.

[196] White C, Halpern B S, Kappel C V. Ecosystem service tradeoff analysis reveals the value of marine spatial planning for multiple ocean uses [J]. Proceedings of the National Academy of Sciences of the United States of America, 2012, 109 (12): 4696 – 4701.

[197] William R. Globalization and the sociology of Immanuel Wallerstein: A critical appraisal [J]. International Sociology, 2011, 26 (6): 723 – 745.

[198] William R. Keywords: A vocabulary of culture and society [M]. New York: Oxford UP, 1983.

[199] William R. A sociological approach to maritime studies: A statement and example [J]. Maritime Studies and Management, 1973, 1 (2): 71 – 73.

[200] William R. The society of culture [M]. New York: Schocken Books, 1981.

[201] Witas H W, Tomczyk J, Jędrychowska-Dańska K, et al. mtDNA from the early bronze age to the Roman period suggests a genetic link between the Indian subcontinent and Mesopotamian cradle of Ccivilization [J]. Plos One, 2013, 8 (9): e73682.

[202] Wozniak R B. An essay on paradigms of socioglobalistic at sea and coast [J]. Annuals of Marine Sociology, 2013 (22): 69 – 77.

[203] Yahuda M. China's new assertiveness in the South China Sea [J]. Journal of Contemporary China, 2013, 22 (81): 446 – 459.

[204] Yang Y, Yang L, Wang X L, et al. Ocean plastic policies in EU and its member states and the related enlightenment to China [J]. Marine Science Bul-

letin, 2019, 38 (1): 14 – 19.

[205] Yang Z J, Dong H N, Jiang Z F. Marine ecological security multivariate main body participation in governance mode research in China [J]. Marine Environmental Science, 2014, 33 (1): 130 – 137.

[206] Yeeting A D, Bush S R, Ram-Bidesi V, et al. Implications of new economic policy instruments for tuna management in the Western and Central Pacific [J]. Marine Policy, 2016, 63: 45 – 52.

[207] Yülek M A. How nations succeed: Manufacturing, trade, industrial policy, and economic development [M]. London: Palgrave Macmillan, 2018.

[208] 海洋政策研究財団. 21 世紀の海洋政策への提言 [EB/OL]. www. sof. or. jp/jp/report/pdf/200601_20051120_01. pdf, 2005 – 11 – 20.

[209] 日本総务省行政管理局. 海洋基本法（平成十九年四月二十七日法律第三十三号）[EB/OL]. http: //law. e – gov. go. jp/htmldata/H19/H19HO 033. html, 2014 – 12.

后　记

本书作为国家社科基金"研究阐释党的十九大精神专项课题"唯一涉及海洋发展战略领域的资助研究成果，在前期研究和成果出版过程中倾注了中国海洋大学各位领导及"海洋发展"学科群骨干成员的大力支持，教育部人文社科重点研究基地中国海洋大学海洋发展研究院、中国海洋大学一流大学建设专项经费给予了宝贵的经费资助。

在本书成稿前的课题立项和研究阶段，国家海洋局原局长、中国海洋发展研究中心主任王曙光教授、中国工程院院士李华军教授对本书进行了高屋建瓴的指导。中国海洋大学经济学院姜旭朝教授、海洋发展研究院庞中英教授、文学与新闻传播学院曲金良教授、信息科学与工程学部魏志强教授、经济学院李京梅教授及其科研团队对本书观点酝酿和成果形成提供了大力支持。学校文科处各位领导对前期课题结项和本书成稿提供全方位服务，经济学院各位领导和老师们为课题研究和本书成果出版提供有力支持和帮助。

本书由刘曙光负责整体内容框架设计与主体内容撰写，中国海洋大学经济学院许玉洁博士、王嘉奕博士、张平博士、尚英仕博士、封珊博士为各章节文献基础文本整理、校对和演算付诸大量工作，王嘉奕和封珊博士协助全书统稿工作。鲁东大学商学院尹鹏博士在中国海洋大学应用经济学博士后流动站工作期间为课题立项和基础研究付出很大心血。经济科学出版社各位编辑同志为本书顺利出版提供专业服务和切实保障。

对于上述各位领导、专家、同事、同学的大力支持和辛勤付出深表谢忱！本书作为课题研究报告基础上形成的成果，在专题报告及综合研究过程中参考了大量国内外同行专家的学术观点和思想智慧，虽然尽可能标注了相关引述，但仍难免出现理解偏颇甚至遗漏，谨代表本书著作者向广大专家同行表示真挚谢意，本书相关观点当文责自负。

2024 年 2 月

于海大崂山苑